KB132961

디 오라클

아리 쥬스

일러두기

이 책의 모든 각주는 옮긴이가 적었습니다.

디 오라클

아리 쥴스

옮긴이 정유경

『가벼운 역사 이야기』로 제1회 브런치북 출판 프로젝트 은상을 수상했으며, 작가로 활동 중입니다. 저서로는 『여인들, 욕망을 탐닉하다』, 『왕은 어떻게 무너지는가』, 『그림 속 왕실 여성 이야기』, 『로열 패밀리』, 『스웨덴 왕실의 역사』, 『진정한 군주가 되고 싶었던 여왕』이 있습니다.

옮긴이 김정

한국과 글로벌 IT 기업과 연구소에서 근무했으며, 현재 미국에 거주하고 있습니다. 그동안 쌓은 경력과 네트워킹을 바탕으로, 해외 석학과 테크 리더 들의 혜안과 기술을 한국과 공유하는 일을 하고 있습니다. 기술 상용화, 특허, 스타트업, 신기술 동향에 관심이 많습니다.

디 오라클

초판 1쇄 2024년 5월 20일

글쓴이 아리 쥴스
그린이 애니 아멜라잇 킴
옮긴이 정유경, 김정
펴낸이 김상훈

펴낸곳 글로벌마인드
출판등록 제2023-000006호
주소 부산 사하 윤공단로62번길 39, 1층
이메일 globalmindpress@gmail.com

책 홈페이지 https://www.oraclenovel.com/
책 NFT 다운로드 홈페이지 https://www.careerzen.org/oracle

ISBN 979-11-987383-0-1 03500

차례

추천의 말

아리 쥴스는 암호학 이해의 최전선에서 일하는 뛰어난 연구자입니다. 암호학은 서로를 신뢰하고, 더불어 세상을 신뢰할 수 있게 만드는 학문입니다.

– 비탈릭 부테린, 이더리움 발명가

『디 오라클』은 블록체인 세계의 기술과 도덕적 난관을 재치 있게 다룬 입문서입니다. 순식간에 읽어 내려갈 만큼 재미있는, 흔치 않은 선물입니다.

– 마사 폴락, 코넬대학교 총장

아리 쥴스의 예지력은 그가 '오라클'일지 모르겠다는 생각을 종종 하게 만듭니다. 『디 오라클』이 명확하게 한 것은, 블록체인과 인공지능의 상호 작용으로 세상이 굴러갈 방식에 강력한 힘을 창조해 주었다는 것입니다.

– 세르게이 나자로브, 체인링크 최고경영자

블록체인 기술이 세상을 바꾸고, 그 과정에서 새로운 신화와 전설을 만들고 있습니다. 당신이 그 여정에 참여하든 안 하든, 『디 오라클』은 새로운 세상으로 즐겁고 흥분되게 연결해 줍니다.

– 에민 권 시러, 아바랩스 공동창업자 및 대표이사

당신은 저항할 새도 없이 스릴러 롤러코스터를 타고 미끄러운 비탈길로 달려 나갑니다. 최신 기술을 이용해 사회를 주객전도하는 권한을 부여받은 숭배의 비탈길입니다. 당신이 암호화폐가 현실세계에 불러올 새로운 개척지를 이해하고 싶다면, 이 책은 꼭 읽어야 할 필독서입니다.

– 로렌스 모로니, 구글 AI 어드보카시 리더, 베스트셀러 작가

『디 오라클』은 발랄한 스릴러로 고대 그리스, 예술의 역사, 예술품 도굴과 암호학을 정교하게 융합한다. 오라클이 잠재적으로 당신을 죽일 수 있든지 아니든지, 그 배후의 기술적인 노하우를 배우면서 자극 받기를 원한다면, 이 책은 당신을 위한 것이다.

– 몰리 제인 쥬커만, 블록웍스

저자 노트

『디 오라클』은 2015년 내가 공동저자로 참여한 연구 논문을 바탕으로 쓴 소설이다. 해당 논문은 범죄를 유발할 수 있는 블록체인 기반 컴퓨터 프로그램인 '악성' 스마트 계약*에 대한 위험을 경고하고 있다. 소설에 나오는 특정한 악성 스마트 계약은 꾸며낸 이야기이다. 커뮤니티가 적절하게 관리한다면, 앞으로 한동안은 기술적으로 실현 불가능한 상태로 남아 있을 것이다.

* 스마트 계약은 블록체인을 기반으로 금융거래, 부동산 계약, 공증 등 다양한 형태의 계약을 디지털화된 방식으로 체결하고 이행하는 것을 말한다.

본 소설에 나오는 기술을 깊이 이해하고 공부하고자 하는 독자를 위한 자료 안내
https://www.oraclenovel.com/the-science

Part I

델피*에 아폴론 신전을 지어 바친 트로포니오스와 아가메데스는 신께 노력에 대한 특별한 보상을 간청했다. 그들은 구체적이고 명확한 혜택이 아니라, 인간을 위한 가장 좋은 것을 요구했다. 아폴론은 사흘 안에 줄 것이라고 알려 주었다.

사흘째 되는 날 동틀 무렵, 그들은 죽어 있었다.

- 키케로, 『투스쿨룸 대화』 (I. 47)**

* Delphi. 그리스의 포키스 협곡에 있는 파르나소스산의 남서쪽 산자락에 자리 잡은 고대 그리스의 지명이자 도시명.

** 로마 최고의 연설가이자 철학자, 문필가인 키케로가 인간 영혼의 근본적 치유와 위로의 철학을 논의한 책.

테크 산업의 화려한 배경인 로워 맨해튼에 있는 육중한 벽돌 건물들 사이, 그곳에 스카이브리지가 있다. 유리와 회색 금속으로 된 고풍스러운 이 다리는 길 양편에 있는 두 건물을 연결하고 있다. 스카이브리지의 높다란 아치 창문은 쭉 늘어서 있어서 마치 기차의 객차가 떠 있는 것 같다. 이것은 공학 업적을 인간의 기술인지 의심스러운 눈으로 보던, 이제는 기억에서 사라진 시대의 우아한 유산이다.

수천 명의 여행객들이 이곳을 배경으로 셀카를 찍는다.

아침 햇살이 텅 빈 '브리지'[1]를 비출 때면, 사람들이 다니기에는 너무 낡아서 폐쇄된 듯 보인다. 아니면 이곳은 그저 건축가의 상상의 나래에 지나지 않을지 모른다.

그러나 황혼이 지면, 하이 라인 파크에서 도시의 불빛에 이끌린 여행객들이나 멍하니 창밖을 바라보며 야근하는 사람들은 따뜻한 조명이 새

1 일반적인 다리가 아니라, 주인공이 근무하는 특별한 공간이라는 의미로 '브리지'로 적는다.

어 나오는 브리지를 볼 수 있다. 그리고 거기, 거리 한가운데, 아래서는 거의 보이지 않는 곳에 한 남자가 붐비는 도시, 중력 그리고 시간도 다 잊어버린 채 책상 앞에 앉아 있다.

내가 그 사람이다.

내가 오라클[2]을 만들었다.

2 실제 세계의 안전한 데이터를 블록체인상의 스마트 계약에 안전하게 공급하는 데 사용되는 서비스이다.

2장

그리스 델피, 기원전 405년.

초승달이 뜨고 난 뒤 일곱 번째 날은 1년 중 델피에서 신탁을 받는 아흐레 중 하루이다. 아테네에서 사절단 3명이 이곳으로 왔다. 그들은 아테네에 닥친 치명적 위험 때문에 아폴론 신의 예언을 얻기 위해서 세상에서 가장 유명한 오라클[3]을 찾아온 것이었다.

동이 트자마자 아테네인들은 신성한 샘물로 몸을 씻었다. 그러고 나서 델피안[4]들의 안내를 받으며 월계수 잎과 희생 제물로 쓸 눈처럼 흰 어린 염소를 데리고 파르나소스산을 올라갔다. 그곳을 방문한 다른 순례자들 사이에서 그들은 아폴론 신에게 바쳐진 성역을 가득 채운 화려한 건물

---

3 그리스 로마 신화에서 유래된 말로 본래 신과 직접 대화하여 신탁을 전해 주는 예언자를 말한다. 블록체인에서의 오라클은 블록체인 밖에 있는 데이터를 블록체인 안으로 전달하는 것을 뜻한다. 이 소설에서 오라클은 상황에 따라 다른 뜻으로 쓰이며, '전달자'라는 역할은 같다.

4 델피에서 무엇을 하거나 델피의 오라클과 관련 있는 사람들을 말한다.

들과 기념물 사이를 통과하며 앞으로 나아갔다. 신성한 길이라고 알려진 구불구불한 길을 올라갔다.

보랏빛 그늘이 드리워진 산들이 하늘을 향해 솟아 주변 모두를 둘러싸고 있는 델피는 진정한 독수리의 땅이었다. 세상의 중심을 찾기 위해서, 제우스는 두 마리의 독수리를 지구의 서쪽 끝과 동쪽 끝에서 풀어 줬다. 이 독수리들이 만난 곳에 제우스는 세계의 배꼽인, 옴파로스라고 불리는 타원형의 돌을 두었다. 그곳이 바로 델피가 되었다.

산비탈을 따라 올라가는 사절단의 목적지는 바로 거대한 아폴론 사원이었다. 어마어마한 대리석 기둥들이 떠오르는 태양의 따뜻한 금빛으로 물들어 있었다. 다양한 색으로 채색된 이 기둥에는 선명한 붉은색과 푸른색이 빛나고 있었다. 아폴론 신전은 최고의 신이나 일반 사람들 중에서는 영웅처럼 다른 건물들 사이에서 위협적으로 다가왔다.

사절들은 용맹한 모습으로 줄지어 선 석상들을 지나갔다. 그들은 신성한 길에 있는 대리석으로 된 보물창고, 즉 작은 신전 사이로 걸어갔다. 각각의 건물들은 각기 다른 그리스 도시의 소유이며, 시민들이 헌납한 귀중한 물건들을 보관하고 있었다.

델피에 있는 보물들은 다른 무엇과 비교할 수 없을 만큼 대단한 것이었다. 아마 가장 눈에 띄는 것은 수년 전 크로이소스 왕이 기부한 순금으로 된 그릇과 사자일 것이다. 이 두 보물들의 무게는 장정 여섯 사람을 합한 것보다 더 무거웠다. 그러나 이런 금조차도 델피의 막대한 부의 일부에 불과했다. 또 다른 유명한 것으로는 신전 꼭대기에 있는 황금으로 된 삼발이를 떠받치면서 성전 옆에 높이 솟아 있는 뱀 모양의 청동기둥이었다. 페르시아인들로부터 노획한 무기들을 녹여서 만든 것이었다. 이 기념물들은 그리스를 침략한 제국에 맞서 승리를 얻어냈던, 평소에 보기 힘든 결속의 순간을 기념하는 것이었다. 동쪽의 산허리에는 35

큐빗[5] 높이로 빛나는 아폴론 신의 거상이 산을 오르는 순례자들에게 손짓하고 있었다. 이것들은 수 세기에 걸쳐서 델피에 쌓인 대단한 걸작들의 일부일 뿐이었고, 성소에 있는 금과 은, 상아, 청동, 대리석으로 만들어진 엄청난 보물들은 인간의 일에 델피의 오라클이 얼마나 중요한지를 보여주고 있었다. 그리스의 도시들은 오라클에서 신탁을 받지 않고서는 중요한 일을 절대 시작하지 않았다. 즉 그리스의 식민지들은 오라클의 신탁이 없이는 세워지지 않았다는 말이었다. 먼 나라의 국왕들조차도 델피에 있는 아폴론에게 복종하고 그의 조언을 간구했다.

사절들이 그 위대한 사원에 도착했을 때, 그들은 한 무리의 순례자들이 성소 근처에서 여사제가 예언하기를 기다리고 있는 것을 보았다. 그러나 아테네인들은 다른 순례자보다 우선권이 있었고, 사원에 가장 먼저 들어갈 수 있었다. 델피안들은 아테네인들이 성소에 아낌없이 기부한 것에 경의를 표하며 이런 특권을 주었다.

사제는 아테네인들이 데려온 염소를 끌고 신전 안으로 갔다. 사제가 염소에게 성수를 뿌렸지만, 염소는 몸을 흔들어 물을 털어내지 않았다. 사제가 다시 물을 뿌렸지만 결과는 마찬가지였다. 다시 한 번 더 했지만 역시나 마찬가지였다. 염소가 놀라서 펄쩍 뛰면서 울지 않으면, 그날은 불길한 날로 여겨져서 어떤 신탁도 얻을 수 없었다. 그러나 아테네인들은 많은 봉헌물을 가지고 왔기에, 사제는 아테네인들을 위한 예언을 거부하고 싶지 않았다. 사제는 염소에게 성수를 뿌리는 수준을 넘어서 거의 익사할 정도로 들이부었다. 그러고 나자 염소는 마음이 약해졌는지 울면서 몸을 털어냈다. 이후 염소는 끌려가서 도살된 뒤 키오스의 제단[6]에 제물로 바쳐졌다. 신의 몫은 불타서 연기 기둥에 녹아들고, 이 연기 기둥은 빛

5 성경 『역대기 하권』에 나오는 말로, 35큐빗은 16.5미터 높이를 말한다.

6 아폴론 신전 전면에 있는 커다란 제단.

나는 존재인 그분에 닿기 위해 함께 떠돌아다녔다.

사제가 억지로 희생 제물을 바친 것은 신의 예언을 목소리로 구현하는 여사제인 피티아에게 영향을 줬을 것이다. 아니면 아마도 신성한 예감이 그녀를 압도했을 수도 있다. 어떤 이유인지 그녀는 신전 안으로 들어가길 꺼렸다. 사제들의 재촉을 받고서 그녀는 사원 계단에 올랐으며 안으로 들어가서 내부 성소인 아디톤[7]으로 내려갔다.

아테네인들은 뒤따랐다. 그들은 주랑 입구를 지날 때 신전 벽에 새겨져 있는 유명한 문구들을 찾아보았다. 단순한 격언인 **'너무 지나치지 말라'**, 더 신비로운 말인 **'너 자신을 알라'**, 그 뒤로는 현자들 사이에 가장 논쟁거리인 빛나는 청동으로 된 글자 'E'자가 있었다. 아테네인들은 높다란 문을 지나서 어둑어둑한 내부 공간으로 들어갔다. 거기에는 성녀들의 명으로 향기로운 소나무를 태워서 만든 영원한 불꽃이 타고 있었다. 높다란 벽에는 춤추는 그림자가 일렁이고 있었다.

사절 일행은 경사로를 따라서 땅속 깊숙한 곳에 있는 내부 성소로 향했다. 그들이 산을 올랐을 때 나타났던 신전만큼이나 대단한 어둠이 나타났다. 마치 태양이 존재하지 않는 듯한 어두운 내부 성소로 내려가는 길은 생각보다 길고 경사가 급했다. 그들이 거의 바닥에 도착했을 때, 금과 상아로 된 거대한 신상에서 나오는 희미한 빛만이 그들이 아직 찬란한 이의 왕국에 있다는 것을 알려 주었다. 그렇지 않았다면 그들은 자신들이 하데스의 지하세계에 있다고 믿었을 것이다.

맨 아래, 왼쪽에는 사원의 가장 안쪽 방인 아디톤이 있었다. 벽을 파서 만든 이 작은 동굴 안에, 피티아가 다리가 3개인 청동 의자 위에 앉아 있었다. 들어 올린 한 손에는 신성한 샘물이 가득 찬 얇은 제사용 접시를

---

7 고대 그리스 신전의 지성소(至聖所)로 예언자인 피티아가 신의 목소리를 듣는 곳이다. 이 책의 주인공이 일하는 회사 이름과 같다. 회사 이름은 '애디튼'으로 표기한다.

들고 있었다. 다른 쪽에는 올리브 나뭇가지를 들고 있었다. 화롯불이 두건 쓴 그녀 얼굴의 거친 실루엣만을 비추고 있었다. 그녀 주변의 어둠에 묻혀 있는 물건들은 신께 바쳐진 신성한 물건들이었다. 갑옷과 리라, 제단과 나무와 금으로 된 신상(神像)들. 이것들 중 가장 오래된 물건은 옴파로스로, 아테네인들의 눈은 이것을 향하고 있었다.

옴파로스는 세계의 중심을 상징한다. 옴파로스는 레아 여신이 남편인 크로노스를 속이고 몰락시키기 위해서 사용한 것이었다. 예언에 따르면, 우주가 생긴 뒤 첫 티탄의 왕인 크로노스는 아들에 의해서 왕좌에서 쫓겨날 운명이었다. 크로노스는 레아와의 사이에서 태어난 아들인 아기 제우스를 삼켜서 예언을 피하려고 했다. 대지의 어머니인 가이아의 도움을 받아 레아는 제우스를 숨겼고 대신 크로노스에게 강보로 싼 가짜를 삼키게 했다. 그때 삼킨 것이 옴파로스였다. 사절단은 희미한 형태들 사이에서 옴파로스를 호위하듯 옆을 가로질러 가는 금빛 독수리들을 본 것도 같았다.

천년 동안, 여사제는 지각의 균열로 땅에서 증기가 피어오르는 신성한 이곳에 앉아서 예언을 했다. 아테네인들은 마치 값비싼 향수처럼 공기를 향기롭게 하는 이상하고 달콤한 냄새를 맡았다.

사절 중 대표가 한걸음 앞으로 나와서 절망에 빠진 아테네인들이 답을 얻길 원하는 질문을 했다.

"오! 은으로 된 활의 신이여, 빛과 진실의 신이여! 당신의 힘과 분노는 무시무시합니다. 우리가 치르고 있는, 끊임없는 전쟁에서 당신께서는 우리의 적인 스파르타를 도왔습니다. 이제 그들과 그들의 동맹은 육지와 바다에서 우리를 완전히 파괴하려 합니다."

"지난 만 년 동안 아테네인들을 지켜봐 주신 올림포스의 신들을 달래기 위해서 우리가 무엇을 해야 합니까? 앞으로 다가올 만 년 이상을 이어

가기 위해서 당신께서 어떤 말씀을 해주실 것입니까?"

그들은 기다렸다. 여사제는 접시에 담긴 성수를 뒤섞고는 퍼져 나가게 가만히 두었다. 그러고 나서 그녀가 자신의 손에 들고 있는 접시를 응시했을 때 그녀의 몸집이 커지고 머리가 곤두섰다. 여사제는 보통 여자의 목소리가 아닌 다른 굵은 목소리로 말했다. 모두들 피티아가 예언을 할 때 그녀가 내는 목소리는 신의 목소리라는 것을 알고 있었다. 하지만 지금 그녀의 목소리는 거칠고 끽끽대다가 커졌으며, 소리가 꽉 막히고 있었기 때문에 마치 빙의한 신의 광기에 사로잡힌 것처럼 보였다. "두려워…" 그녀는 소리치기 시작했지만 숨을 헐떡이다가 멈췄다. 사제들이 놀라서 서로의 눈을 보는 순간, 그녀가 외쳤다. "두려워 말라, 아테네인들이여!"

아테네는 여전히 굳건할 것이다.
나의 이 멋진 곳이 먼지가 되고 신성한 샘물이 마를 때까지
내 반짝이던 활이 부서지고 내 입술이 차가워질 때까지
그때가 되면 내 여사제는 더 이상 진실을 노래하지 못하리라
운명의 세 여신이 파멸의 물레를 돌리면
더 넓은 세상에서 거짓말의 거미줄은 더 넓어질 것이고.
그녀의 눈먼 인간들이 그랬던 것처럼 덫에 걸릴 것이니
누군가 지구의 배꼽을 금에 팔려 한다면
나는 다시 한번 일어서리라.

여사제는 깨어난 후 의자에서 벌떡 일어선 뒤 이리저리 뒹굴었다. 그녀의 손에 있던 접시가 날아가서 덜그럭거리면서 사라졌다. 마치 폭풍 속에 있는 배처럼, 소리 없는 사악한 힘에 사로잡힌 여사제는 자신 주변의 신성한 물건을 넘어뜨렸다. 그녀는 쇳소리 같은 비명을 지르면서 아디톤에

서 뛰쳐나가서 빛을 찾아 경사로를 올라갔다. 하지만 그녀는 입구에 다다르기 전에, 바닥을 향해 스스로 몸을 던졌다. 아테네인들은 도망쳤다. 사제들도 그랬다. 악마가 그들의 마음을 공포로 물들였다.

그들이 되돌아왔을 때, 여사제는 아직 의식이 있었다. 그녀의 눈은 움직였지만, 영혼은 사지를 떠났고 그녀의 호흡은 약했다. 그들은 속삭이면서 여사제의 무서운 예언에 대해 의논했다. 신은 그녀를 통해서 수천 년 후의 미래에 다가올 일들과 심지어 신 자신이 두려워할 만한 것들에 대해서 이야기했다. 이것은 필멸의 육체가 견딜 수 있는 것 이상이었다.

여사제는 단 사흘을 더 살았다.

3장

연방 수사국(FBI)으로부터 온 이메일에는 악성 스마트 계약에 대한 언급이 있었다. 이것은 많은 것을 생각하게 했다. 어쩌면 내가 수년 전 사람들에게 경고했던 것일 수 있다. 물론 아닐 수도 있지만 말이다.

나는 늦은 아침 일과를 하면서 이메일에 대해서 생각했다. 한 주간 가장 중요한 일은 나의 개인 트레이너와 함께하는 운동이다. 그녀는 나에게 1시간 동안 후프를 통과하는 점프를 시킨다. 점프를 하는 동안 나는 서커스 호랑이가 아닌 고집 센 토끼가 된 느낌이었다. 그녀는 내가 올해 턱걸이를 거의 할 수 있게 된 것에 기뻐했다. 하지만 아쉽게도 턱걸이 하기에는 내년에는 내 나이가 너무 많을 것이다.

나는 이메일을 읽기도 전에 그냥 휴지통으로 보내 버릴 뻔했다. 오라클과 스마트 계약 엔지니어링에 대한 내 블로그는 인기였고, 그래서 나는 온갖 종류의 열성적이고 괴상한 사람들로부터 이메일을 받았다. 연방 수사국(FBI) 특수 요원이라고 알려진 사람은 많지 않기에 나는 그 이메일을 맨 나중에 읽었던 것이다. 물론 내가 그녀의 이메일을 읽지 않았어도 아무런 문제가 없었을 것이다. 어떻게든 다이앤이 나를 찾았을 것이다.

몇 번의 힘든 턱걸이 운동 후, 나는 블루베리, 햄프씨드, 바오밥 그리고 과학적 연구를 통해서 건강상 이점이 확인된 10가지 것들–물론 대부분 쥐에게 도움이 되는 것들이다–을 넣은 요구르트를 게걸스럽게 퍼먹었다. 나에게는 소중한, 하루 단 한 끼 식사다. 나는 점심과 저녁은 다크 초콜릿으로부터 열량 대부분을 얻고 있다. '너무 지나치지 말라'라는 격언은 내 삶의 모토가 된 적이 없다. 좋은 다크 초콜릿은 건강상의 이익을 가져오는 면도 있지만, 내 배 둘레에 15파운드를 더 하는 추가적 이익도 있었다.

나는 이메일이 뭔가 이상하더라도 AI 툴이 아닌 사람이 쓴 것이라는 증거가 있다면, 대부분은 진짜라는 것을 알고 있다. 나는 연방 수사국(FBI)으로부터 온 것이라고 추정되는 이메일을 두 번째 읽는 중이었다. 이상한가? 확인함. 추가로 사람이 쓴 것인가? 확인함.

나는 창턱에 있는 분재들에게 물을 줬다. "시간이 남으면 가지치기 먼저 해줄게."라고 말했다. 나무들은 고개 숙여 감사 인사를 했고 나도 고개 숙여 답했다.

그 후에 나는 이메일을 보낸 연방 수사국(FBI) 요원에 대해서 인터넷 검색을 했다. 다이앤 뒤메닐, 특이한 이름이다. 링크드인[8]에 한 명이 있었다. 그녀는 문제없는 것처럼 보였다. 프랑스에 있는 에콜 노르말 쉬페리외르[9]에서 교육받고, 프린스턴대학교에서 미술과 고고학으로 박사 학위를 받았다. 그 다음에는 의회 도서관에서 일을 했고, 지금은 연방 수사국(FBI)에서 근무하고 있다. 나보다 몇 살 어렸고, 사진은 없었다. 그녀는 탄탄한 학문적 혈통 쌓기에 등을 돌린 듯, 교수직에 있진 않았다. 이 사실만으로도, 나는 그녀가 좋아졌다.

---

8 LinkedIn. 구인·구직을 위한 개인 커리어 관련 소셜 네크워크 서비스를 제공한다.

9 프랑스 파리에 위치한 자연과학 및 인문학 중심 그랑제콜. 파리 고등사범학교.

*

내가 걸어서 출퇴근하는 환경은 세계 최고 수준이다. 말 그대로 공원을 산책하는 코스이다. 나는 거대한 아파트 건물에서 나와서 하이 라인 파크 남쪽의 첼시에 있는 오래된 고가 철길로 향한다. 이 철길은 식물들이 양옆으로 있는 평평한 인도로 바뀌었다. 나는 큰 길을 거의 건너지도 않는다. 관광객과 부딪칠 준비가 되어 있다면 걸어서 15분이고 아니라면 17분 정도이다. 나는 아마 그날 운동 때문에 피곤해서인지 17분 걸렸다. 보통 붐비는 봄철에 내가 관광객들을 밀치며 지나가야만 하는데, 정중히 "실례합니다."라고 말하는 예의 있는 관광객들의 절반은 프랑스에서 왔다. 나는 만약 뒤메닐 요원이 근처 어딘가 있다면 어쩌면 나무 뒤에 숨어 있을지도 모른다는 생각이 들었다.

당신이 맨해튼에서 살고 있다고 하면, 사람들은 당신이 계속 확대되는 렌즈로 세상의 황홀함을 발견하고 있다고 상상한다. 타임 스퀘어의 불빛, 극장가, 브라이언 파크에서 사람들 구경, 하이 라인 파크의 아래쪽의 갤러리들, 어퍼 이스트 사이드의 박물관들, 빌리지의 스탠드 코미디쇼와 브루클린의 트렌디한 지하 레스토랑들.

그러나 진실은 이 세상 어디에 살고 있든지, 당신은 자신의 평범한 일상에 중심이 맞춰져 있다는 것이다. 당신은 끊임없이 집과 직장 사이의 어두침침한 터널을 왕복하는 동안 당신의 눈동자가 커지고, 눈을 깜빡이는 것도 잊어버리게 된다. 만약 맨해튼에 있는 고임금의 직장을 얻는다면 당신은 터널을 나갈 필요조차 없기에 더욱 나쁘다. 당신은 게을러지고 모든 것을 배달시킬 수 있다. 모든 것들을 말이다. 심지어 구울 수 있게 미리 준비된 베이글도 있다. 물론 나는 글루텐을 피하고 있기에 배달시키지 않을 테지만, 요점은 당신은 할 수 있다는 것이다.

정오 직전, 나는 사무실로 어슬렁거리면서 갔다. 이곳은 예전에 과자

공장이 있던 곳으로 우주여행을 위한 모든 장비를 갖춘 동굴 같은 개방형 사무실이다. 여기에는 스낵, 음료, 게임, 욕실과 엄청난 컴퓨팅 능력 그리고 짜증 나는 동료까지 있다. 대신에, 밤낮없이 일에 몰두하는 워커홀릭들에게 딱 맞는 곳이다. 첼시 마켓 아래층의 수많은 즐거움이 아니라면 사람들이 회사를 떠날지도 모르겠다. 물론 애디튼 LLC[10]에서 일반적인 빈약한 수면량을 마음껏 탐닉하는 것을 제외하고 말이다.

내 동료들 대부분은 이미 거기에 있었다. 애디튼의 직원들은 아침형 인간이 아니어서 그 시간에 사무실에 활기차게 남아 있는 존재는 지난 회사 야유회에서 쓰고 가져온 참신한 디자인의 대형 샌드위치 쿠키 모형 풍선밖에 없었다. 우리 사무실 사람들은 충분히 유쾌한 사람들이지만, 아주 수다스러운 사람들은 아니었다. 그들은 개인 음향 기기의 소리를 높여 놨기에, 대부분 나를 신경 쓰지 않았다. 이들 중 몇 명은 내가 도착한 것을 확인하고 고개를 끄덕였다. 그들은 나보다 10살 넘게 어리다. 그들은 머리카락이 있지는 몰라도, 나는 프로그램 비법이 담긴 마법의 가방이 있었다.

적어도 코린은 내가 브리지로 건너갈 때 무엇인가를 공모하는 듯 손가락 2개를 흔들었다. 잘 손질한 예쁜 붉은 머리에 이마에 주름이 있는 그녀는 '낸시 드류'[11]를 떠올리게 만들었다. 하지만 내가 코린과 낸시를 연결시키는 것에 대해서 낸시의 아버지-소설 속 인물이지만-는 아마 못마땅할 것이다. 그녀는 우리의 최고 개발자, 그러니까 우리가 업계에서 개발자를 부르는 방식으로는 데브[12]였다. 끊임없는 환경 변화 때문에 스마

---

10 Limited Liability Company. 회사의 주주들이 채권자에 대하여 자기의 투자액의 한도내에서 법적인 책임을 부담하는 유한책임회사이다.

11 Nancy Drew. 유명한 미스터리 소설 『낸시 드류』 시리즈에 등장하는 여주인공이다. 독립적이고, 똑똑하고, 젊은 캐릭터로 미국 여성들의 롤모델이 되었다.

12 개발자를 뜻하는 developer의 줄임말이다.

트 계약 프로그래밍을 혼자서 마스터하는 것이 거의 불가능하다는 것을 일깨워 주는 파트너라는 말이다. 나는 멘토로서 잘난 체가 섞인 진부한 이야기로 적당하게 대꾸한다.

나는 대체적으로 관찰력이 별로지만, 그녀가 울고 있었다는 것을 알아차렸다. 그녀 옆에 멈춰 서서 그녀의 어깨 위로 손을 올리려 했다. 하지만 너무나 많은 불확실성 때문에 멈칫했다. 그녀는 손을 흔들며 티슈를 뽑았다. 그래서 나는 하던 대로 브리지 한가운데 있는 내 책상으로 갔다.

*

내가 처음 애디튼에 들어갔을 때, 브리지는 봉쇄되어 있었다. 1930년대부터 사용되지 않았던 스카이브리지는 회사의 넓은 오픈된 작업 공간과 맞닿아 있었다. 이 스카이브리지는 안전에는 큰 문제가 없었지만 유지비가 많이 들었다. 나는 회사의 CEO인 루카스를 설득해서 이곳을 다시 개방하게 했다. 나는 이것을 해야만 했다. 심지어 다리를 보수하는 비용을 내 월급에서 빼라고까지 했다. 내가 그 방치된 골동품 그러니까 주인조차도 잊어버린 낡아빠진 구조물을 볼 때마다, 주인들이 신경쓰지 않아 방치된 나이 먹은 고양이를 보는 것처럼 가슴이 아팠다. 나는 테크 직종에서 일하고 있긴 하지만, 역사 역시 좋아하기에 나에게 과거는 중요하다. 나는 사람들이 밀리초 단위나 초 단위 또는 하루 단위로 일어난 일에 대해서 집착하는 것을 이해하지 못한다.

애디튼은 공간이 부족했고, 루카스는 나를 간절히 원하고 있었다. 게다가 애디튼 같은 블록체인 회사는 그런 작은 사치를 허용할 만한 돈이 충분히 넘쳐흘렀다. 그래서 루카스는 브리지를 쓸 수 있도록 지원해 줬다. 그가 미신을 믿는 것 또한 도움이 되었다. 그는 이미 회사 중심에 있는 사라진 통로가 죽음-그러니까 상황이 나빠질 수 있는 오라클의 오작동-을 의미하는 것이 아닌지 걱정하고 있었다.

알다시피, 오라클은 다리의 일종이다. 가장 유명한 델피에 있는 아폴론의 오라클처럼, 고대 사회에서 오라클이라는 것은 사람과 신들을 이어주는 다리였다. 오라클은 현재나 미래에 대한 인간의 물음에 대해서 신성한 진실을 밝혀 주었다. 스마트 계약 오라클 역시 다리이다. 오라클은 실제 세상에서 스마트 계약에 대해서 묻는 질문에 대한 진실의 원천이다. 나는 현실 세상에 대해서 이해하거나 설명하거나 명확한 해답을 제시할 수 없지만 적어도 스마트 계약과 오라클이 무엇인지에 대해서 알려 줄 수는 있다.

*

모든 것은 블록체인에서 시작한다.

블록체인을 둘러싼 많은 수수께끼가 있다. 당신은 사람들이 커피숍에서, 바에서, 디너파티에서, 공항에서 아는 척하면서 서로 으스댈 때, 마치 블록체인이 인공지능, 양자역학, 천체물리학 같은 복잡하고 이해하기 어려운 것처럼 떠들어대는 것을 듣는다.

하지만 블록체인은 그렇게 복잡하지 않다. 적어도 개념적 수준에서는 아니다. 본질적으로 블록체인은 디지털 게시판에 불과하다. 점점 더 커지는 연속된 메시지가 존재하는, 몇 가지 특별한 기능이 있는 디지털 게시판이다.

먼저 게시판은 투명해야 한다. 이것은 누구나 어디에서나 언제나 게시판의 모든 메시지를 읽을 수 있다는 것을 의미한다. 또한 공개적으로 접속할 수 있어야 한다. 누구라도 유효한 메시지를 게시할 수 있다는 것이다. 그 메시지는 변하지 않는다. 메시지가 한번 게시되면 그걸 변경하거나 지울 수 없다. 하지만 이 게시판 즉 블록체인의 진정한 아름다움은 특정한 사람, 정부, 기업에 의해서 통제되지 않는다는 것이다. 이것은 수천 대의 컴퓨터로 된 세계적인 커뮤니티에 의해서 운영되고 있다. 시장 조작이

나 정교한 해킹과 공격에 대해서 변조 방지가 되어 있다는 뜻이다.

그렇다, 갑옷으로 둘러싸인 디지털 게시판이다. 그런데 뭐가 그렇게 대단할까? 먼저 블록체인에 게시된 메시지가 돈을 이체하는 것이라고 가정해 보자. 예를 들면 '나, 앨리스는 밥에게 50달러를 보낸다' 같은 메시지가 있다면 말이다. 그러면 무슨 일이 일어날까?

짜잔! 갑자기 당신은 강력한 글로벌 결제 시스템을 갖게 된다. 블록체인의 투명성 덕분에 전 세계가 모든 송금 메시지를 읽을 수 있고, 익명인 모든 계좌의 잔고를 알 수 있다. 블록체인의 불변성은 만약 당신이 누군가에게서 돈을 받는다면, 당신에게서 그 돈을 다시 회수할 수 없다는 것을 의미한다. 어떤 사람이나 어떤 은행도 돈을 보내는 것을 중단할 수 없다. 가장 중요한 것은 블록체인에서 메시지가 한 번 나타나면 사람들이 세계 어디에 있든 돈은 즉각적으로 이동한다는 것이다. 왜냐하면 메시지가 돈을 이체하는 것이기 때문이다. 글로벌 인터넷 연결망을 통해서 이틀 안에 돈을 보낸다고 생각해 보자. 양털 깎기 대회에 참가한 양이 양털을 깎고도 이용료를 지불하지 않는 것처럼, 돈을 이체하면서도 수수료를 지불하지 않는다면 당신은 블록체인이 하는 역할에 대해서 감사할 것이다.

물론 나는 지금 수많은 세부 사항을 다루지 않고 표면적인 것만을 다루고 있다. 블록체인에서 앨리스의 송금이 실제로 앨리스에 의해서 승인되는지 어떻게 확인할 수 있을까? (이것은 디지털 서명이라고 부르는 것이다.) 사람들이 블록체인에서 그들의 실제 이름을 사용하는가? (아니다. 단지 사생활 보호를 위해서 익명의 계좌번호만을 사용한다.) 그 다음으로는 블록체인의 돈은 보통은 실제 달러가 아니라 암호화폐 형태를 가지고 있고, 이 암호화폐는 일단 생성되어 있어야만 한다. 나는 블록체인과 블록체인의 암호화폐가 어떻게 작동하는지에 대해서 개략적으로 설명했다.

하지만 블록체인은 단순히 암호화폐를 이체하는 것 이상의 것을 할 수 있다. 블록체인상에서는 스마트 계약 또는 단순히 계약이라고 불리는 작은 컴퓨터 프로그램을 실행시킬 수 있다. 이 부분이 흥미로운 것에서 진화 가능한 것으로 바뀌는 부분이다.

스마트 계약은 블록체인으로 실행되기 때문에 이것은 평범한 소프트웨어, 이를테면 모바일 앱 같은 것들과 다르다. 당신의 스마트폰에 있는 뱅킹 앱은 은행에서 제어한다. 원하면 새 기능을 추가하거나 앱을 종료하거나 더 많은 이용요금을 부과하거나 결제를 중단하는 것들을 할 수 있다. 모든 것이 은행에 달려 있다.

반대로 스마트 계약은 블록체인으로 실행되기 때문에 블록체인 자체와 같다. 단일 은행, 회사, 개인 조직에 의해서 통제되지 않는다. 자율적이고 마치 인터넷 로봇–시리Siri 같은 인공지능 개인 비서 응용 프로그램–처럼 '스마트'할 수밖에 없다. 투명하고, 조작이 방지된다. 세계 모든 사람들은 스마트 계약의 코드를 보고 실행할 수 있으며 그 코드는 프로그래밍된 대로 정확히 작동한다. 스마트 계약을 이용하는 것은 결백하고 정직한 사람이 당신의 시스템을 투명하게 운영하는 것과 같다. 이것은 마치 당신의 돈을 21세기 소프트웨어로 환생한 '정직한 에이브'[13] 링컨에게 돈을 맡기는 것과 같다.

어떤 사람이 야구게임 승리팀에 베팅하는 간단한 애플리케이션을 위한 스마트 계약을 만들었다고 생각해 보자. 코드가 제대로 프로그래밍이 되었다고 가정한다면, 정확히 의도된 게임을 위한 공정한 베팅 풀이 실행될 것이다. 당신은 거기에서 내기를 할 수 있고, 돈을 빼돌리지 않는 상황에서 당신이 이긴다면 공정하게 지급될 것이라는 것을 확실할 수 있다. 블록체인의 특성을 물려받은 모든 스마트 계약의 가장 중요한 특성

---

13 Honest Abe. '정직'을 최우선에 둔 미국 16대 대통령 링컨의 애칭으로, 스마트 계약 시스템이 정직하다는 뜻이다.

이 또 하나 있다. 멈출 수 없다는 것이다. 심지어 스포츠 베팅을 차단하려는 정부조차도 이 계약을 기술적으로 막을 방법은 없다. 좋든 나쁘든 계약은 영원히 지속될 것이다.

하지만 여기에도 어려움은 있다. 가상 베팅 계약은 실제로 **어느 팀이 야구게임에서 승리했는지 알 경우**에만 당첨금을 지급할 수 있다.

당신 또는 나는 인터넷 웹서핑을 통해서 어느 팀이 이겼는지 알 수 있다. 그러나 스마트 계약은 그 게임의 결과를 보고하는 사람들을 신뢰할 수 없다. 왜냐하면 그 사람들이 당첨금을 받기 위해 거짓말을 할 수 있기 때문이다. 또한 야구 배팅 게임 스마트 계약 자체가 게임에서 누가 이겼는지를 알기 위해서 뉴스나 스포츠 웹사이트에 접속하도록 프로그래밍하는 것도 불가능하다. 그 계약을 실행하는 블록체인은 수천 대의 컴퓨터로 구성되어 있기에, 그 모든 컴퓨터가 동시에 웹사이트에 접속해서 그들이 찾은 내용에 동의하는 것은 실용적이지 않기 때문이다.

이제 오라클을 넣어 보자. 오라클은 마법이자 우리가 놓친 요소이다. 오라클은 스마트 계약과 인터넷 그리고 더 나아서 실제 세상과 연결해주는 무지개다리 같은 것이다. 만약 스마트 계약이 블록체인에 '어젯밤 보스턴 레드삭스와 뉴욕 양키스 간 야구 게임에서 어느 팀이 이겼는가?'와 같은 질문을 게시한다면, 오라클은 질문을 보고 인터넷에서 답을 가져온다. 그리고 블록체인에 있는 계약에 답을 넘겨준다.

물론 많은 것을 단순화했다. 데이터를 가져온다는 말이 쉬운 것처럼 들리지만 정확하고 적절한 시기에 데이터를 가져오는 것은 사실 매우 어려운 일이다. 오라클은 최고 수준의 블록체인만큼 보안과 변조 방지 기능이 필요하다. 이것은 오라클이 신뢰할 만한 데이터의 원천으로서 혹시 있을지 모르는 문제나 대미지에도 보호되도록 디자인되었다는 뜻이다. 오늘날 오라클을 성공적으로 해킹할 수 있는 사람은 수백만 또는 수

천만 달러를 훔칠 수 있다. 하지만 잘 보호된 오라클은 거의 모든 흥미로운 블록체인 서비스를 가능하게 해준다. 오라클이 등장하기 전에 사실상 블록체인은 돈을 옮기는 것과 크립토키티[14]라고 불리는 괴상한 디지털 블록체인 고양이만을 키울 수 있었다. 오라클이 온라인에 연결된 것은 큰 건물만 있던 도시에 마침내 전기가 들어오는 것 같은 느낌이다.

이것이 오라클이 단순한 기술이 아닌 이유이다. 팬들에게 오라클은 스마트 계약 혁명의 생명줄이다. 송금, 대출, 투자 플랫폼과 같은 새로운 금융 서비스는 스마트 계약 덕분에 은행계를 점차 잠식하고 있다. 이런 서비스들은 월가가 만든 어떤 것들보다 더 투명하고, 유연하고 효율적이다. 세계 여러 은행에 외면당했던 수십 억 명의 사람들에게 조금씩 금융 혜택을 주었다. 스마트 계약은 금융적인 면을 넘어서 광범위한 영역으로 확장하고 있다. 스마트 계약은 명품을 입증하고, 블러드 다이아몬드[15]를 막으며, 벌목 보험 산업을 정비할 뿐만 아니라 '대체 불가능 토큰' 또는 'NFT'라고 불리는 블록체인에 등록된 디지털 예술품으로 예술 시장을 변화시키고 있다. (NFT 하나만으로도 대단한 일이다. 5년 후 당신이 메타버스로 이사할 때, 집, 옷, 칫솔 그리고 개가 NFT인 것에 놀라지 마라. 더불어 당신의 배우자가 인공지능이 아닌 것에도 놀라지 마라.)

이 모든 변화 뒤에 오라클이 있다. 오라클은 스마트 계약 그리고 그것을 서비스하는 사람을 진실로 이끈다. 이것이 내가 오라클을 선한 힘으로 믿는 이유이다. 우리 사회는 소득 불평등과 거짓말, 정치꾼들과 재벌들, 정의와 진실에 대한 실존적 위협으로 분열되고 있다. 스마트 계약과

---

14 캐나다의 스튜디오 대퍼 랩스가 개발한 블록체인 게임. 이 게임을 통해 플레이어는 이더리움에서 사용되는 NFT를 매매하고 생성할 수 있다. 이 토큰들은 가상의 고양이로 나타난다.

15 전쟁 중인 지역(주로 아프리카)에서 생산된 다이아몬드로, 그 수입금이 전쟁 수행을 위한 비용으로 충당되는 것을 말한다.

오라클은 이런 문제에 대한 일부 해답을 제공해 줄 수도 있을 것이다.

루카스와 여사제-우리는 그녀를 그렇게 부른다-또한 자신들이 애디튼을 설립했을 때 오라클을 믿었다. 그것이 내가 그들과 함께 일하는 이유이다. (나는 컨설팅 계약을 맺고 있기에 '함께'라고 말한다. 나는 누군가를 '위해서' 일하는 것은 거부한다.) 만약 우리가 월가 머신을 공격하고 빅테크 기업의 힘을 부숴서 더 공정한 세상을 재건하려 한다면, 오라클은 손 안의 중요한 도구이다. (면책 조항: 이것은 단지 나의 이상주의적 견해이다. 여사제와 루카스는 현실적인 사람이다. 그렇다고 해도 나는 여전히 그들을 좋아한다.)

*

헤드폰을 끼고 나는 30분 동안-대단히 저평가된 생상의 '피아노 협주곡'을 들으면서-말도 안 되는 버그가 가득한 다른 사람의 코드 파일에 묻혀 있었다. 그때 노란색 폴로셔츠가 시야에 들어왔다. 그러니까 루카스의 광적인 추종자들에게는 잘 알려져 있는 셔츠이다. 수많은 밈을 양산했고, 소셜미디어에서 강력한 수백만 명의 애디튼 팬들이 계속해서 사서 모았기에 온라인에서 여러 번 품절되었다. 특별히 루카스가 또 다른 열성적인 콘퍼런스에서 오라클이 세상의 확고한 진리의 소스인 뉴 델피가 될 것이라고 이야기한 후에는 더욱더 그랬다. 스티브 잡스는 그의 트레이드 마크로 검은색 터틀넥을 입었고 마크 저커버그는 후드티를 입었다. 루카스는 반소매의 노란색 폴로셔츠를 입었다. 얇은 흰색 가로 줄무늬에 헐렁한 소매와 왼쪽 가슴에는 수놓은 악어가 있었다. 이런 스타일을 나는 1980년대 이후로는 본 적이 없었다. 나는 그가 티셔츠를 하나 이상 더 가지고 있길 바란다. 왜냐하면 항상 그 셔츠만 입고 있기 때문이고, 입고 잘 가능성도 있기 때문이다. 나는 자주 독특한 얼룩이나 주름 같은 것을 찾아서 다른 셔츠인지를 구별하려고 했지만 어떤 것도 찾을 수 없었다. 그

셔츠 뒤에, 우울한 얼굴을 포함해서 루카스의 나머지 몸이 적절하게 구체화되었다.

"당신이 무슨 말을 하려는지 알고 있어요." 나는 헤드폰을 벗으며 미소 지었다.

"아뇨. 당신은 모릅니다." 그는 미소 짓지 않았다. 그는 거의 웃지 않는다.

"당신은 스릴러 영화나 소설을 좋아합니까? '마이클 크라이튼'[16]의 작품 같은 것들요?"

"아니오."

"저는 좋아합니다. 당신은 위험을 느끼고 있기 때문에, 테러는…" 특별히 주의를 기울이지 않는다면 루카스의 숨겨진 독일 억양을 알아차릴 수 없을 것이다.

"…그것들은 당신 소화 기관과 뇌간에 있습니다. 공룡들에게 잡아먹히지 않고 채광창을 통해서 빠져나갈 수 있을까요? 시간이 흐르고 있습니다. 2초 남았습니다. 그들은 시한폭탄을 제거할 수 있을까요? 아니면 폭발해서 오토바이가 부서질까요?" 루카스가 자신이 건넨 물음에 스스로 답을 내렸다.

"하지만 당신은 그것이 진짜가 아니고 좋은 사람들은 언제나 살아남는다는 것을 알고 있습니다. 이것은 위험이 없는 아드레날린입니다. 좋은 스트레스이고 오락이고 심장에 좋습니다." 그는 자신의 가슴에, 그 부적과 같은 셔츠에 손을 가져다 대며 말했다.

"나에게 그 말은…"

"당신과는 반대로 저는 공포를 느낍니다. 제품 출시에 대한 최종 리뷰

16 미국의 과학소설가이자 텔레비전·영화 프로듀서이다. 『쥬라기 공원』 작가로 유명하다.

와 테스트를 시작하기 몇 시간 전에 우리는 생방송을 시작할 예정입니다. 모두가 지켜보고 있습니다. 어떤 사람도 그 코드를 작성할 만큼 충분히 똑똑하지 않은데, 마지막 결정적인 코딩을 끝낼 수 있을까요? 저는 모든 것이 다 잘될 것이라는 것을 믿을 수 없습니다. 나쁜 스트레스이고, 심장에 나쁩니다."

그는 20대처럼 보인다. 매끄럽고 젊은 얼굴은 특별히 염소수염[17]에 숨겨져 있는데, 자기 나이보다 더 나이 들어 보이도록 하기 위해서 그렇게 하는 것이라고 생각했다. 애디튼을 공동 설립하기 전인 팬데믹 동안, 그는 학부시절 만들었던 탄소 크레딧[18]을 매매하는 회사를 팔았다. 이미 중요한 업적을 이루었고, 나보다 더 낫다고 말할 수 있다.

"당신 심장요? 몇 살인가요? 스물아홉 살? 서른 살?"

"당신이 오기 전에는 어리다고 느꼈습니다."

"나는 아직까지 당신을 실망시킨 적은 없네요. 이렇게 생각해 봅시다. 내 경우, 압박이 심할수록 생산성도 좋아집니다. 내 생산성은 먼저 내가 해야 하는 일을 남은 시간으로 나누는 것이죠. 그래서 그 시간이 제로로 갈수록…"

"제 스트레스는 무한대가 됩니다."

"다른 것은 없나요? 당장 해야 할 일이 있어요. 당신도 알다시피 마감입니다."

"이해가 안 됩니다. 당신은 운전하는 것을 두려워하고, 비행기 타는 것을 두려워합니다. 글루텐을 먹는 것도 두려워합니다. 그러나 당신은 회사 전체가 궁지에 몰려서 대롱거리는 것은 두려워하지 않습니다. 생각해 보

---

17 술이 적고 길이가 별로 길지 아니한 턱수염.

18 온실 가스 배출 혹은 흡수하는 프로젝트를 통해 줄어든 양만큼 크레딧으로 가치화하는 것이다. 1크레딧은 1톤의 이산화탄소를 삭감하였다는 뜻이다.

세요 만약 당신이 일을 끝내기 전에 버스에 치이면요?" 루카스가 물었다.

"걱정 말아요. 나 역시 길을 건너는 것이 무섭습니다." 나는 그에게 내 장례식에서 입을, 눈물 흘리는 악어가 있는 검은색과 흰색의 줄무늬 폴로셔츠가 없다는 것에 대한 농담을 하려다 참았다. "모든 것은 백업되어 있어요."

믿거나 말거나, 루카스와 여사제 그리고 나는 서로를 암묵적으로 신뢰했다. 광야의 외로운 신봉자에서 산업 베테랑으로 가는-비전을 공유하는-여정을 함께 여행한 이들이 느끼는 유대감이 있었다. 적어도 나는 그렇게 생각한다. 솔직히 말해서 여사제는 나를 꼼짝 못하게 하는 위협적인 어떤 힘이 있었다. 그녀의 닉네임은 아이러니한 것이 아니다. (그러니까 로빈 후드의 동료인 리틀 존이 '리틀'이라는 말이 무색하게 2미터 이상의 거인인 것과는 다르다.)

나는 루카스에게 다이앤 뒤메닐에게서 연락 받은 것이 있냐고 물으려고 하다가, 그녀가 나에게 이메일을 보낸 것을 비밀로 해달라고 했던 것을 기억했다. 그녀는 나에게 어떤 비밀도 누설하지 않을 것 같지만, 일단 비밀로 하는 것이 최선일 것이다.

아, 그렇지, 그 이메일. 루카스가 간 뒤 나는 다시 읽었다. 그녀는 문자를 보내 달라고 했다. 나는 첼시 마켓에서 오후 2시에 간단한 미팅을 제안하는 문자를 보냈다. 나는 더 멀리 갈 시간이 없었다. 그녀는 즉각 답을 보냈다. "좋습니다."

나는 다시 일을 시작했다. 내 코드를 끝내고 테스트 준비를 해야 했다. 나는 다가오는 '생텀'[19] 출시의 마지막 부분을 책임졌다. 나는 중요한 코

---

19 Sanctum. 이 소설에 나오는 특정 제품 이름. 성소를 뜻하는 영어 'sanctum'에서 가져왔다. 생텀의 가장 강력한 특징은 생텀이 보호하는 비밀의 속성에 대한 인증서를 생성하는 것이다.

드의 리뷰와 테스트를 해야 하는데, 고작 반나절밖에 시간이 없었다. 내가 해낼 수 있을지 확신할 수 없었다. 특히나 악성 스마트 계약과 같은 이상한 것들이 뛰쳐나오면서 그랬다. 그러나 뒤메닐 요원은 자신의 요청이 급한 것이라고 말했다

나는 한 달 정도 걸릴 일을 반나절에 끝내려면 식량이 필요하다는 것을 알고 있었고, 2시 조금 전에 마켓으로 내려갔다.

첼시 마켓은 미식의 메카인 수십 개의 레스토랑과 상점이 있는 거대한 식품관이다. 그 가게 중 한 곳은 초콜릿바가 벽 한 면을 가득 메우고 있고 대부분은 맛이 좋다. 예술 같은 이탈리아산 도모리[20]보다는 좀 덜하지만 말이다. 기록에 따르면 질좋은 다크 초콜릿은 좋은 와인보다도 400가지 이상의 향미를 가지고 있다. 그래서 와인 감정가들이 단지 좋은 옷을 입고 화려한 어휘를 쓴다는 것을 제외하고는 나에게는 아무런 감흥이 없다. 나는 무엇인가가 섞인 초콜릿이 먹고 싶어서 프랑스산 클뤼젤 초콜릿[21]을 골랐다. 헤이즐넛과 당절임 오렌지 중에 고르려는데, 누군가 내 어깨를 톡톡 두드렸다. 내가 돌아서자, 안경을 쓴 동양 여성이 있었다.

"죄송합니다. 제가 방해가 되었나요?"

---

20 이탈리아의 프리미엄 초콜릿 회사.

21 세계 3대 명품 초콜릿으로 손꼽히는 수제 초콜릿.

그 안경은 두꺼운 안경테에 두꺼운 렌즈로 되어 있었다. 그녀의 긴 검은 머리카락에는 흰색의 줄이 있었다. 그녀는 진홍색과 올리브색 실크스카프로 볼륨감 있게 포인트를 주고, 밝은 회색의 깔끔한 정장을 입고 있었다. 초콜릿 통로에는 어울리지 않는, 와인 감정가가 분명해 보였다.

"와인 통로는 저쪽 너머입니다." 나는 도와줄 수 없었기에 손가락으로 위치만 가리켰다.

"실례합니다만?" 그녀는 고개를 들고 환하게 웃었다. "저는 다이앤이에요. 다이앤 뒤메닐. 귀찮게 해드려서 죄송해요. 저는 온라인에서 당신의 사진을 보고 쉽게 알아봤어요." 흠잡을 데 없는 영어지만 약간의 프랑스 억양이 섞여 있었다. 내가 말했던 와인 감정가들처럼 말이다.

"지금 이야기할 수 있으세요?" 그녀가 물었다.

그녀는 첼시 마켓처럼 시끄럽고 개방된 지역을 선택했다. 내 짐작으로는 친구들끼리 커피 한잔하는 것처럼 보이고, 누군가 우리말을 엿들을 수 없기 때문인 듯했다. 그렇지만 관광객들이 몰려와서 앉을 만한 자리가 남아 있지 않았다. 결국은 반쯤 채워진 벤치의 맨 끝에 바짝 붙어서 나는 카페모카를, 그녀는 카푸치노를 꽉 쥐고 있었다. 우리 사이에는 조금의 틈도 없었다. 우리는 서로의 말을 듣기 위해서 긴장했고, 나는 그녀가 도청에 대해서 전략을 잘 세웠을 거라고 믿기로 했다.

나는 그녀가 첫 모금을 마실 때 유심히 보았다. 결혼반지는 없었다.

"그래서, 당신이 연방 수사국(FBI) 요원입니까?"

"예술범죄팀(ACT)[22]입니다. 제 신분증을 원하세요?"

"예술범죄? 나는 당신의 이메일 서명에서 알아차리긴 했습니다." 나는 농담한 것이 아니어서 그녀가 웃었을 때 약간 당황했다. "신분증은 필요

22 Art Crime Team. 미국 연방 수사국(FBI)의 미술품과 관련된 범죄를 전담하는 특별수사팀.

없습니다." 나는 덧붙였다.

다이앤은 미소 지으며 계속 이어갔다. "몇 년 전부터 당신은 악성 스마트 계약에 대한 영향력 있는 블로그 포스팅을 했어요. 그래서 우리가 당신을 찾을 수 있었어요. 저는 기술을 몰라요. 코넬테크(코넬 공과대학원) 컴퓨터 과학자인 제 친구가 당신이 가장 적임자라고 말했어요." 그녀는 나에게 교수인 친구 이름을 알려 주었다. 그는 괜찮은 사람이지만 그의 작업은 예측 가능할 만큼 평이했다. 프로젝트가 온라인에 게시되기 6개월 전에 무엇을 출판할 것인지 나는 짐작할 수 있었다. 하지만 그를 헐뜯고 싶진 않았다.

"당신은 이메일에서 스마트 계약에 대해 언급했습니다." 나는 말했다. "당신이 말한 '그 계약'이 내 블로그 포스트에 있는 것들을 의미합니까?" 나는 포스트에서 암살을 포함하는 실제 세상의 범죄를 용이하게 하기 위해서 스마트 계약이 어떻게 사용될지에 대해서 경고했었다. 이런 나쁜 용도로 사용되는 계약에 대해서, 나는 '악성' 계약이라는 용어를 만들었다.

"만약 제가 이메일에서 세부 사항을 알려 줬다면," 그녀는 말했다. "당신은 제가 미쳤다고 생각했을 것이고, 아마 지금 이야기를 시작하면 그렇게 생각하게 될 거예요 저는 광적이긴 하지만 다른 방식이에요." 그녀는 다시 웃었다. 방탄유리 재질의 안경알 뒤에 있는 그녀의 표정을 알 수 없었다.

"내가 블로그에서 스마트 계약이 범죄에 악용될 것이라는 경고하는 포스팅을 했을 때, 사람들은 내가 미쳤다고 생각했습니다. 하지만 결국 이렇게 됐습니다. 당신 이메일에는 스마트 계약의 블록체인 주소가 있었는데, 살펴볼 시간이 없었습니다."

"그 악성 계약은 겨우 며칠 전에 나왔어요. 우리 기술자들이 코드 안에서 설명서와 함께 있는 메시지를 발견했어요. 만약 당신이 그걸 보길 원한다면 여기 있어요." 그녀는 나에게 핸드폰을 보여 주었다.

클라우디오 비가노는 신과 오라클을 모독했다. 신의 빛나는 활이 그에게 죽음을 내릴 것이다.

"그리고 그 스마트 계약은 그를 죽이는데 현상금으로 만 달러의 암호화폐를 걸었어요." 그녀는 덧붙였다.

"그래서 이것이 일어난…" 나는 말했다. 그녀는 스카프를 손으로 움켜쥐며 먼 곳을 응시했다. 나는 악성 스마트 계약에 대해서 블로그에 썼지만, 마음속으로는 내심 그것이 불가능하다고 여겼었다. 바로 언젠가 일어날 수 있는 일에 대한 다채롭지만 불안한 예시일 뿐이었다. 나는 그것들이 언젠가 세상에 나타나서 빛을 본다면 무슨 일이 일어날지 기술적 세부 사항을 넘어서는 생각을 해본 적이 없었다.

어떤 기술이라도 사악한 의도를 가진 사람에게 남용될 수 있다. 스마트 계약도 예외는 아니다. 최근 블록체인 설계의 진보는 인간 언어를 처리하는 AI의 일부인 자연 언어 프로세스와 같은 기술의 급속한 발전과 합쳐진 결과이다. 결국 스마트 계약은 많은 다른 종류의 산업을 위한 강력한 도구가 되었다. 유감스럽게도 이런 산업 중 하나가 범죄 산업이다. 사람들은 이제 스마트 계약을 이용해서 이론적으로 가능한 범죄를 실제로 저지른다. 이것이 내가 '악성' 계약이라고 부르는 이유이다. 악성 계약으로 저지를 수 있는 범죄는 웹사이트 훼손부터 실제 기물파손, 서버해킹을 통한 비밀 노출 그리고 암살까지 실제 세상을 파괴하는 일은 뭐든 할 수 있다.

물론 인터넷의 어두운 부분인 다크웹에서는 오래도록 온갖 종류의 범죄에 대한 시장이 있었다. 하지만 범죄자와 '계약자'–범죄자를 고용하려는 사람–은 종종 서로를 속인다. 예를 들어 범죄자가 미리 돈을 받는다면 그들은 돈만 가지고 달아날 수 있다. 그들이 일을 한 후에 돈을 받는다면 이번에는 계약자들이 돈을 주지 않을 수 있다.

악성 스마트 계약은 양쪽에서 서로 사기 치는 것을 막을 수 있기 때문에, 오히려 범죄 시장이 신뢰를 바탕으로 활발해질 거라는 대한 불안감이 커졌다. 다크웹과 마찬가지로 악성 계약 역시 익명성과 글로벌 서비스를 제공할 수 있다. 일단 계약자가 암살과 같은 범죄를 위한 악성 스마트 계약을 만들면, 전 세계 어느 곳에서든 암살자가 희생자를 죽이기 위해서 서명할 수 있다. 암살자와 계약자는 만나거나 서로의 진짜 신분에 대해서는 결코 알 필요가 없다. 동시에 속이는 것을 막을 수 있기에 악성 계약은 단순한 다크웹에서의 교류를 넘어서는 것을 약속할 수 있다. 악성 계약은 암살자가 목표가 되는 희생자를 살해했을 때만 자동으로 그리고 충실하게 지불을 실행할 것이다. 범죄는 이제 거래개선협회(BBB)[23]의 기준을 충족시킬 수 있게 되었다.

그러나 많은 스마트 계약 기술이 이론적으로만 발전해 왔고, 실제 위협이 되는 악성 계약을 만드는 것은 여전히 만만치 않은 기술적 과제였다. 누구도 그것을 실행시킨 사람이 없었다. 단지 모든 것이 환상일 뿐이었다. 내가 다이앤과 만나기 전까지 말이다.

"그들이 말하는 신은 누구입니까? 계약 안에 있던 그 메시지에서는 하

---

23 Better Business Bureau. 다양한 업체 정보를 수집하여 평가 점수를 매기고, 특정업체에 대한 불만을 원만하게 해결할 수 있도록 도움을 준다.

나님이라고 이야기하지 않았습니다. 신이라고 이야기했습니다." 그녀에게 물었다.

"그게 제정신이 아닌 부분이에요. 저는 그러니까 그들이 의미하는 것은 아폴론이라고 생각해요."

대부분의 사람은 아폴론이 빛과 태양과 음악의 신인 것은 알고 있다. 그러나 그는 진리와 오라클의 신이기도 하다. 나는 여사제가 나에게 보낸 선물-루시트 석판 안에 있는 고대 그리스 은화 세트-덕분에 알게 되었다. 나는 그것을 브리지의 책상에 뒀다. 거기에는 아폴론이 세계의 중심을 표시하는, 델피에 있는 대리석 돌인 옴파로스에 앉아 있는 모습이 있었다. 나는 전문가는 아니지만, 내가 아는 한, 적어도 천년 동안 아폴론을 숭배하는 사람은 아무도 없었다.

"왜…."

"거기에는 약간의 얽힌 이야기가 있어요. 제가 나중에 설명해 드릴게요. 요점은 우리는 비가노 교수를 보호해야만 한다는 것이에요." 다이앤이 말했다.

"비가노 교수가 누구인지 모르겠지만, 내가 할 수 있는 것이 아무것도 없습니다. 내 블로그 포스트는 단지 이런 일이 일어날 수 있다고 경고하는 것이고, 모든 기술이 양쪽으로 사용된다고 경고하는 것입니다. 내가 이 위험을 처음으로 지적한 것도 아니고 나는 해결할 수도 없습니다. 나는 단지 사람들에게 대책을 촉구하라는 것뿐입니다. 나는…."

"제가 원하는 것은 간단해요. 제 기술팀 동료가 설명해 줬어요. 자세한 것은 잘 모르지만, 악성 계약이 오라클을 쓴다는 것을 알아요. 당신이 새로운 툴을 개발해서, 우리가 오라클을 차단하거나 오라클이 거짓 정보를 주도록 해줬으면 합니다."

"와!" 나는 카페모카를 벤치에 내려놓았다. 손사래를 치기 위해서 두 손이 필요했다. "나는 할 수 없습니다."

"저도 그게 어려운 요청이라는 것을 알고 있어요." 그녀는 자신의 스카프를 계속 잡아당겼다. 나는 그녀가 저런 식으로 한 주에 몇 개나 찢을까 궁금했다.

"만약 오라클이 잘 설계되어 있다면, 틀림없이 변조 방지가 되어 있을 것입니다. 분산되어 있다는 뜻으로, 이 말은 한 명의 사용자나 조직에 의해서 그것이 제어되지 않게 여러 개의 서버로 분산되어 있다는 의미입니다. 우리 회사인 애디튼조차 오라클들을 통제하지 않습니다. 아마도 나는 그 악성 계약에 정보를 제공하는 우리 오라클들을 멈추게 해킹할 수 있는 작은 기회를 얻을 수 있을지도 모릅니다. 하지만 설령 할 수 있다고 해도 나는 하지 않을 것입니다."

"당신은 한 사람이 살해되는 것을 막지 않을 작정이세요?" 그녀의 두꺼운 안경알을 통해서 그녀의 눈이 가늘어지는 것을 보았다. "왜 안 되죠?"

"잘못된 것이기 때문입니다. 나 자신의 시스템을 공격하는 것이고, 내가 한 모든 것을 망치는 것을 의미합니다."

"한 사람이 살해당하는 것은 잘못된 것이에요."

"네, 잘못된 것입니다. 혐오스럽기도 합니다. 하지만 더 큰 잘못은 어떤 정부의 간섭도 받지 않고, 자유롭게 개인 권한이 강화되게 설계된 시스템을 전복시키는 것입니다. 우리는 확정적인 진실의 원천으로 오라클을 만들었습니다."

"저는 이해합니다만…."

"그의 죽음을 무대에 올릴 수는 없습니까?" 내가 물었다.

"그것이 오라클 시스템에서 무엇을 의미하죠? 저는 기술에 대해서는 몰라요."

"내 블로그 포스트에서 악성 스마트 계약이 어떻게 운용되는지 이야기한 것을 떠올려 보십시오. 스마트 계약은…"

"저는 당신의 블로그 포스트를 완전히 이해하지 못했어요. 설명해 주시겠어요?"

"물론입니다. 당신도 알다시피 그 악성 계약은 암호화폐로 현상금이 걸려 있습니다. 당신이 말한 비가노 교수의 머리에 만 달러가 걸려 있습니다. 그 악성 계약의 기능은 암살에 성공한 암살자에게 보상하는 것입니다."

그녀는 고개를 끄덕였다.

"자 암살자를… '어쌔신Assassin의 에이'에서 따온 미즈 에이라고 불러봅시다."

"미즈 에이." 그녀는 성실한 학생처럼 반복했다.

"그리고 우리는 암살당할 목표를 '빅팀Victim의 브이'로부터 미스터 브이로 부릅시다."

"또는 비가노 교수의 브이예요." 그녀가 말했다.

"맞습니다. 비가노 교수도 될 수 있습니다. 브이 교수라고 부릅시다." 나는 말했다.

"미스터 브이가 좋아요." 그녀는 카푸치노를 입으로 가져갔다.

"우리의 암살자인 미즈 에이는 미스터 브이의 머리에 현상금이 걸린 그 악성 계약에 대해서 알게 됩니다. 그녀는 그 일을 하고 현상금을 받으려 합니다. 그래서 그녀는 암살을 수행하기 위한 계약서에 서명해서 메시지를 보냅니다."

"그 메시지는 어떤 내용이죠?"

"여기에는 미즈 에이가 실재라는 것을 보여 주기 위해서 약간의 암호화폐 보증금이 포함됩니다. 그렇지만 메시지에서 중요한 부분은 콜링카드라고 알려진 비밀 부분입니다. 그것은 미즈 에이가 계획하고 있는 범죄에 대한 특징적 세부 사항입니다. 미즈 에이만 세부 사항에 대해서 알고 있겠지만 살해가 일어날 경우 뉴스 기사는 반드시 보도됩니다."

"이해했어요." 그녀는 눈썹을 찡그렸다. "그 세부 사항은 날짜라든가 아니면 어디에서 일어났다든가 혹은 미즈 에이가 미스터 브이에게 어떤 독극물을 쓴다든가 하는 것입니다. 미즈 에이만 이 세부 사항을 자세히 알고, 다른 사람은 모릅니다."

"이 세부 사항은 핵심 단어나 또는 핵심 단어의 작은 집합으로 정확하고 구체적으로 표현될 수 있습니다. 미즈 에이가 미스터 브이를 좀 이색적인 방법 그러니까 15층에서 피아노를 떨어뜨려서 살해할 것이라고 계획하고 있다고 생각해 봅시다. 그러면 콜링카드는 아마도 피아노 + 15층이라는 핵심 단어로 구성될 수 있습니다."

"당신은 미즈 에이의 메시지가 담긴 콜링카드는 비밀이라고 했어요. 무슨 뜻이지요?" 다이앤이 물었다.

"간단히 말하자면, 그녀가 메시지에서 콜링카드인 피아노 + 15층을 암호화한다는 것입니다. 그래서 계약이 그녀의 메시지를 블록체인에 저장한다고 하더라도 어느 누구도 그것을 읽을 수 없습니다. 오직 미즈 에이만 해독할 수 있습니다. 이것은 마치 그녀가 계약에 콜링카드를 보낼 때, 봉인된 봉투에 넣어서 보내는 것과 같습니다."

"그렇다면 그 계약은 미즈 에이가 암살 전에 제출한 비밀의 콜링카드를 알고 있다는 것인가요?"

"정확합니다. 이제 암살이 일어났다고 가정해 봅시다. 미스터 브이는 그 도구로 죽었습니다. 뉴스 기사에서 그 살인사건을 보도합니다. 당연히 무슨 일이 일어났는지 설명하기 위해서 피아노와 15층이 핵심 단어로 쓰이겠지요. 이 시점에서 미즈 에이는 자신의 콜링카드를 해독해서 현상금을 요구할 수 있습니다. 봉인된 봉투를 열어서 피아노 + 15층의 콜링카드를 보여 줬다고 생각하면 됩니다. 왜냐하면 미즈 에이는 우리가 그녀의 콜링카드를 통해서 알 수 있는 이 세부 사항을 미리 알고 있었기 때문입니다. 이 콜링카드는 그녀가 암살범인 것을 분명히 해줍니다."

"하지만 그 계약에서 미스터 브이가 실제로 떨어진 피아노에 죽은 것인지 확인해야 하는 거 아니에요?" 그녀는 그녀의 두꺼운 안경을 통해서 진지한 눈으로 보았다.

"그리고 그것이 오라클이 등장한 지점입니다. 미즈 에이가 그녀의 봉인된 콜링카드를 열었을 때, 스마트 계약은 오라클을 호출합니다. 스마트 계약은 오라클에게 미스터 브이의 죽음에 대한 기사의 핵심 단어 중에 피아노와 15층이 있는지를 물어봅니다. 오라클은 인공지능 툴을 이용해서 이것을 확인합니다. 만약 오라클이 그런 사고가 있다고 한다면, 스마트 계약은 미스터 브이가 미즈 에이의 암살로 죽었다는 것을 알게 됩니다."

"이해했어요. 그러고 나서 미즈 에이는 그 계약으로부터 암호화폐 현상금을 지급받는 것이군요. 아마도 이 모든 것을 당신의 블로그에서 배워야 했던 것 같은데, 저는 그게 컴퓨터를 잘 다루는 사람들을 위해 쓴 것이라고 생각했어요."

나는 킥킥댔다. "미안합니다. 그랬던 것 같습니다."

"미즈 에이가 계약을 맺는 것이 전혀 문제가 되지 않습니까? 법 집행 기관[24]이 지켜보고 있다면요?"

"이 모든 것은 블록체인에서 이루어집니다. 미즈 에이는 자신의 이름을 밝히지도 않았습니다. 미즈 에이의 에이는 또한 익명을 의미하는 '어

24 법 집행(치안 유지)에 종사하는 경찰, 검찰, 기타 각종범죄 단속에 종사하는 기관·사람의 총칭으로 사용.

나니머스Anonymous'를 의미할 수 있습니다. 그 악성 계약을 누가 만들었는지도 마찬가지입니다. 그들은 자신들의 진짜 세계의 신분을 드러내지 않았습니다."

"그럼 미스터 브이를 제외하고 모두 익명이군요."

"본질적으로, 블록체인은 완전한 익명성을 제공하지는 않습니다. 그렇기 때문에 범죄자들은 자신들이 무엇을 하고 있는지 알아야 합니다. 그림자 속에 남아 있길 원한다면 그들은 조심스러워져야 합니다. 그리고 이제 이해하셨습니까?"

"아, 이제 이해하겠어요. 그러면 비가노 교수의 죽음을 무대에 올리라는 당신의 말은 무슨 뜻이지요? 블록체인 용어입니까?" 그녀는 카푸치노를 한 모금 더 마셨다. 나는 카페모카를 한 모금도 마시지 않았다는 것을 깨달았다.

"전혀 아닙니다. 나의 말은 당신들 연방 수사국(FBI)이 암살자 행세를 하라는 것입니다. 당신들은 미즈 에이를 만들어서 당신들이 좋아할 만한 콜링카드를 선택하세요. 이를테면 당신들은 그의 욕조에서 고무 오리가 폭발해서 사망한 것처럼 꾸밀 수 있습니다. 당신들은 고무오리 + 욕조 + 폭약 같은 독특하고 멋진 조합을 가진 콜링카드를 보낼 수 있습니다. 그러고 나서 콜링카드에 적힌 단어들이 있는 가짜 이야기를 쓰도록 뉴스 매체들을 설득할 수 있을 것입니다. 당신들은 악성 계약에 그럴듯한 미즈 에이로 보일 것입니다. 이 멋진 책략의 장점은 계약을 무력화시킬 수 있을 뿐만 아니라 당신들이 진짜 암살자인 척하면서 만 달러의 현상금도 청구할 수 있다는 것입니다. 게다가 죽음도 가짜입니다."

"정말 좋은 생각이에요! 그래서 당신은 우리가 오라클을 파괴하지 않아도 된다는 것이겠죠. 당신은 그 일이 정말 잘못된 것이라고 생각하시는군요. 대신 우리는 언론을 뒤엎어서 가짜 뉴스를 만들라는 것이겠죠."

"이것은 단지 한 가지 방법이고…."

"나에게는 그 방법이 잘못된 거예요. 내가 하는 모든 것을 약화시키는 것이죠. 언론은 민주주의의 기둥이지만 오라클은 아닙니다. 왜 오라클을 신성시합니까? 그것은 단지 멋진 신기술일 뿐이잖아요."

"물론, 독일에서 발명된 인쇄기라고 부르는 것도 600년 전 사람들에게는 단지 멋진 신기술일 뿐이었습니다. 그러나 그것은 당신이 말하는 민주주의의 기둥을 탄생시켰습니다." 나는 이죽거렸다. "좋아요. 당신은 가짜 스토리를 유포하지는 않을 것입니다. 그러면 당신은 죽음 자체를 가장하세요. 모형을 넣어서 차량을 폭파시키십시오."

"아, 네, 좋은 아이디어네요. 그러다가 교수가 살아있는 것이 밝혀진다면 다른 악성 스마트 계약이 나타나고, 우리는 또 그를 죽이고 다시 언론이 믿을 수 없는 이야기에 속기를 바라야겠죠."

그녀의 핸드폰이 울렸다. "실례합니다만, 전화 좀 받을게요." 나는 위트를 모을 수 있는 시간이 생겨서 기뻤다. 남자 목소리였고, 나중에 "à tout à l'heure,"라는 말을 알아들었다. 이 말은 하이 라인 파크에 가 본 누구라도 아는 단어로 '곧 만나요'라는 뜻이다. '남자친구군.'

그녀는 전화기를 다시 가방에 넣었다. "문제가 뭔지 아실 것입니다만?"

"아니요. 당신들은 연방 수사국(FBI) 아닙니까? 교수의 보안을 치밀하게 강화하십시오. 그 계약을 만든 사람을 찾아서 감옥에 집어넣으세요. 당신은 나에게 당신들이 해야 할 더러운 일을 해달라고 요구하고 있습니다."

"우리의 더러운 일이요?" 나는 그녀가 화가 나서 하는 제스처를 기대했지만 그녀는 카푸치노를 들고만 있었다. "몇 년 전이라면 우리는 그런 계약에 누가 돈을 주었는지 알아낼 수 있었어요. 우리는 암호화폐의 거래를 추적하고 암살자가 누구인지 밝혀낼 수 있었을 거예요. 하지만 당신과 당신 친구들이 암호화폐의 거래를 은폐하기 위해서 당신네 '문 매스'[25]라는 것을 사용했어요. 이제 범죄자들은 법 집행을 피하기 위해서 그것을 사용해요. 이것이 당신들의 또 다른 신성한 원칙인가요?"

"그건 개인의 자유라고 부르는 것입니다. 그리고 인간의 기본 인권입니다. 미국 헌법에는 명시되어 있지 않을 수도 있습니다. 어쩌면 연방 수사국(FBI)의 소관이 아닐 수도 있습니다. 그러나 당신의 말을 빌리자면 이것은 모든 발전된 문명의 기둥입니다."

"법률로 통치되는 사회에서 어둠 속의 암살자 없이 살 권리 역시 마찬가지예요. 두려움으로부터 자유 말입니다."

나는 한숨을 쉬었다. "만 달러가 정말 암살자를 유인하기에 충분하겠습니까? 많은 돈이 아닙니다. 이 모든 것 홍보인 것 아닙니까?"

"사람들이 서로에게 하는 사악한 일들에 대해서 절대로 과소평가하지 마세요." 그녀는 개인적인 경험이 있다는 듯한 말투로 분명히 말했다. "계약 살인은 더 적은 돈으로도 가능해요."

"미안합니다. 다이앤, 나는 할 수가 없습니다. 시도조차 하지 않을 겁니다. 당신들의 교수가 해를 당하는 것을 원치 않지만, 다른 방법이 없습니다. 나는 연방 수사국(FBI)을 존경하지만 이것은 도화선입니다. 처음에 당신들은 작은 부탁을 할 것입니다. 그러고 나서 당신들은 큰 부탁을 할 것입니다. 그 다음에 당신들은 더 많은 큰 부탁을 하겠죠. 그 후에는 중국인들과 러시아인들이 우리의 문을 두드리면서 같은 부탁들을 할 것입니다. 우리가 거부하면 우리는 미국 정부의 끄나풀처럼 보일 것이고, 우리가 받아들인다면 우리는 권위주의 정권의 끄나풀처럼 보일 것입니다."

25 비트코인 가격의 과거 실적에 기반해서 미래 가격을 예측하는 모델.

"그러면 반정부 인사의 머리에 대가를 건 스마트 계약이 나타난다면요?"

"내가 암살자의 머리에 현상금을 걸 겁니다."

"나는 정의를 구현하는 것을 보기 위해서 연방 수사국(FBI)에 들어갔어요. 당신의 야만적인 것과 다른 진짜 정의 말이에요."

우리는 서로를 응시했다.

"카페모카, 고맙습니다." 내가 말했다.

"정의와 진실에 대한 수업 고마웠어요." 그녀는 카푸치노가 그녀의 옷 위에 쏟아지는 것을 피하기 위해서 멀리 잡고서는 벌떡 일어나서 횡하니 가버렸다.

그녀가 떠난 후에야, 나는 이 모든 것이 예술범죄나 아폴론 신과 무슨 연관이 있는지를 알지 못한다는 것을 깨달았다.

5장

나는 다이앤을 만난 뒤에 그리스와 관련된 것들에 둘러싸여 있다는 생각이 들었다. 인터넷에서 다시 태어난 아폴론의 사도들이 폭발적으로 증가하고 있기 때문인지, 아니면 다이앤이 별 설명 없이 이상하게 아폴론에 대해 언급한 후에 내 머릿속에 그를 떠올린 것인지 알 수 없었다. 오라클, 아폴론, 피티아 등등에서 회사와 상품 이름을 가져왔기 때문에 델피는 우리 산업군에서 진부한 표현에 지나지 않았다. 우리 애디튼 LLC 역시 다른 것들처럼 델피를 알리는 데 한몫했다. 하지만 나는 인터넷을 통해서 고대 그리스와 연관된 것들이 더 많이 언급되기 시작하는 것을 봤다. 아니 봤다고 생각했다.

예를 들면, 나는 「뉴욕 타임스」 온라인판을 읽을 때 델피 단체여행 광고를 받았다. 또 다른 것은 파르나소스산으로의 스키 여행-그곳이 뮤즈[26]들에게만 인기 있는 것은 아닌 것 같다-이었다. 그래, 광고는 목표가

26 그리스 신화에 나오는 예술과 학문의 여신.

설정되어 있고, 아마 검색을 했을 때 내가 그리스 신비주의를 위한 시장에 있는 것을 구글이 알게 되었을 것이다. 하지만 그게 전부는 아니었다. 누군가 메타버스 플랫폼에서 델피 근처의 땅을 사들이고 있었다. 이것은 즉 가상세계에서 오라클에 해당하는 부동산을 구입하는 것이었다. 그리고 실제 세상에서 나는 미드타운에 있는 갤러리에서 델피에 대한 전시회를 하고 있는 것을 알았다. 온라인에서 검색해 보니 한 곳만이 아니었다. 미국에 있는 네 곳과 유럽에 있는 세 곳의 박물관과 갤러리에서 델피에 대한 전시회를 하고 있었다. 돌이켜 생각해 보면 2000년에 영화 〈글래디에이터〉가 개봉했을 때 고대 로마와 글래디에이터에 대한 전시회도 많이 열렸다. 하지만 최근에는 델피가 주연인 영화, 즉 스칼렛 조핸슨이 암살자이자 예언자인 피티아 역할을 맡는 것 같은 블록버스터가 개봉한 적이 없었다. 그래서 나는 갑자기 관심이 높아진 것을 이해할 수 없었다.

악성 스마트 계약 자체에 대해서는 언론 보도가 거의 없었다. 무역 뉴스 사이트의 몇 개의 글과 소수의 블로그 포스트가 그것에 대해서 다루고 있었지만, 그들은 그것을 농담으로 취급하고 있었다. 한 블로거는 아폴론 신이 오랜 잠에서 깨어났지만 비참한 것을 발견할 뿐이라고 이야기했다. 그의 활은 이제 신성한 화살 대신에 적은 예산의 암호화폐 현상금을 발사할 뿐이라고 했다. 나는 이 기사들을 통해서 비가노 교수가 고전 고고학자라는 것을 알게 되었다. '반짝이는 활'이 그 악성 계약에서 언급되고 있다는 사실에서부터, 사람들은 의문의 '신'이 아폴론이고 '오라클'은 델피의 것이라고 유추할 수 있었다. 그래서 비가노 교수와 아폴론은 동일한 분야에 있는 것이었다. 그렇지 않으면 전체 비즈니스가 성립될 수 없었다. 이것은 정말 나쁜 농담이거나 미친 짓이었다.

나는 그냥 놔둘 수는 없었다. 이제 나 스스로 그것에 대해서 궁금했다. 만약 그 계약을 만든 사람들이 진짜 아폴론을 믿는 것이라면 어떻게 될까? 그리고 그 문제에 대해서 그들이 옳다면 만약 아폴론이 21세기에 잠에서 깨어나서 올림푸스산에서 내려와서 인간 세상으로 들어간다면 그는 자신을 어떻게 보여줄 수 있을까? 확실히 옛날의 장소는 아니다. 먼지 날리는 전쟁터나, 그리스 사원의 폐허나 하늘 위에 있는 전차는 아니다. 어쩌면 그는 사이버 공간에서 희미하게 빛날지도 모른다. 그의 존재를 감지하고 그의 사도들이 일어날 것이다. 그들은 지하 채팅 방과 포럼에서 함께 모의를 할 것이다. 그들은 그를 숭배하고 델피의 영원한 불꽃에서 분리된 형태, 어떤 새로운 것으로 되살아나게 할 것이다. 이 생각은 비뚤어진 매력이 있었다.

나는 궁금했고, 오라클을 이해하는 것은 나의 일이기도 했다. 결국 생텀의 출시가 끝나고 나서, 나는 그 악성 계약의 코드를 살펴보았다. 해커라면 누구나 그러듯이, 나도 그것을 깰 방법을 찾으려 했다. 많은 프로그램 분석 도구들과 나 자신의 안티-패턴[27] 체크 리스트를 사용했다. 하지만 핵심 로직이 확고했다. 거의 터무니없을 만큼 극도로 조심스럽게 쓰였고, 심지어 그리스어의 조각조각들이 뿌려져 있었다. 주로 버그들은 코드의 조각과 인터페이스 사이 균열에 자리 잡고 있지만, 이 계약에서 오라클을 사용하는 것 또한 흠잡을 데가 없었다.

하지만, 나는 해냈다. 불안정한 부분을 발견했다.

스마트 계약에는 기한 즉 만기일 같은 것을 프로그래밍 할 수 있다. 그 악성 계약에서 날짜 조건을 볼 수 있을 것이라 기대했다. 현상금이 적었기 때문에, 처음에 이 이야기를 들었을 때 계약을 만든 사람들이 낭비할 돈이 별로 없다고 느꼈다. 그리고 나는 이 모든 것이 단지 일종의 홍보 활

27 anti-pattern. 소프트웨어 공학 분야 용어로, 실제 많이 사용되지만 비효율적이거나 비생산적인 패턴을 의미한다. 성능, 디버깅, 유지보수, 가독성 측면에서 서비스에 부정적인 영향을 끼칠 수 있다.

동이라고 생각했다. 그렇기 때문에 몇 달 후에도 현상금을 청구하는 사람이 없다면 그 계약은 현상금을 프로그램을 만든 사람에게 되돌려 줄 것이라고 생각했다.

하지만 환불에 대한 조항은 없었다. 그 돈은 적어도 그 선량한 비가노 교수가 죽을 때까지 거기 있을 것이었다. 잔인한 일이었다. 그가 살해당하거나 혹은 아폴론 사람들의 세계에서 '다모클레스의 검'[28]이라고 불리는 그 계약이 평생 그의 머리 위에 걸려 있거나 둘 중 하나였다. 아마도 이 계약의 진정한 목적은 심리적 고문일 것이다.

*

나는 생각해야 할 더 중요한 것들이 있었다.

우리의 생텀은 출시 전에 큰 문제를 해결했기에 업계에서 엄청난 화제를 불러일으켰다. 이미 언급했듯이 스마트 계약은 블록체인으로 실행된다. 이는 스마트 계약이 투명하고 전 세계에 공개된다는 것을 의미한다. 이것은 마치 주방 전체에 유리로 된 벽을 두른 레스토랑과 같다. 거기서 진행되는 모든 것을 볼 수 있기에 전체 과정을 무엇보다도 신뢰할 수 있다. 그러나 스마트 계약은 투명성을 가지고 있기에 비밀을 지킬 수 없다는 단점이 있다.

비밀 없이 블록체인으로 안전하게 할 수 있는 일은 많다. 디지털 고양이 키우기, 개인정보 보호가 필요 없는 개인 자산 거래 그리고 더 많은 것들이 있다. 그러나 비밀 데이터 없이는 원하는 것을 할 수 없거나, 하려고 하지 않는 사람들도 있다. 이미 말했듯이, 스마트 계약 코드는 모두에게 공개되어야 하거나 적어도 기술적 이해를 가진 감시인이 코드를 읽고 그것이 무엇을 하려는지에 대해서 확인할 수 있어야 한다. 이것은 사람들

---

28 애초 권력자의 삶에 내재한 위험 등을 가리켰지만, '일촉즉발의 절박한 상황' 등의 뜻으로 더 많이 사용된다.

이 스마트 계약에 그들의 돈을 믿고 맡길 수 있는 유일한 방법이다. 그러나 스마트 계약에 의해 처리되는 그 데이터가 공개되어야 할 이유는 없다. 결국 누가 자신의 거래와 계좌 잔고를 블록체인으로 전 세계에 공개하고 싶어 하겠는가? 한 지인이 말했던 것처럼 블록체인은 은행 계좌용 트위터 같았다.

생텀은 오라클 안에서 비밀을 지킬 수 있는 강력한 새로운 시스템이었다. 은행 잔고에서부터 생년월일, 건강기록에 이르는 스마트 계약에서 사용되는 모든 종류의 개인정보를 숨길 수 있었다. 또한 블록체인보다 더 빠르게 스마트 계약 코드를 실행시킬 수 있지만, 공개와 변조 방지 기능을 유지할 수 있었다. 스마트 계약의 코드와 데이터를 생텀과 그 계약의 바탕이 되는 블록체인 사이에서 분리될 수 있도록 설계되었다. 그 결과 속도와 투명성 그리고 가장 중요한 비밀의 이상적 조합이 되었다.

특별히 생텀의 가장 강력한 특징은 생텀이 보호하는 비밀의 속성에 대한 인증서를 생성하는 것이다. 이 인증서는 '증명'이라고도 한다.

예를 들면, 생텀은 당신의 암호화페 계좌를 비공개로 유지하고 있으며, 당신은 은행으로부터 대출을 받길 원해서 5,000달러 이상의 잔고증명을 해야 한다고 가정해 보자. 생텀은 당신의 계좌 잔고를 확인하고 당신이 적어도 5,000달러 가치의 암호화폐를 지고 있다는 증명을 생성할 수 있다. 당신은 이 증명을 은행에 보여 줄 수 있다. 생텀은 변조 방지 형식으로 코드를 실행했기 때문에 은행은 생텀의 증명이 맞는다는 것을 신뢰할 수 있다. 당신이 실제로 적어도 5,000달러 이상의 자산을 가지고 있다. 이 정보 하나를 제외하고는 생텀은 당신의 계좌 잔고를 비밀로 할 것이다. 은행은 당신이 5,000달러만 가지고 있는지 아니면 10만 달러를 가지고 있는지 아니면 이천만 달러를 가지고 있는지에 대해서 알지 못할 것이다.

생텀은 빅딜이었다. 금융산업은 수백조 달러의 자산을 보유하고 있지만, 개인정보 보호 문제로 인해 스마트 계약에 포함된 자산은 극히 일부에 불과했다. 애디튼에서 우리는 금융산업을 근본적으로 바꾸고 수십조 달러에 달하는 대규모 지분을 스마트 계약으로 전환하기 위한 노력을 하고 있었다. 생텀은 그 열쇠였다.

우리는 토요일 밤에 생텀 출시 파티를 열었다. 가구를 치우자, 애디튼 사무실은 완벽히 축제의 장이 되었다. 천장은 높고 개방형이었다. 서쪽으로는 허드슨강의 멋진 경치가 보였다. 나는 늦게 도착했다. 내가 들어갔을 때 나는 엄청난 음악 소리에 휩싸였다. 내가 방향을 잡으려고 할 때, 코린은 나를 붙잡고 누군가 '들어가지 마시오'라는 표지판이 붙은 브리지의 닫힌 문 뒤로 끌고 갔다.

"그녀가 여기 있는데 여전히 나를 무시하는 것 같아요."

"누가요?"

"여사제요."

"당연히 그녀는 여기 있어야죠. 하지만 왜…" 나는 눈을 꼭 감았다가 다시 그녀를 응시했다. "당신이 하고 싶은 말은?"

"당신은 내가 그녀와 같은 부류는 아니라고 생각하죠. 그렇죠?"

"하지만… 하지만 당신은 그녀가 어떤 사람인지 정확히 알지도 못하잖아요. 그리고 내가 몇 번이나 이야기해야 하나요? 나는 사람들과의 관계를 조언하는 멘토가 아니에요. 당신이 만약 이혼, 슬픔, 외로움 같은 것들의 특정한 알고리즘을 테스트하길 원하지 않는다면…."

"말해 봐요, 왜 그렇게 많은 사람들이 그녀를 싫어하나요? 온라인에서 좀 읽은 것이 있지만 그걸 믿어야 할지 모르겠네요."

"싫어요. 말할 수 없어요."

"제발, 제발, 제발요." 그녀는 내 팔을 잡고 유기견 보호소에 있는 강아지 같은 표정을 지었다.

"안 돼요." 나는 그녀의 손과 문신이 가득한 팔뚝을 겨우 떼어내고서 문 쪽으로 몸을 돌렸다.

"그럼, 잊어버려요. 사랑이 없네요. 그러면 죽음에 대해서 이야기합시다." 코린이 말했다.

나는 그녀 쪽으로 돌아섰다. "악성 계약을 살펴봤어요." 나는 그 코드에 대해 전날 이야기했었다. 그녀에게 내가 그것을 해킹하는 데 어떻게 실패했는지 알려 주었다.

"그리고?"

"이상한 코드더라고요. 당신도 알아차렸죠? 난해한 문구예요. 정통한 사람이 엄청나게 시간을 들였어요. 그리고 그리스어도 있죠."

"나도 알아요. 하지만 당신은 무엇을 발견했나요?"

"당신과 같아요. 버그도 찾을 수 없었고 겨우 취약점 공격만 해봤지만, 명확한 것은 하나도 없었어요. 재진입 문제나 액세스 제어 문제 또는 잘못된 호출자 같은 것이 없었어요. 그리고 블록체인에서 일어나는 데이터 변환이나 가스 고갈[29] 같은 좀 모호한 것들조차 없었어요. 아무것도 없어요." 계약의 정교함을 고려해 봤을 때, 최고 등급의 개발자만이 우리의 사냥을 피할 수 있었다. 심지어 스캐닝 도구로도 찾아낼 수 없었다.

"너무 안 좋군요." 그녀는 다시 강아지 표정이 되었다. 나는 망설였지만, 고작 이것이 뭐라고. "좋아요, 여사제. 어떤 사람들은… 그녀가 2016년 케임브리지 애널리티카[30]가 페이스북의 데이터를 빼돌렸다는 것을 알

29 Gas. 블록체인 네트워크에서 암호화폐인 이더리움을 송금하거나 스마트 계약을 실행할 때 내는 수수료 단위이다.

30 2016년 미국 대선 때 영국의 정치 컨설팅 기업인 케임브리지 애널리티카는 페이스북 이용자 8,700만 명의 데이터를 이용자 동의 없이 수집해 정치 광고 등에 사용했다.

고 있는 위치였다고 믿죠. 하지만 그녀는 어떤 대응도 하지 않았고요. 이게 그녀가 사람들 입방아에 오르내리는 이유예요. 사람들은 트럼프가 당선된 것에 대해서도 그녀를 비난하죠. 어떤 사람들은 그녀가 세상을 거짓의 시대로 몰아간 것에 대한 보상으로 에디튼을 시작했다고 말하기도 해요."

"그럼 당신은요?"

"가짜 뉴스로 그녀를 비난하는 것은 위선적이겠죠. 그렇지 않을까요?"

*

바에서 레몬 한 조각과 함께 물을 가져왔다. (알칼리성으로 소화에 도움이 된다.) 혼자서 그걸 홀짝거리면서 우리의 작업을 축하하기 위해 온 군중들을 감상했다.

나는 성공을 이루는 순간이면 슈퍼히어로 영화에 나오는 주인공처럼 강인한 체력이 솟아오르는 것을 느끼고는 했다. 하지만 그날 저녁에 내 머릿속에는 그리스 신이 떠올랐다. 음악의 묵직한 베이스 소리에 힘을 얻어서 아폴론이-물론 아폴론은 음악의 신이다-되는 것이 어떨지 생각했다. 내 팔다리가 올림포스의 힘을 느끼고, 재빠르고 정확하게 화살을 퍼부으며 영웅들의 군대를 쓰러뜨리고, 필멸의 시간을 뚫고 미래를 내다볼 수 있는 강렬한 예지능력을 가지고….

나의 예언적 환상은 필멸의 시간을 넘어서 멀리 가지 못했다. 그 셔츠가 내 앞에 나타났다.

"멋지게 해냈습니다." 루카스가 침울하게 말했다. 그는 심장 문제를 극복한 듯 보였다. "이 사람들을 보십시오."

우리는 잠시 서서 방을 둘러보았다. 블록체인 프로젝트의 기술자 무리, 저명한 공학자, 빅테크 기업의 전략가, 벤처 자본가, 경제학자, 언론인,

암호화폐 거래자, 연구원, 대학원생 들이 있었다. 이들 모두가 즐기고 있었다.

"당신이 진행한 기술적 세부 사항을 다 이해하지는 못합니다. 당신에게 맡기겠습니다. 그래도 우리는 그들이 원하는 뭔가 좋은 것을 만들고 있군요." 루카스는 말했다.

파티에 온 사람들이 축하해 주기 위해서 나에게 왔다. 이들 중 몇몇은 순수한 분산주의자이다. 블록체인 시스템 안에 권력이 집중되고 이 블록체인 이념 실행 운동의 전체적 목적인 개방성과 평등주의를 좀먹는 은밀한 방식에 대해서 경계의 눈초리를 보낸다. 이런 순수주의자들이 생텀을 보호하는 핵심 기술인 트러스티드 하드웨어[31]를 믿지 못하는 것은 자연스러운 일이다. 그들은 우리가 생텀에 사용한 트러스티드 하드웨어보다는 수학적 기반을 가지고 있는 암호화를 더 신뢰한다. 몇몇 빅테크 기업들은 트러스티드 하드웨어를 클라우드에 있는 서버의 표준으로 만들었다. 그 회사들이 일을 제대로 처리하고 있으며 어떤 백도어도 심지 않았다는 것에 대해서 믿음을 가져야할 뿐 아니라 트러스티드 하드웨어가 해킹에 취약하지 않아야 한다. 모든 사람들이 그런 믿음을 가지는 것은 아니기에, 나는 암호학과 트러스티드 하드웨어, 두 진영 간의 관점을 모두 이해했다. 그러나 보안은 상대적인 것이기에, 나는 적어도 일부 사람들이 마음을 바꾸길 바라면서 어떤 특별한 기능, 트릭을 고안했다.

비탈릭 부테린은 이런 사람들 중 하나로 나와 이야기하려고 돌아다니고 있었다. 그는 이더리움을 만든 놀라운 사람이었다. 이더리움은 비트코인 다음으로 중요하며, 더 흥미로운 암호화폐이다. 그는 또한 블록체인 세상에서 가장 인기 있는 사람 중 한 명이자 다른 빛나는 테크 창업자들

---

31 요구 사항을 수행할 수 있게 인증된 하드웨어. 물리적 공격에 보호받을 수 있는 하드웨어, 신뢰할 수 있는 장치를 의미한다.

사이에서도 스타였다. 사람들은 우리 커뮤니티에서 창업자들이 돈과 테크를 가지는 것에 대한 보편적 집착을 기대할 것이다. 그러나 이 대단한 혁신가들은 교과서적인 철학자로 통할 수 있다. 사토시 나카모토는 일론 머스크급의 명성과 왕조의 부에 해당하는 백만 비트코인에 등을 돌린 듯하다. 비탈릭도 마찬가지로 순수한 이성의 등불로 도둑놈 심보와는 거리가 멀다. 그는 돈이 주는 힘을 감당하고 싶지 않았기에 거의 700만 달러에 달하는 암호화폐 선물을 파괴한 적도 있다. 이상한 생각으로 가득 차 있는 분야에서 나는 그의 의견을 진지하게 받아들였다.

"트러스티드 하드웨어는 유용하지만 일부 사람에게 불편한 몇몇 가정도 도입했습니다." 그는 특유의 평탄하지만 콧노래 하는 듯한 어조로 말했다. 우리가 대화하는 동안 그는 푸른 눈을 깜빡였다. 나는 안경 쓴 고양이, 유니콘 라마, 무지개와 UFO가 그려져 있는, 그의 유명한 티셔츠를 보았다. 이 티셔츠를 여러 번 봤지만 여전히 그림이 의미하는 바를 이해하지 못했다. "당신이 한 일을 설명해 주실 수 있습니까?"

"간단한 아이디어입니다. 당신도 알다시피 트러스티드 하드웨어는 보호된 환경에서 프로그램을 실행할 수 있도록 해줍니다. 그 프로그램은 비공개이며 변조로부터 보호됩니다." 내가 말했다.

"하드웨어가 공격자들에 의해서 깨지지 않을 때만 그렇죠."

"맞습니다. 그럼 2대의 머신에 프로그램이 실행된다고 가정해 봅시다. 2대의 머신에 동일한 데이터를 가지고 있는 동일한 결정론적 프로그램입니다. 하지만 한 머신에 있는 하드웨어는 해킹 당했고, 다른 머신은 해킹 당하지 않았다고 합시다. 이 경우 2개의 프로그램은 동일 계산을 하지만 결과는 일치하지 않을 것입니다."

"음… 생각해 봅시다." 그는 몇 밀리 초 동안 깊은 생각에 빠졌다. "하지만 진실을 말하는 두 개의 프로그램은 서로 모순될 수 없습니다. 그래서 만약 이것들이 서로 불일치한다면, 당신은 아마 그 하드웨어가 둘 중 하나가 해킹 당한 것을 알게 되는 것이죠. 당신은 단지 그게 해킹 당했다는 것을 알 뿐 어느 것이 해킹 당했는지는 모르는 것이지요."

"정확합니다."

"비록 이것은 프라이버시를 직접적으로 강화하지는 않지만. 좋은 아이디어네요." 그는 말했다.

비탈릭은 모든 것들에 관심을 가지고 있었기에 나는 그에게 비가노 교수의 악성 스마트 계약에 대해서 물어보았다. 그는 자신이 중화 계약[32]이라고 부르는 흥미로운 아이디어-악성 계약을 해킹해서 제어하는 누구에게라도 보상을 해주는 것이다-를 온라인에 올렸다. 일종의 악성 스마트 계약 방지 계약인 것이다. 그가 알기로는 아직까지는 어느 누구도 그걸 실행하지는 않았다.

그날 저녁 늦게 코넬테크에서 온 박사과정 학생들과 함께 수다 떨고 있는 동안 내 팔에 닿는 부드러운 손길을 느꼈다. 여사제였다.

여사제가 나를 위협하는 몇 가지 방법을 생각해 봤다. 첫 번째는 영국식 억양이다. 그녀의 매우 빠르고 매우 명확한 발음 패턴을 비옥하게 만들었다. 두 번째는 그녀가 몇몇 빅테크 기업들의 고위직이라는 것이었다. 셋째 그녀는 나와 나이가 비슷하지만 몸이 탄탄하고 매력적이다. 마지막으로 그녀는 내 상사이다. 정확히는 내 상사는 아니지만 어쨌든 내 상사이다. 심지어 나는 과하지 않는 오트쿠튀르 옷들과 그녀가 부와 좋은 혈통을 드러내는 다른 방법들은 제쳐두었다. (좋은 혈통이라니… 요즘에 누가 이런 말을 하냐고? 여사제를 만난 사람들이 그런다.) 아! 그리고 그

32 Neutralization contract. 불법적 혹은 비윤리적 거래를 하는 악성 스마트 계약을 해킹하거나 제어하는 사람에게 보상을 주는 스마트 계약.

녀의 어머니는 문학으로 작위를 받은 데임[33]이었다. 게다가 그녀만이 애디튼에서 유일하게 개인 사무실을 가지고 있고, 한 달에 몇 번 정도밖에 볼 수 없는 것 역시 그녀를 둘러싼 신화적 매력을 더해 주는 것이다. 그래서 그녀의 별명이 '여사제'이다.

"당신은 아주 늦은 시간까지 사무실에 있죠." 그녀가 말했다.

"누가 말했습니까?"

"저는 걱정이 됩니다. 당신은 고독하고 허무주의적인 미래를 향해 가고 있습니다. 즐겁지 않은 드라마가 뒤따를 수밖에 없습니다."

"나는 우리가 하는 일을 믿기 때문에 늦게까지 있는 겁니다." 나는 그녀 앞에서 늘 얼간이가 된다.

"그것이 문제입니다."

"당신이 상사입니다만…."

"제가 당신의 이름뿐인 상사가 아니라면, 저는 당신을 한 달 동안 산토리니의 해변으로 보내고 싶습니다."

"산토리니? 왜…" 내 눈은 커졌다. "왜 그리스입니까?"

그녀가 대답하기 전에 누군가 우리를 방해했다. 키가 크고 나이가 많은 남자가 나타났다. 근육질에 햇볕에 그을린, 마치 야외 활동을 좋아하는 사람 같지만, 얼굴의 깊은 주름으로부터 창백한 피부가 살짝 보였다. 그는 핑크빛의 애매한 블레이저를 입고 있었다. 그는 단지 0.25인치 정도로만 벌린 기사도적인 미소로, 여사제에게 과일 한 접시를 건넸다. "당신의 마음에 들길 바랍니다."

"헤빈 교수를 소개할게요. 제 이전 회사 고문이셨습니다." 여사제가 말했다.

---

33 영국에서 남자의 Sir에 해당하는 훈장을 받은 여성에게 붙는 직함.

"알렉시스라고 부르세요." 그는 여전히 미소 지으며 악수했다. "이번 달에 학술 동료들을 만나러 방문했습니다. 생텀에 대해 배우고 있습니다. 아주 유익한 것이죠. 당신을 만나게 돼서 정말 기쁩니다. 물론 저는 당신의 평판을 알고 있고, 당신의 블로그도 여러 해 동안 즐겨 읽고 있습니다. 나는 궁금한 점이 많습니다. 만약 당신이 대답해 주신다면." 영어를 모국어처럼 쓰는 사람은 아니라서 그의 극적인 어형 변화가 악센트를 조절하기 힘들게 했다. "과찬이십니다." 내가 말했다.

"당신은 블로그에서 일주일에 7일을 일한다고 자주 언급했지만, 오늘 저녁에는 부담을 주고 싶지 않습니다."

"괜찮습니다."

"어쩌면 당신은 머신러닝에 대한 제 초기 연구에 대해서 알 겁니다." 그는 계속했다. 목소리는 의도된 청중인 여사제를 위해서 과장되었다. "또는 스마트 계약에 대한 제 최근 연구도 알 겁니다."

나는 헤빈 교수에게 적절하게 화답해야 한다고 생각했다. 사교적 우아함을 가진 사람은 그럴 것이다. 하지만 지나치게 친근하게 구는 그가 불쾌했다. 그리고 진짜 그가 누구인지 몰랐다.

"아쉽지만 아닙니다."

"스마트 계약 보안입니다. 당신과 같은 영역입니다." 그의 얼굴 근육은 여전히 미소를 유지하고 있었다.

"죄송합니다, 교수님. 제가 꽤 많은 사람들을 알고 있는 편인데 교수님 연구에 대해서 아직 들어보지 못했습니다."

"오! 완전히 순수한 개발자군요."

"무슨 의미입니까?"

"학술 논문을 읽지 않나요?" 그가 말했다. 여사제의 눈은 마치 그녀가 먹던 과일에 목이 멘 것처럼 눈이 휘둥그레졌다.

"안 읽습니다. 그래서요?"

"대놓고 말하자면, 바다 건너에 있는 머나먼 서버에서 어렵게 구할 수 있는 것은 아닐 듯합니다만."

"맞습니다. 사실상 저는 문맹입니다. 박사 학위도 끝내지 못했습니다." 나는 대학원생 때 자기 논문을 먼저 읽으라고-내 상항을 고려하지 않고-강요한 지도교수가 생각나, '당신 같은 사람 때문에'라고 붙일 뻔했다. 그러나 미소 대신 날아든 조용하지만 화가 난 곁눈질이 나에게 그럴 필요 없다는 것을 말하고 있었다.

*

파티가 끝난 뒤 나는 브리지에 앉아서 비탈릭의 중화 아이디어를 실행하는 스마트 계약을 만들었다. 여기에 수천 달러에 달하는 나의 암호화폐를 집어넣었다. 그리고 코린과 내가 할 수 없었던 것을 하려는 누군가가 있다면, 그 사람에게 경의를 표하려고 이더리움 암호화폐로 10이더를 보탰다. 나는 새로운 중화 계약을 발견한 것처럼 가장해서 assin_samaratan이라는 이름으로 레딧[34]에 익명 포스팅했다. 포스트의 인기를 높이기 위해 다중계정으로 그 포스트에 투표했다. 중화 계약은 작동할 수도 안 할 수도 있지만, 이것이 내가 할 수 있는 최선이었다. 코린에게 이에 대한 노트를 건네주었다.

나는 옵섹[35]에는 매우 조심스러웠다. 이것은 운영 보안인데 상대방이 당신의 비밀을 아는 것을 방지하는 것이다. 내 컴퓨터의 인터넷 좌표인 IP 주소나 추적 가능한 암호화폐 주소, 혹은 나와 연결되는 어떤 것도 밝혀지지 않을 것이라는 것을 확신했다. 나는 흔적을 감췄다고 굳게 믿었다.

---

34 Reddit. 미국의 초대형 소셜미디어 플랫폼.

35 Opsec. 베트남 전쟁 당시 미군에서 유래한 용어로, 민감한 정보가 권한이 없는 사용자 및 잠재적 공격자에게 노출되지 않도록 식별하고 보호하는 관행을 일컫는다.

새벽 2시에 집에 왔을 때, 프런트 데스크에 들렀다. 파티가 시작될 때 아파트에 택배가 왔다는 예상하지 못한 이메일을 받았다.

"택배? 당신에게 온 택배는 없어요." 재젤이 놀렸다. 그녀는 내가 제일 좋아하는 야간 관리인이다. 그녀는 매주 머리 모양을 바꿨는데, 지금은 여러 갈래로 땋은 머리를 하고 있었다.

"그럼 나는 당신이 잃어버렸다고 관리사무소에 말하겠어요." 평소처럼 농담 따먹기를 하면서 말했다.

"오, 잠시만요." 그녀는 뒷방으로 사라졌다. "여기 작은 것이 있네요. 브로치인가요? 누구 것인가요?" 그녀는 그것을 들고 있었다.

택배 상자에 무엇이 들었는지에 대해서 알려 주는 라벨이 붙어 있었다. 나는 온라인 경매에서 구입한 로마식 브로치를 잊고 있었다. 내 할아버지의 흩어진 수집품 중 하나였다.

"당신처럼 스타일리시한 젊은 여성에게 어울리는 물건이 아니에요. 고대 로마인들이 착용하던 것이죠."

"지난번에 저에게 보여 준 것은 예뻤어요." 내게 택배를 건네주면서 그녀가 말했다. "저는 초록색을 좋아해요."

"만약 당신이 좋아한다면, 보여 줄 수 있는데…." 그녀는 이미 내 옆에서 있던 멋진 옷을 입은 여성에게 시선을 돌렸다. 새벽 2시에도 맨해튼 사람들은 진짜로 택배를 찾으려 한다.

아파트로 돌아와서 택배를 열었다. 파리 모양의 작은 브로치를 꺼냈다. 빨간색과 파란색의 에나멜 흔적이 있고, 흰색 스탠드에 부착되어 있었다. 나는 앞이 유리로 된 미션 북케이스에 되찾은 고대 유물, 할아버지의 컬렉션에서 나온 여러 개의 그리스와 로마 브로치들을 보관했다.

할아버지는 수익성이 좋은 사탕 회사를 팔고 은퇴한 뒤, 고대 브로치를 수집하는 것을 전업으로 삼았다. 영국에서 제일 큰 개인 컬렉션 중 하나였을 것이다. 할아버지는 독특한 세부 사항을 묘사하기 위해서 수천 개의 수집품을 모두 손으로 스케치했다. 손수 만든 스탠드에 수집품들을 붙여 놓았는데, 작은 각진 나무판에 타이핑한 텍스트로 된 주석이 쓰인 흰색 종이가 스탠드에 달려 있었다. 할아버지는 학술적 주석이 달린 스케치를 출판했는데, '고대 브로치, 두 번째 컬렉션'이라는 아주 무미건조한 제목을 붙였다. 책은 형태와 시간의 작은 변화에 따라 브로치들이 가로로 배열했기에, 마치 플랑크톤의 진화에 대한 동물학적 논문처럼 보였다.

할아버지가 더 이상 연필을 쥘 수 없게 되자, 삼촌은 평소처럼 감정을 배제한 채 효율성만을 가지고 끼어들었다. 그는 컬렉션을 팔아 치우고, 할아버지를 요양원으로 모셨다. 내가 옥스퍼드에 있는 기숙사에 1년 동안 머물 때였는데, 몇 주에 한 번씩은 본머스로 내려가서 할아버지를 만났다. 할아버지가 많은 돈과 유물을 기부했던 옥스퍼드에 있는 애쉬몰리언 박물관에 그를 자원봉사자로 고용할 수 있는가를 물어보았다. (그는 너무나 외로워했다.)

박물관 측은 할아버지가 제대로 된 자격을 갖추지 못했다며 거절했다. 이것이 마리아나 해구[36]만큼이나 깊은 학문적 형식주의에 대한 나의 첫 경험이었다.

할아버지의 브로치가 경매에 나올 때마다 능력이 되는 한 샀다. 할아버지의 수집품을 재구성하는 것은 할아버지가 나에게 돌아오게 하는 작은 방식이다. 내 수집품의 가장 자랑스러운 브로치는 그 북케이스에 있는 것이 아니다. 대부분의 브로치들은 청동이라 수 세기에 걸쳐서 녹색이나 갈색 녹이 꼈다. 하지만 내 특별한 브로치는 금속으로 된 햇살의 한 조각이다. 이것은 청동이지만, 그리스의 강에서 건져 올려서 검은 껍질을

36 지구에서 가장 깊은 해구로, 지구의 지각 표면 위에서 가장 깊은 위치에 있는 대양.

벗겨내자 금처럼 빛났다. 이것은 활 모양이고 활줄이 있는 곳에 경첩 핀이 있었다. 그 브로치는 길이가 약 3인치 정도로 크고, 핀은 마치 얇은 단도(스틸레토) 같았다. 돌고래가 등으로 미끄러지는 듯한 모양이다.

이 브로치는 할아버지가 나에게 주면서 했던 말을 떠올리게 했다. 그의 컬렉션 가운데 다른 사람에게 준 유일한 것이었다. 할아버지는 브로치를 스탠드에서 떼어내면서 그 시대의 역사를 이야기해 줬다. 할아버지는 역사적 사건과 인물에 대해서 마치 어린 시절을 회상하듯이 친근하게 말했다.

그리스는 로마에 정복되었다. 로마는 세계의 중심이었지만 공화국은 무너졌다. 세계 역사에서 가장 훌륭한 장군 중 하나인 율리우스 카이사르는 권력을 잡고 독재자가 되었다. ("물론 카이사르는 대머리가 되는 것이 부끄러워서 머리카락을 쓸어올려 벗겨진 머리를 덮거나, 화관을 쓰는 등 모든 시도를 했었지.") 하지만 몇 달 후인 3월 15일, 그는 공화정을 회복하기 위해 자유를 옹호하는 사람들에 의해서 23번이나 찔려서 살해당했다. 슬프게도 헛된 일이었다. ("마르쿠스 안토니우스는 장례식 동안 카이사르의 피 묻은 밀랍상을 포로 로마노[37]에 세워 뒀단다. 폭도들이 원로원 건물을 태웠고 자유의 수호자인 브루투스와 카시우스를 겁줘서 쫓아냈지. 카이사르의 일당들은 그리스 북부에서 이들을 사냥했고, 공화국은 휙! 가 버렸어.")

나는 금빛으로 반짝이는 돌고래 브로치를 재킷 안쪽에 달아 두었다. 내가 중앙 집중화된 인터넷과 금융시스템에 대해서 맞서 싸우고 있다는 것을 상기시킨다. 아마 헛수고일 것이지만 말이다.

---

37 고대 로마 시대 정치와 문화의 중심지.

*

생텀에서 내 업무를 끝내기 위해서 밤낮없이 미친 듯이 사투를 한 뒤에 밀린 잠을 몰아서 자러 갔다. 나는 월요일 아침까지 긴장 상황에 있었기에 전화기를 오전 10시까지 방해금지 모드로 설정해 두었다. 15분쯤 지났을 때, 얼핏 든 따뜻한 꿈은 벨 소리에 날아가 버렸다.

"우리 사무실로 오셔야 해요." 인사도 없이 다이앤은 숨도 쉬지 않고 말했다.

나는 하품을 했다. "적절치 않아요, 다이앤"

"당신에게 연락하려고 노력했어요. 제가… 당신을 깨웠나요?"

"맞아요."

"그러면 당신은 아직 모르겠군요. 새로운 악성 계약이 생성되었어요. 목표가 일곱 명이고 70만 달러라는 엄청난 현상금도 있어요. 그리고 당신은…."

"막을 수 있는 방법이 없나요?"

"당신은 목표 중 하나예요."

온라인에서 해당 악성 계약이 이미 레딧에서 화제라는 것을 확인하는 데 2분이면 충분했다. 놀랍게도 나도 그랬다. 원래 계약 안에 있는 메시지에 따르면 비가노 교수는 아폴론에 대한 '모독'을 저질렀다. 온라인에서의 이상한 소리를 차단하는 것은 어려웠고, 새로운 계약에서 내가 신께 '불경한 행동'을 저질렀다고 언급되는 메시지가 있다는 것을 알았다. 또한 이 계약이 생텀에서 실행되고 있다는 것도 알게 되었다.

이상하게도 처음으로 든 생각은 임박한 두려움에 대한 것이 아니었다. "왜 나지?"라는 질문도 아니었다. 첫 번째 생각, 나를 격분하게 만든 것은 단지 출시된 지 며칠밖에 되지 않은 생텀을 후레자식들이 사용하고 있다는 것이다. 이것은 내가 나를 죽일 운명의 화살을 만드는 것을 도왔다는 의미였다. 생텀은 암살자들이 콜링카드를 등록했을 때 숨겨 주었고 경고도 없었다. 나의 주름진 몸은 아폴론의 활에 뚫릴 것이었다.

두 번째 든 생각은 이 상황이 루카스의 심장에 엄청나게 나쁜 영향을 줄 것이라는 것이었다.

6장

지하철로 로워 맨해튼에 있는 연방 수사국(FBI)의 현장 사무실로 가는 동안 내 마음도 질주했다. 암살자의 콜링카드. 그러니까 암살자가 스마트 계약에 비밀리에 등록하고 살인 후 현상금을 청구할 때 밝히는 핵심 단어나 단어들. 콜링카드가 될 수 있는 것이 뭐가 있을까?

지하철? 지하철에서 핸드폰을 넋 놓고 보고 있는 사람들은 암살자처럼 보이지 않았다. 이것은 모든 사람들이 숙련된 비밀 암살자로 보인다는 뜻이기도 하다. 그러면 나는 지하철에서 살해당할 수도 있을 것이다. 콜링카드 = 지하철인가?

나의 운명은 게임 이론[38] 안에 있는 문제 같았다. 여러 사람들이 제대로 된 동일한 콜링카드를 그 악성 계약에 제출한다면 그들은 보상을 나누어야 한다. 사람들이 진짜 암살자가 지하철 같은 뻔한 콜링카드를 선택할 것이라고 생각한다고 가정해 보자. 그러면, 기회주의자들은 추측해

---

38 한 사람의 행위가 다른 사람의 행위에 미치는 상호의존적, 전략적 상황에서 의사결정이 어떻게 이루어지는가를 연구하는 이론.

서 자신이 지하철이라는 콜링카드를 제출해서 돈을 벌려 할 것이다. 이런 기회주의자들과 돈을 나누는 것을 피하기 위해서, 진짜 암살자는 아마도 이색적이고 예상하기 어려운 콜링카드를 가지고 나의 죽음을 계획할 것이다. 콜링카드 = 폭탄 + 지하철 + 로봇이 되거나 콜링카드 = 냉장고를 떨어뜨림 + 펜트하우스가 되거나 아마 콜링카드 = 교살 + 피아노 줄 + 발레리나가 될 것이다.

그러나 그런 특이한 세부 사항으로 실제 살인을 계획하는 것은 아마 어려울 것이다. 이번에는 모든 사람들이 진짜 암살자가 특이한 콜링카드를 선택할 것이라는 것을 알고 있다고 가정해 보자. 그러면 기회주의자들은 돈을 낭비하면서까지 지하철이라는 단어를 콜링카드로 제출하지 않을 것이다 그렇게 되면 진짜 암살자는 실제로 지하철을 콜링카드로 쓸 수 있고 보상을 나눌 걱정을 하지 않아도 된다. 지하철과 같은 모호한 용어는 암살자의 계획에 많은 여지를 줄 수 있다. 그러므로 콜링카드 = 지하철일 것이다. 그러나 다시 생각해 보자. 모든 사람들이 암살자가 1개의 분명한 콜링카드를 고른다는 것을 예상한다면….

다이앤이 즉각적인 위험은 없다고 주장한 것이 내가 지하철을 탄 이유였다. 아마 그녀와 연방 수사국(FBI)에 있는 그녀의 동료들이 나보다 게임 이론을 잘 이해했을 것이다

*

다이앤은 건물 23층에 있는 연방 수사국(FBI) 소굴로 나를 데려갔다. 책상, 연방 수사국(FBI)의 푸른색 바람막이가 걸려 있는 의자, 형광등, 벽에 걸린 커다란 스크린과 싸구려 카펫 등으로 구성되어 있었다. 거기에서 보는 경치는 참 멋졌다. 건물의 한쪽에는 금융 지구의 모노리스[39]가 하

39 monolith. 고대에 만든, 거대한 돌 기둥이나 첨탑.

늘을 향해 찌르고 있었다. 지금 내 삶에 엄청난 위험이 치솟고 있는 것처럼 말이다. 다이앤은 나를 그녀의 사무실로 데려갔는데, 맨해튼의 부유한 구역인 트라이베카 일부가 보이는 곳이었다. 근처에 있는 창문이 없는 고층 건물은 한때는 전화교환국이었지만 지금은 국가안보국(NSA)의 도청국이라는 이야기가 있다. 그 뒤에는 보드게임 젠가처럼 각 층들이 무분별하게 쌓여 있는, 초고층의 매우 세련된 젠가 빌딩이 있었다. 그 너머 허드슨강과 뉴저지 해안은 진정한 세상의 중심지인 빽빽한 모습의 맨해튼을 갈망하는 듯 조밀했다. 하지만 초라한 모조품처럼 성장하고 있을 뿐이었다. 이런 전망과 그 분주한 사무실의 한복판에서 누군가는 관청의 보이지 않는 손을 감지하고 안심을 느낄 것이다.

나는 의자에 털썩 앉았다.

"나는 마음을 바꾸지 않습니다. 어떤 오라클도 해킹하지 않을 겁니다."

다이앤은 노트북을 열었다. "우리 사이버 인력들은 이 계약에 대한 예비분석을 실행했어요. 목표물은 7개예요. 21일마다-그러니까 3주마다-새로운 목표의 이름이 공개될 것입니다. 이론적으로 이 계약은 첫 번째 목표의 이름만을 알려 줍니다. 그러고 나서 3주 후에, 그 사람의 목에 걸린 현상금이 활성화되고, 다음 목표의 이름이 공개될 예정이었어요. 다시 3주가 지난 후에, 이전 사람의 목에 걸린 현상금이 활성화되고 그 다음 목표의 이름이 공개되는 식으로 연쇄적이어야 해요. 그런데 비가노 교수의 계약은 열흘 전에 활성화되었고, 새 계약의 타임라인을 잠식한 것처럼 보여요. 새 계약에서 비가노 교수의 목에 걸린 현상금은 이미 활성화되었고, 당신의 이름도 이미 공개되었어요. 그래서 불행하게도 당신의 목에 걸린 현상금이 활성화되는 데 3주가 걸리지 않을 거예요. 다음 주 금요일에 활성화될 것같아요. 당신에게는 단지 11일 밖에 없어요." 나에 대한 위협은 다가오는 것이 아니라 임박한 것이었다.

"나는 겁쟁이지만 고집 센 겁쟁이입니다." 나는 버텼다.

"Il n'y a que les imbéciles qui ne changent pas d'avis." 다이앤이 프랑스어로 대답했다.

"나는 단지 'imbécile'만 알아듣겠네요."

"그게 중요한 부분이죠. 바보 같다는 말입니다. 단지 바보만이 자신의 마음을 바꾸지 않습니다. 당신이 마음을 바꾸거나 제가 마음을 바꿔야 할 거예요. 아님 둘 다 거나요." 더 많은 게임 이론이었다. "당신이 오라클을 변조하지 않으려는 것을 이해해요. 하지만 당신은 당신이 왜 그들의 표적이 되었는지 그리고 그 사람들이 도대체 누구인지에 대해서 우리가 알 수 있게 도와줄 수는 있어요."

"연방 수사국(FBI)이 나를 보호해 줍니까?"

"만약 우리가 함께 일한다면, 당신은 스스로를 보호하는 것이에요."

"우리가 그들을 잡더라도, 그 계약은 여전히 남아 있을 것입니다. 나는 누군가 돈을 받을 때까지 목표가 될 것이고, 그때가 되면 나는 죽을 겁니다."

"이번 계약에는 오프 스위치가 있어요. 저는 어떻게 작동하는지 이해할 수 없지만…."

"다이앤, 왜 아폴론이죠? 왜 이런 미친 짓이 아폴론에 대한 것이라는 겁니까?" 질문을 던지며 앞쪽으로 몸을 숙였을 때, 얼굴 쪽으로 들어 올린 내 손이 팽팽하게 긴장된 것을 알아차렸다.

다이앤은 자신의 노트북을 그녀 책상 위에 있는 모니터에 연결했다.

"당신은 그 스마트 계약을 살펴볼 시간이 없었나 봐요. 제 생각으로는 말입니다." 나는 고개를 저었다. "이 안에 있어요. 보세요." 그녀의 모니터에 다음과 같은 단어들이 있었다.

© 700번째 올림피아드 델피안

"저작권 표시잖아요? 이게 그 악성 계약에 있었다고요?" 나의 물음에 다이앤은 고개를 끄덕였다. "농담이죠? 도대체 무슨 뜻인가요?"

"날짜에 대해서 제가 설명해 드릴게요. 고대 그리스인들은 올림픽 경기를 기준으로 날짜를 계산했어요. 첫 번째 경기는 기원전 776년 여름에 시작되었어요. 그리고 4년마다 한 번씩 열렸고요. 계산해 보면, 700번째 올림픽은 2025년이어야 해요."

"2025년? 그때 이런 작업을 할 수 있었다는 것을 이해할 수가 없네요. 당시에는 이런 계약을 지원할 오라클 인프라조차도 없었던 때였습니다." 다이앤은 어깨를 으쓱했다. "좋아요. 그럼 델피안은 누구죠? 델피에서 온 사람들?"

"이건 그냥 말 그대로입니다. 하지만 더 일반적으로 '델피안'의 뜻은 델피에서 무엇을 하거나 델피의 오라클과 관련 있는 사람들을 뜻합니다."

"그러면 이 저작권 공지는 누가 계약을 생성했는지 왜 생성했는지에 대해서는 어떤 것도 설명하지 못하네요."

"아마 뭔가 있을 겁니다." 그녀는 다른 슬라이드로 휙 넘겼다. "목표물 번호 1. 비가노 교수." 그 사진은 내가 온라인에서 본 것과 같은 사진이었다. 60대 남성, 대머리, 육중한 몸, 부채꼴 모양의 흰 수염, 입 주변의 니코틴 흔적. 강렬하고 고집스러운 눈 주변에는 피곤한 듯한 주름이 있었다. 온라인의 얼굴 사진에서 보이지 않았던 전동 휠체어도 있었다. "저는 오래도록 그를 정보원으로 활용했어요." 다이앤이 설명했다.

"정보원? 무엇을 위해서인가요? 이것이 당신이 그 악성 계약에 관심을 갖는 이유입니까?"

"제가 그들을 막기 위해 우리가 힘을 합쳐야 한다고 하는 이유입니다."

"나는 여전히 우리가 그의 죽음을 속여야 한다고 생각합니다. 그래야 시간을 벌 수 있습니다."

"저 얼굴을 보세요." 그녀는 고개를 저으며 말했다. "그는 겁날 것이 없는 늙은이예요. 그는 우리가 개입하지 못하게 할 겁니다" 비가노 교수가 비협조적이었군. 그녀가 오라클을 멈추는 데 열정적일 수밖에 없었던 것을 이해할 수 있었다. "그리고 우리는 모든 목표물의 죽음을 속이거나, 뭐 그렇게는 할 수 없어요."

"정확히 그는 무엇을 위한 정보원이었나요?"

"그는 골동품 밀수 사건을 돕고 있었어요."

"골동품 밀수 사건? 그런 일이 아직도 있나요? 나는 요즘에는 박물관과 수집가들이 약탈된 물건을 기피한다고 생각했습니다. 나는 예술품들이 본국으로 계속 송환되고 있다는 것을 어디선가 읽었습니다. 이제는 유물이 합법적인지 아닌지를 확인하는 데 매우 신중한 것 아니었나요?"

"물론 관계자들은 신중해요. 위조된 증명서가 설득력이 있는지를 확인하기 위한 신중함일 뿐이지만요. 예전보다 나아지긴 했지만 여전히 더러운 일이죠. 많은 사람들은 여전히 골동품 밀수업자와 그들의 구매자들이 무해한 예술 애호가라는 낭만적 생각을 가지고 있어요. 하지만 그들이 무덤을 약탈할 때 그들은 고고학적 환경, 역사적, 과학적 가치를 파괴해 버리죠. 이것이 저를 슬프게 하는지, 화가 나게 하는지 모를 정도예요. 마약과 무기 밀매 다음으로 큰 국제 범죄가 골동품 밀매예요. 연간 수십 억 달러에 달해요. 게다가 이것은 기소하기가 어렵구요. 마약수사이런 것들보다…." 다이앤이 이어서 말했다.

"그래서 이 사건은 정보원을 없애려는 밀수업자의 계획이라는 판단이고요. 여기에는 더 깊은 또 다른 이야기가 있어요. 들을 준비가 되셨나요?"

"준비요?"

"진정되셨냐고요?" 내가 그녀를 방해하고 있었다. 나는 테이블에서 떨어져 몸을 뒤로 젖히고 고개를 끄덕였다. 그녀는 웹을 검색해서 그림을 보여 주었다. 땅이 갈라진 틈에서 장미 모양으로 구부러진 연기가 피어오르고 있었고, 거기에 세 발 달린 높은 의자에 빨간 후드가 달린 긴 옷을 입은 여성이 앉아 있었다.

"고대 여러 자료들에서 델피의 여사제가 예언적 무아지경에 들어갔을 때 갈라진 틈에서 신비한 증기를 흡입했다고 말해요."

나는 이날 처음으로 미소 지었다.

"왜 웃으시는 거죠?"

"우리 회사 창립자 중 한 명의 별명이 여사제입니다. 나는 그녀가 회사에 신비로운 이메일을 보내기 전에 샤넬 No.5-아니 내가 들어본 적도 없는 고급스러운 향수인 굳이 이름 붙이자면 아마도 샤넬 No.7-를 뿌리는 그런 상상을 했습니다."

다이앤은 무시하는 듯 한숨을 내쉬었다. "19세기 후반, 프랑스의 고고학자들은 델피에 있는 아폴론 신전의 위치를 알아냈어요. 이것은 엄청난 발견이었어요. 더 놀라운 것은 그들이 그 사원 아래에서 발견한 것이에요. 아마 고대 세계에서 가장 신비한 장소일 거예요. 바로 아디톤, 신성한 것들의 성소인 여사제들이 예언을 전하던 내실이었어요."

"아디톤. 그건 우리 회사 이름이죠. 나는 단지 그 뜻을 어렴풋이 알고 있었는데…." 나는 중얼거렸다.

"하지만 프랑스 고고학자들은 실망했어요. 그들은 아디톤 바닥에서 깊게 갈라진 어떤 틈도 발견하지 못했죠. 그리고 지하에는 증기를 생산하는 데 필요한 어떤 화산 활동도 없었어요. 그들은 그리스와 로마 기록이 틀렸다는 결론을 내렸어요. 증기는 없었고 델피는 종교적인 사기였다는 것이죠. 아마도 사제들은 신탁을 묻기 위해 온 사람들을 속이기 위해 여사제들의 예언을 날조했을 거예요. 한동안 이것은 지배적 의견이었어요."

"결국 델피는 단지 종교적 눈속임일 뿐이었군요."

"아니요. 그들이 틀렸어요. 한 세기 동안 고고학자들이 틀렸어요. 델피는 지진 활동이 활발한 지역이라고 알려져 있으며 오늘날에도 여전히 지진이 활발해요. 하지만 1990년대, 고고학자인 존 해일과 지질학자인 젤드 보어는 놀라운 발견을 했습니다. 그들은 델피에 있는 아폴론 신전이 2개의 지질학적 단층이 교차하는 곳 위에 있다는 것을 밝혀냈어요. 그들은 이곳의 지질학적 특징 때문에 탄화수소 가스가 발생해서 토양의 갈라진 부분을 통해서 아디톤에 방출된다고 이론을 세웠어요. 갈라진 틈에 대한 고대 그리스어는 프랑스 팀의 생각과 달리, 그러니까 땅 위의 작은 균열로 해석될 수도 있었던 것이죠." 그녀가 말했다.

"그래서 그 두 과학자들이 바닥의 작은 균열로부터 증기가 나오는 것을 발견했나요?"

"아디톤에서는 아니에요. 하지만 현재 델피 샘물의 화학 분석에서 에틸렌의 흔적을 보여 주고 있어요. 에틸렌은 오래전 수면제로 사용되던 달콤한 향의 가스로 환각을 유도할 수 있다고 알려져 있어요."

"그래서 당신이 델피의 신탁이 눈속임이 아니라고 한 것이군요."

"그리스와 로마의 문헌들은 적어도 정확한 역사를 담고 있어요. 델피를 있게 한 것은 지질학적 특징이죠. 여사제는 환각을 유도하는 힘이 있는 증기를 들이마셨던 거예요."

"이것이 비가노 교수와 무슨 상관이죠?"

"비가노 교수는 고대와 헬레니즘[40] 그리스 전문가이자 델피의 연구자예요. 그는 에틸렌 이론을 반대했어요. 그는 에틸렌이 환각을 유도할 만큼 축적될 수 없다고 이야기했어요. 또한 고대 그리스어인 '카스마chasma'가 진짜 지구의 깊은 갈라짐을 의미한다고 생각하는데 이것은 최근 발견한 것들과 일치하지 않죠. 대신 이전의 종교적 눈속임 이론을 지지했어요. 신탁은 단지 연극일 뿐이고 조작되었다는 것이죠. 다른 부분의 연구에서는 존경받지만, 대부분의 학자들은 델피에 대한 그의 이론은 무시해요. 하지만 언론에서는 주목받았어요."

"이것 때문에 누군가 그를 죽이려 하진 않을 것입니다. 그건 미친 짓입니다."

"우리는 그들이 누군지도 모르잖아요."

"당신은 진짜 이 델피안들이 아폴론 숭배자이거나 그런 미친 짓을 할 것 같나요?"

그녀는 아랫입술을 깨물었다. 그리고 나를 봤다.

"무지개에는 몇 가지 색깔이 있습니까?" 그녀가 물었다.

"뭐라고요?"

"몇 가지 색깔이 있죠?"

"일곱 가지죠. 하지만 왜…."

"당신은 눈에 보이지 않는 것을 믿고 있고, 아폴론도 눈에 보이지 않죠."

"나를 놀리는군요."

40 기원전 334년부터 기원전 30년까지 고대 세계에서 그리스의 영향력이 절정에 달한 시대.

그녀는 웃었다. "당신은 무지개를 보면서 세어 보십시오…. 톡, 톡, 톡…" 그녀는 그녀의 노트북 위에 있는 그림 속 무지개 색깔을 세었다. "…당신은 여섯 색깔을 찾았을 거예요. 대부분의 사람들은 남색을 보지 못해요. 당신이 일곱 개라고 믿는 이유는 뉴턴이 그렇게 말해서죠. 뉴턴 또한 피타고라스 학파 사람들이 말한 것에 영향을 받았고요. 피타고라스 학파 사람들은 아폴론과 연결된 숫자인 7을 신성하게 생각했어요. 아폴론의 생일은 그 달의 일곱 번째 날이고, 아폴론이 발명한 리라에는 7개의 줄이 있고. 우리는 여전히 악보에 7개의 음표를 사용하죠. 도, 레, 미, 파, 솔, 라, 시."

"하지만 이것은 문화의 잔재이지 숭배는 아닙니다."

"문화의 잔재? 아니에요. 이런 생각은 우리 문명의 철학적 씨앗이에요. 당신은 아폴론 숭배자들이 있다고 생각하세요? 물론 있어요. 저도 오래전 기독교를 믿기 전에 아폴론을 숭배했었어요. 아폴론의 동생인 아르테미스와 같은 여신을 더 숭배하고 싶었지만 말이에요. 제가 알고 싶은 것은 당신이 왜 그들의 목표가 됐냐는 거예요. 아마도 '오라클'의 관리자인 '당신'은 디지털 세상에서 델피의 사제와 같은 버전일 거예요." 그러고 나서 사람들이 나에게 왜 아내가 떠났냐고 물었던 것을 떠올리게 하는 낮은 어조로 다이앤이 물었다. "당신의 불경한 행동은 뭐죠?"

나는 내 중화 계약에 대해서 말했다.

"당신이 연관된 것을 누가 알고 있나요?"

오직 코린뿐이다. 내 옵섹이 엉성하고 구식이지 않다면 말이다.

*

만약 당신이 오래된 친구, 소원해진 가족들, 적들 그리고 구글의 새 친구들과 연락할 방법을 찾고 있다면, 스마트 계약과 같은 새롭게 반짝이는 기술이 당신의 목에 비싼 가격의 현상금을 거는 것이 제일 좋다는 것을 알게 될 것이다. 새 악성 계약에 대한 12개의 기사가 「포브스」의 '계약을 멈추는 것이 더 스마트해진다'와 「코인데스크」의 '그리스 신은 스마트 계약으로 번개를 교환한다'에 이어 나왔다. (번개는 아폴론이 아니라 제우스의 것이라는 것은 누구나 알고 있으니 신경 쓰지 말자.) 이 기사들의 많은 부분이 아주 정확하지는 않지만, 그 악성 계약에 있는 저작권 공지 덕분에 적어도 기자들은 세상에 계약을 생성한 사람들-델피안-을 공식적으로 언급하고 하고 있었다.

나의 전처조차도 어디선가 그 계약에 대해서 읽고 걱정하는 듯 보였다. '도와줄까?'라는 그녀의 이메일 제목을 내가 제대로 해석했다면 말이다. 나는 차마 그녀의 이메일을 읽을 수 없어서 삭제했다.

실제로 누군가 죽기 전까지, 언론은 이 모든 것을 획기적인 기술적 사건이 아니라 사람 사이에서 벌어지는 재미난 이야기로 다루었다. 「포브스」 기사에서 일부 전문가들은 수년 전 '오거(Augur)'라는 스마트 계약 시스템에서 암살 베팅풀이 있었지만 실패했다고 언급했다. 나도 알고 있었지만, 시간이 흘렀고 이번 경우와는 다르다. 최첨단의 강력한 오라클 파워를 기반으로 둔 스마트 거래에 70만 달러는 이전보다 훨씬 더 치명적이다.

나는 전문 암살자들도 걱정됐지만 다른 일이 더 걱정스러웠다. 다음 주에 내 목에 걸린 현상금이 활성화돼서, 공공장소에서도 사람들이 알아보고 난 뒤에 일어날 일 말이다. 어떤 진취적이지만 무지한 사람이 콜링카드가 어떻게 작동하는지 이해하지 못하고, 나를 버스로 깔아뭉개는 것이다. 멍청이들은 이미 인터넷의 구석에 있는 다양한 익명 사이트에서 많은 의견을 게시하고 있었다. 내가 평범한 얼굴인 것에 기뻤다. 중년이고 보통 키에 통통하고 머리가 벗겨졌지만, 온라인에 올라온 사진이나 영상은 더 젊고 건강한 표준 체형으로 보여 주고 있었다. 하지만 다르게 생각해 보면 다이앤은 첼시 마켓에서 나의 온라인 사진을 보고 나를 알아봤었다. 그래서 콘택트렌즈를 빼고 아파트 밖에서는 잘 안 끼던 안경을 쓰고, 야구모자를 샀다.

나는 겁먹는 일이 거의 없다. 옆구리가 바늘로 찌르는 듯하다고 느낀다면 신장이나 결장암이라고 여길 것이다. 만약 가진 돈의 대부분을 넣어 둔 암호화폐 시장이 대폭락한다면-한 50번 정도 급락세를 탄다면-지하철에서 버려진 피자 조각을 쥐와 함께 나누어 먹을 것이라고 확신한다. 그러나 진정한 위험은 뇌의 다른 파트를 활성화시킨다. 대학교 시절 어느 여름, 나는 자고 있었고 룸메이트들이 없을 때, 강도가 현관문 옆의 유리를 깨고 침입했다. 속옷 차림으로 침실에서 뛰어나갔고 손에 소화기를 들고 소리 지르면서 침입자들을 물리치거나 얼려 버릴 준비를 했다. 그들은 도망갔다. 어떤 악마적 힘이 나를 사로잡았는지 모르지만 두려움은 전혀 없었다.

악성 계약에 대한 나의 반응은 비슷했고 당황스러웠다. 어느 정도의 공포를 느꼈지만, 나는 마비되지는 않았다. 싸우기로 결심했다. 은유적으로 손이 등 뒤로 묶인 상황, 그러니까 오라클 네트워크를 공격하는 것에 대한 내 도덕적 거부는 왠지 나를 더 강하게 만들었다. 이 모든 것의 가장 불안한 부분은 나의 인지능력을 넘어선 세력과 싸워야 한다는 것이다. 스마트 계약과 블록체인 오라클은 내가 잘 알고 있는 것이다. 델피안들이 누구인지는 다른 문제였다. 우리는 실제 델피와 그들의 연결고리가 그리스의 신들이 존재한다는 것보다 더 믿을 만한지 알지 못했다. 하지만 다이앤은 이들이 연결되어 있다는 것을 배제하지 않았으며 델피에 대해서 거의 종교적 경외에 가까운 어조로 이야기했다. 그녀는 오라클의 예언을 불러일으키는 아폴론 신전 바닥의 신비한 증기에 대해 말했다. 다이앤은 내게 숫자 7에 대한 숨겨진 인상을 밝혔고, 이 숫자는 마음속에 아폴론의 신성한 숫자로 남았다. 아무리 애써도, 내 관념에서 상상했던 것보다 더 많은 일들이 델피안의 모습 뒤에 있다는 느낌을 피할 수 없었다.

7장

그리스 델피, 기원전 355년.

황혼이 되기 직전, 황소가 끄는 2대의 수레가 길을 따라 느릿느릿 움직이고 있었다. 새 화물을 준비하기 위해서 곡물과 와인을 비운 수십 개의 손잡이 달린 항아리인 암포라를 운반하고 있었다. 그중 하나는 특이하게 타원형이고 점토가 아니라 흰 대리석에 흙을 문지른 것이다. 그들은 이것을 눈에 띄지 않게 숨기려 한 것이었다. 수레가 성문에 도착했을 때, 수레꾼은 자신이 떨고 있는 것을 감추려 했다. 고삐를 잡은 채, 손을 망토에 감췄다.

경계근무 중인 4명의 병사들은 성미가 급하고 점령지 업무에 지쳤다. 그들은 포키아인이고 델피 주변 지역의 사람들이었다. 이들 군대는 그리스가 끝나지 않는 또 다른 전쟁 치르는 동안 아폴론의 성역을 장악했다. 이들은 전 세계보다는 아니지만 그리스에 남아 있는 전체 금보다 많은 양을 손에 넣었다. 하지만 그것을 건드리는 것은 금지되어 있었다.

그들의 대장인 필로멜로스가 1년 전 성역을 점령했을 때 그는 델피의 신성함을 존중하겠다고 선언했다. 그는 신의 심기를 불편하게 할까 두려웠기에 보물을 약탈하는 것을 거부했다. 그러나 필로멜로스의 경건한 제스처도 아무 의미가 없었다. 스파르타의 국왕이 말리지 않았다면 그는 전체 주민들을 살해하거나 노예로 팔아 버렸을 것이다. 또한 피티아를 위협해서 "그가 하고 싶은 것을 할 수 있다."라고 선언하게 했다. 그는 그녀의 말을 석판에 새겨서 마치 신이 직접 선포한 것처럼 대중들이 볼 수 있게 두었다.

포키아의 군인들에게 석판은 필로멜로스와 그들의 행위에 대한 신의 승인을 나타내는 것은 아니었다. 이것은 그들의 좌절된 욕망을 기억나게 했다.

델피 사람들에게는 포키아인이 자행하는 공포정치를 의미하는 것이었다.

*

이전에 포키아인들이 델피를 점령하는 것은 상상할 수도 없는 일이었다. 크세르크세스의 페르시아 대군의 일부가 약탈을 위해 델피로 진군했을 때, 델피 사람들은 오라클에 신성한 보물을 묻어야 하는지 물었다. 신은 스스로 자신의 성소를 지킬 것이라 선언했다. 그는 페르시아 군대를 향해 번개 폭풍우를 일으켰고, 벼락으로 군대를 공격했다. 그는 파르나소스산맥으로부터 2개의 봉우리를 떼어내서 산기슭에 있는 페르시아 군에게 굴렸고 적들을 쳐부쉈다.

하지만 최근 몇 년간, 오라클의 힘은 약화되었다. 20여 년 전 아폴론 신전을 포함하여 성소의 절반을 파괴한 지진이 일어난 뒤, 신의 목소리가 희미해지는 듯한 불길한 징조들이 일어났다. 그리고 지금 포키아인들이 거의 1년간 델피를 점령하고 있다. 다른 그리스의 도시들이 포키아인들에 대항해서 진군한다는 소문이 돌고 있었다. 그래서 필로멜로스는 그가 델피를 처음 점령했을 때 했던 선언에도 불구하고, 이제는 빌린다는 명목으로 그 재물들에 손을 대려 하고 있었다. 여사제들은 가장 신성한 물건들은 숨겨 두라고 비밀리에 지시했다.

뱀 기둥 꼭대기에 있는 황금 삼발이, 가장 크고 비싼 공양물인 황금그릇과 크로이소스의 사자를 빼돌리는 것은 불가능했다. 이것들이 사라진다면 델피 사람들은 야만적 처벌을 받을 것이었다. 그러나 다른 많은 신성한 보물들은 행방이 묘연해질 수 있었다.

*

군인들이 수레를 검사했다. 그들은 목이 좁은 암포라 안을 찌르고 들여다봤다. 군인들은 그것들은 흔들어 보았지만 천으로 된 덮개 바닥이 진흙먼지로 덮여 있는 것 외에는 발견한 것이 없었다. 그들은 대리석으로 된 특이한 타원형 물건을 알아차리지 못했다. 델피 사람들의 부에 대한 과장된 이야기를 하면서 창끝으로 나무로 된 바퀴살을 위협적으로 툭툭 두드려서, 그들은 운전석에 앉은 수레꾼에게서 은 한 조각 그러니까 은화 한 닢을 받아냈다 그러고 나서 다른 둘에게도 똑같이 받아냈다.

수레는 몇 시간 동안 어둠 속에서 조심스럽게 돌아다니다가 멈추다가를 반복했다. 수레꾼들은 방해꾼이 따라올 것을 경계했고, 화물이 손상될까 두려워했다. 그들은 약 20년 전 지진 때문에 지하에서 솟아 올라온, 지금은 덤불로 숨겨진 작은 동굴에 도착했다. 이곳은 때때로 아디톤과 같은 달콤한 냄새가 올라오는 것이 신의 존재를 연상시켰다. 그곳에 가장 나이가 많은 피티아가 다른 사제들과 함께 그들을 기다리고 있었다.

숨겨진 샘물이 근처에서 솟아 나오고 있었다. 나이팅게일이 지저귀고 귀뚜라미들이 음악의 신인 아폴론을 위해서 황홀한 찬가를 부르고 있었다.

그들은 암포라를 내리고 안에 있는 작은 다발들을 제거하고 수레 아래쪽에 있는 나무판자를 들어 올렸다. 위대한 사원에서 가져온 가장 신성한 물건들을 거기 넣어 뒀다. 옴파로스와 양모 덮개, 황금 독수리와 신의 리라와 해체된 갑옷. 그들은 이것들을 아디톤의 영원한 황혼 속에서 원본과 구별할 수 없는 복제품으로 바꿔치기했다. 2개의 암포라에는 그들이 성역에서 선별해서 몰래 빼돌린, 작은 금으로 된 신성한 물건들이 있었다. 그들은 이것들을 첫 번째이자 가장 중요한 은닉처인 이 동굴에 묻었다.

"옴파로스마저 옮기는 것은…" 사제 중 한 명이 읊조렸다. "신께서 마치 자신의 신전을 버린 것 같습니다."

피티아는 목이 잠긴 듯한 그의 말을 들었다.

"아직 오래되지는 않았지만 그분의 존재는 이 나쁜 날 동안 약해지고 계시지. 내가 어린 시절에는 그분의 목소리는 분명했고, 델피는 그분의 영광 속에 있었고, 스파르타는 파괴되지 않았고, 아테네는 재기했네. 지금 우리는 절반이 폐허가 된 성소를 다시 세우려고 고군분투하고 있지만, 아레스는 헬레네를 파멸로 몰아가고 있지. 곧 그리스의 승리자 행세하는 마케도니아 야만인들이 우리의 재를 짓밟을 것이야." 그녀는 말했다.

"우리는 어떻게 해야 이곳에 대한 기억을 간직할 수 있습니까?" 다른 사제가 물었다.

"우리는 영원한 불꽃이 계속해서 타오르도록 지키고 보살피면 되네. 그리고 이것은 피티아들 사이에서 전해지는 비밀 중 하나가 될 것이지." 그녀는 손을 맞잡았다. "하지만 이 거룩한 물건들은 내가 살아있는 동안에도 그리고 자네들이 살아있는 동안에도 성소로 돌아가지 못할 것이야. 미래는 내게도 여전히 가려져 있네."

*

포키아인들은 네온 전투에서 그리스인들에게 패했다. 필로멜로스는 잡히지 않으려고 절벽으로 뛰어내려 죽었다. 그의 형제인 오노마르코스가 총대장으로 선출되었다. 여사제들이 우려한 대로 그는 보물창고에서 빌린다는 명목으로 성역에 있는 보물들을 남기지 않고 약탈했다.

신은 자신의 성소를 구하기 위해 마지막 시도를 했다. 포키아인들이 신성한 보물을 뺏으려 했을 때, 아폴론은 땅을 흔들었고 겁에 질린 병사들을 흩어지게 했다. 하지만 금에 대한 굶주림은 신들에 대한 경외마저 사라지게 했다. 포키아인들은 델피를 약탈했고 만 달란트 상당의 금과 은을 녹였다. 만 명의 장정이 짊어져야 할 정도로 엄청난 양의 은으로 세상에서 가장 큰 보물이었다. 약탈한 동전들은 용병들에게 보수로 지불되었다. 군인을 상대로 군인을, 군대를 상대로 군대를, 도시를 상대로 도시를 갈아 넣었고, 그리스 전체가 폐허로 변해갔다. 하지만 전쟁도 포키아인들을 구하지 못했다. 그들의 신성모독을 벌하기 위해서, 마케도니아의 필리포스 2세는 북쪽에서 쓸고 내려왔으며, 오노마르코스를 십자가에 못 박고, 후계자들을 짓밟았다. 필리포스 2세는 잔해만 남은 그리스의 주인이 되었고 그의 아들인 알렉산드로스 대왕이 세계를 정복할 수 있도록 씨앗을 심었다.

그리하여 더럽혀진 델피의 금은 그리스 도시들의 자유를 빼앗고, 그리스 도시들은 수천 년의 세월 동안 정복자들의 속박 아래 깊이를 알 수 없는 어두운 밤으로 빠져들었다.

Part II

아폴론이 사티로스*인 마르시아스를 벌했을 때, 그는 울부짖었다.
"아-아-아! 왜 저를 갈갈이 찢으려 하십니까?
피리는 제 인생에 가치가 없습니다!"
그가 고통에 찬 비명을 지를 때조차도
그의 살아있는 피부는 그의 사지로부터 찢겨 나갔다.
그의 온몸이 화상을 입을 때까지
신경과 핏줄과 내장이 드러날 때까지

- 오비디우스, 『변신 이야기(브룩스 모어 번역본)』(6.382)**

* Satyr. 그리스 신화에 나오는 반인반수의 모습을 한 숲의 정령들이다. 디오니소스를 따르는 무리로 장난이 심하고 주색을 밝혀 늘 님프들의 꽁무니를 쫓아다닌다.

** 로마의 황금시대라고 할 수 있는 아우구스투스 황제 때 발표된 서사시. 그리스 로마 신화의 다양한 사건들을 '변신'이라는 주제로 엮어 낸 작품이다.

8장

“이 사건은 스마트 계약이 이끌어 낸 것입니다.” 프랜시스 워커 요원이 우리를 앉혀 놓고 말했다. 그의 마음속에서 나는 희생자가 아니라 불장난하다가 불에 타고 있는 문제아일 것이라고 생각했다.

“어린아이들에게 경고하는 역을 할 수 있게 되어서 기쁘군요.”

그는 나에게 어떻게 반응해야 할지 결정하는 듯 혀를 끌끌 찼다.

워커는 무거운 산탄총[41]을 가지고 있을 것처럼 보였다. 사실, 그는 연방 수사국(FBI) 현장 사무소의 사이버 대책 본부장으로 이 작전의 핵심 인물이었다. 그는 머리를 밀고 근육질 몸매가 드러나도록 블레이저를 열고 있었다. 만약 누군가 손 축소 수술을 개발한다면 그는 좋은 실험 대상이 될 것 같았다. 나는 그가 안쪽 주머니에서 권총이나 놋쇠 너클[42]이 아니라 은색 로트링[43] 연필을 꺼냈을 때 놀랄 수밖에 없었다. 그는

41 샷건(shotgun)으로 여러 발의 탄환이 흩어지도록 발사하는 총을 말한다.

42 네 손가락에 끼워서 주먹 위에 튀어나온 뼈를 강화하는 무기이다.

43 독일의 필기구 및 제도 기구 생산업체.

우리가 이야기하는 동안 바나나 크기의 손가락으로 그 연필을 계속해서 돌렸는데 최면을 거는 것 같았다.

"왜 오래전부터 악성 계약에 대해서 블로그에 글을 쓰셨습니까?" 그는 라디오 아나운서처럼 깊은 목소리로 물었다.

"커뮤니티에 경고하려고요." 나는 대답했다.

"그래서 지금 당신은 예언자가 되셨습니다. 명성이 대단하십니다."

"지금 전 희생 염소입니다. 제 건강에 끔찍하게 나쁩니다."

"아~하."

"이봐요, 정말. 지금 당신은 내가 그 악성 계약을 만들었다고 생각하나요? 만약 내가 계약을 설계했다고 하더라도 스마트 계약의 특성상 실행되면 통제할 수 없습니다. 설령 내가 했다고 하더라도 자기 머리에 현상금을 건다는 게 말이 되나요? 왜 다른 사람을 목표로 하지 않았을까요?"

그는 그의 의자를 뒤로 젖혔고 연필을 계속 돌렸다. 그의 벗겨진 머리가 번들거렸다.

"우린 광고의 시대에 살고 있습니다. 더 많이 알려지는 것은 늘 좋은 것 아닌가요?"

"그래서 내 목숨을 걸었다고요? 제정신입니까?"

"당신도 알다시피 오프 스위치가 있습니다."

"다이앤이 말해 줘서 아는 겁니다. 나는 그걸 어떻게 작동시키는지도 모릅니다."

"간단합니다. 계약의 생성자들은 언제라도 오프 스위치를 사용할 수 있습니다. 암살자들이 임무를 완수한 뒤 활성화된 현상금을 청구할 수 있는 28일간의 유예 기간이 있습니다. 하지만 오프 스위치를 작동시키면, 유예 기간과 상관없이 계약은 종료되고 청구되지 않은 돈은 계약 생성자에게 환불됩니다." 워커가 설명했다.

디자인은 그럴 듯했다. 계약을 해제하고 현상금을 환불받을 수 있었다. 그러나 암살자들은 이미 진행하고 있던 계획에 대해서 손실을 감수하려 하지 않을 것이었다.

워커-모든 사람들이 그렇게 불렀다-는 다른 쪽 주머니에서 깨끗하고 밝은 오렌지색의 메모지를 꺼냈다. 그는 잠시 뭔가를 썼는데, 그러니까 아마도 그가 쓰려고 준비한 메모의 제목일 것이다. 나는 연필을 실제로 사용하는 것을 본 지가 언제인지 기억이 나지 않았다.

"만약 현상금이 그때까지 활성화되지 않으면 어떻게 되나요?" 나는 당연히 내 목에 걸린 현상금이 궁금해서 물었다.

"그러면 현상금은 그냥 차단되고, 유예 기간도 없습니다."

"내게 더 말해 줄 것은 없나요?"

"다른 세부 사항이 있습니다. 현상금이 활성화되기 전에, 그 계약은 외부에서 현상금이 예치될 것입니다."

"멋지네요. 그래서 당신 말은 계약의 현상금을 늘이기 위해서 짧은 클라우드 펀딩 기간이 있다는 것입니까?"

"맞습니다."

"또 다른 재수 없는 발견들은 없습니까?"

"쓸 만한 것은 없습니다. 우리는 코드를 분석했고 기본적인 작동법 정도를 이해했습니다. 국가 사이버 수사 합동 태스크포스(NCIJTF)와 이 일을 하고 있습니다. 더 많은 것을 알길 기대합니다. 당신이 말해 줄 유용한 정보는 없습니까?"

"만약 새 계약이 첫 번째 것과 같다면, 이것은 매우 견고한 코드로 믿을 수 없을 만큼 치밀할 것입니다."

그는 고개를 끄덕이며 메모했다. "우리는 이 사건에 대비할 여력이 별로 없습니다. 이 사건은 국가 안보에 대한 위협이 아닙니다. 아직까지는 말입니다. 하지만 저는 정보부가 참여하길 바랍니다. 그들은 관심을 가지고 있습니다. 아마도 다가올 일의 전조일 것입니다. 당신이 우리를 도와줘야 합니다."

그냥 말하는 것인가 아니면 명령하는 것인가? 워커의 깊고 부드러운 목소리에 나는 뭐라 할 수 없었다.

"나는 오라클 시스템을 파괴하고 싶지 않습니다. 나 자신의 목숨뿐 아니라 지금까지 작업한 모든 것을 지켜내고 싶습니다."

"애디튼에서 당신의 역할은 무엇입니까?"

"개발자입니다."

"네, 그리고 나는 연방 수사국(FBI)에서 일합니다." 그는 이를 꽉 물고 말했다.

"아, 나는 생텀 시스템의 개발을 이끌고 있습니다. 당신은 알고 있는 것 아닙니까?"

"이제는 그걸 알 수밖에 없지 않습니까? 그래서 당신은 인프라의 핵심을 알고 있습니까?"

"네, 왜요?"

"누가 더 있습니까?"

"당신이 뭘 하려는지 모르겠군요. 그 계약을 누가 만들었든 간에 우리 시스템의 핵심 인력에 대해서 알 필요가 없습니다. 우리는 코드와 API[44]가 깨끗하고 잘 검증된 것에 자부심을 느낍니다."

"당신은 그럴 것이라 확신합니다. 하지만 그 시스템의 핵심에서 일하는 사람은 또 누구입니까?"

"그것을 밝히는 것이 이 일과 무슨 상관인지 모르겠군요."

---

44 Application Programming Interface. 운영체제와 응용프로그램 사이의 통신에 사용되는 언어나 메시지 형식.

"안 하시겠다?" 그는 연필 돌리는 것을 멈추고 잠시 생각하다가 일어섰다. "분명히 말하자면 나는 당신이 그 악성 계약을 생성했다고 생각하지는 않습니다. 너무 위험하지요. 이 일을 어떻게 해야 할지 다시 이야기해 봅시다."

"결국은 어떤 식으로든 당신과 일해야 합니까?"

그는 연필을 가슴 안쪽 주머니에 넣었다. 아니면 숨겨진 총집이 있는 작은 고리가 있을 수도 있다.

"나중에 봅시다."

단순한 작별인사는 그의 굵은 목소리 탓에 마치 운명의 조우처럼 느껴졌다.

*

루카스에게서 원하는 것이라면 무엇이든지 애디튼이 도와줄 것이라는 이메일을 받았다. 회사 사람들이 그 악성 계약에 대해서 어떻게 해야 할지 논쟁하고 있을 것이었다. 이 사건은 나뿐만 아니라 회사의 명성마저 죽일 수 있는 것이었다. 생텀은 어느 한 주체, 특히 애디튼에 의해서 통제되지 않도록 설계되었다. 이것은 프로젝트의 강점이자 근본적인 설계 목표였다. 바로 권한을 분산하는 것이다. 나는 여전히 이런 방식이 세상에 선함을 가져다줄 올바른 방법이라 믿고 있었다. 그리고 내 목숨을 잃을 수도 있는 상황에서도 확신을 갖고 있었다.

만약 커뮤니티가 그 악성 계약을 지원하는 모든 오라클에 잘못된 데이터를 보고하거나 데이터 자체를 처리하지 않도록 한다면, 그 계약은 중단될 수 있다. 하지만 그런 일은 일어나지 않을 것이다. 오라클 네트워크는 변조를 방지하도록 설계되었다. 오라클 네트워크에는 자신이 어떠한 어려움에도 기어이 진실을 보고했다며 광고할 기회를 노리고 달려드는 사람들이 있을 것이다. 결국 이것이 오라클 시스템의 핵심이다. 기적적으로 모든 커뮤니티에서 현재 '생텀 버전 1'을 포기하고 '생텀 버전 2'라고 부를 새로운 버전으로 옮겨간다 해도 그 악성 계약이 '생텀 버전 2'에서 다시 시작되는 것을 어떻게 방지할지를 찾아야 한다. 결국 얻을 수 있는 것은 아무것도 없다.

델피안들은 영리했다. 그들은 3주에 하나씩 새로운 목표를 공개하는 계획을 세웠기에 이 시점에서는 오직 비가노 교수와 나만이 공개되었다. 그들은 이 계약에 충분한 돈을 썼고, 관심을 불러일으켜서 그들의 존재감을 높일 수 있는 정도의 대상을 선택했다. 관심을 끄는 것이 진정한 목표라면 말이다. 그러나 큰 반발을 일으킬 만한 목표물은 피했다. 상원 의원이나 대통령, 유명 배우나 팝 아이돌은 목표가 아니었다.

나는 이 모든 악성 계약 산업이 애디튼에 좋을지 나쁠지 판단할 수 없었다. 루카스는 확실히 분통을 터트리고 있었다. 그러나 어떤 의미에서 워커의 말도 맞는다. 요즘 세상에서는 나쁜 유명세라도 유명해지는 것은 좋은 것이었다.

*

워커와의 대화가 끝난 후, 나는 먹을 것을 조금 싸 들고 다시 애디튼으로 향했다.

미스 매너스[45]는 아마도 머리에 가격표가 붙어 있는 남자에 대해서 칼럼을 쓰지는 않을 것이다. 일이 잘못되는 것을 두려워하는 내 동료들 대부분은 브리지로 가는 사형수를 모르는 척했다. 몇몇은 나에게 동정 어린 표정을 지었다.

코린은 거기 없었지만, 그녀의 자켓이 의자 뒤에 걸려 있었다. 나는 유리벽으로 된 회의실 근처로 갔다가 잠시 멈췄다. 그녀는 거기에 있었다.

45 Miss Manners. 미국 칼럼니스트 주디스 마틴의 필명.

매끈한 머리에 커다란 슈트를 입고 알루미늄 연필을 돌리는 남자와 이야기하고 있었다. 내 책상으로 돌아갔다. 연방 수사국(FBI)이 내 일을 대신해 주고 있는 것 같았다.

그녀는 곧 브리지에 나타났다. 그녀는 손을 입에 댄 채로 잠시 응시하고는 나에게 걸어왔다. "정말 안됐네요, 너무… 난 뭐라고 해야 할지 모르겠네요."

"당신 오른팔을 보여 줘요."

"뭐라고요?" 그녀는 뒤로 물러섰고 두 팔을 감싸 안았다.

"당신 문신을 봐야겠어요."

"이봐요. 나도 알고 있어요. 이것이…"

"내게 보여 줘요." 나는 무미건조하게 말했다.

그녀는 마치 도움이라도 청하는 듯 브리지 입구를 불안하게 쳐다보았다.

"당신은 태양 문신이 있죠." 나는 말했다.

"나는 모든 종류의 문신이 있어요."

"아폴론은 태양신이죠,"

"뭐라고요? 난 성공회 신자예요. 진짜, 이건 말도 안 돼. 미친 짓이라고요. 자, 여기 있어요." 그녀는 팔을 내밀고 그녀의 카디건 소매를 올렸다. "그리스에 대한 것이 아니에요. 이건 퀸즈[46]에서 새긴 것이죠." 그녀는 눈을 부라렸다. "그리고… 그리고 아스토리아에서는 아니에요" 모든 사람들이 아스토리아에 그리스인이 많이 살고 있다는 것을 안다. "내 뜻은…" 그녀의 팔에는 어두운 녹색 원에 물결 같은 빛이 나오고 있는 빛나는 태양 문신이 있었다. 그녀는 말도 안 되는 소리를 다시 하지 않으려

46 뉴욕시를 구성하는 자치구 중에 하나이며, 전 세계에서 온 다양한 이민족들로 구성되어 있다.

는 듯 입을 앙 다물고 눈을 크게 떴다.

"누구와 만났나요?"

"연방 수사국(FBI) 요원이요. 나는 이 만남에 대해 어떤 것도 말할 수 없어요. 하지만 그들은 루카스와도 이야기했어요."

"중화 계약에 대해서 누군가에게 말했나요? 내가 그걸 만든 것을 당신만 알고 있어요. 우리만 알기로 했잖아요."

"아무한테도 정말 누구한테도 말하지 않았어요. 그들이 어떻게 알아냈는지 모른다고요. 내가 말한 것이 아니란 말이에요. 당신이 무슨 생각을 하는지 모르겠지만, 난 아폴론 숭배자가 아니에요. 그건 미친 짓이에요. 어떻게 해야 나를 믿을지 모르겠네요. 잠시만요." 그녀는 20자 정도의 비밀번호를 입력하고 나서 엄지손가락을 감지기에 갖다 댔다. 1초도 걸리지 않았다. "여기, 원한다면 봐요."

"이건 도움이 안 되죠. 당신 같은 사람이 옵섹을 모를까요? 일회용 컴퓨터를 쓸 줄 모르나요?"

그녀의 눈은 반짝였다. "봐요. 아마 중화 계약에 대한 것이 아닐지도 모르잖아요. 어쩌면 그건 그냥 우연일 뿐일 수도 있죠. 아마 당신이 오래전에 악성 스마트 계약에 대한 블로그 포스팅을 썼기 때문일 수도 있죠. 아니면 당신이 오라클 회사에서 일해서일 수도 있죠. 그리스의 오라클과 스마트 계약의 오라클. 나는 연결이 안 되지만 누군가는 연결한 것이겠죠. 난 몰라요. 어떻게 해야 내가 이 일과 관계가 없다는 것을 믿겠어요?"

그녀는 애원하듯이 나를 바라보았다. 나는 팔짱을 끼고 고개를 떨궜다. 우리는 내가 머리를 식히고 미안한 감정이 들기 시작할 만큼 오래도록 침묵을 유지했다. 내 지나친 불안감을 극복한 후 그녀를 쳐다보면서 그녀의 어깨에 손을 얹었다.

"미안해요. 코린. 모든 것이 의심스러워요. 아마 그리스 신 같은 초자

연적일 수 있죠. 나는 편집증이 심해지고 있어서, 누굴 믿어야 할지 모르겠네요."

그녀는 눈물이 그렁그렁한 얼굴로 나에게 기댔다. "당신이 안전한 것을 보고 싶어요. 정말 그래요."

그녀는 나를 치사한 사람으로 느끼게 했다.

"좋아요. 다시 시작하죠." 나는 웅얼거렸다. "멘토십 레슨 1. 아폴론을 화나게 하지 말 것."

*

놀랍게도, 루카스는 평소보다 좀 더 활기차 보였다. 마치 그의 개가 그날 아침 그에게 토했지만, 바지에만 토해서 소중한 셔츠는 무사한 것 같은 느낌이었다. 그는 자기가 아닌 다른 누군가의 머리에 가격표가 붙어서 행복한 듯했다.

"정말 유감스럽습니다. 우리가 무엇을 할 수 있는지 알아보고 있습니다." 나는 침묵했다. "현실적으로 내 손은 묶여 있습니다. 당신도 알고 있을 것입니다."

"알고 있습니다."

"그리고 이 사건은 회사에도 매우 좋지 않습니다."

"그건 모르죠."

"좋지 않은 것입니다. 여사제와 나는 당신에게 할 수 있는 모든 일을 하기로 했습니다. 우리는 그 중화 계약이라는 것을 실행할 예정입니다. 우리는 거기 백만 달러를 넣을 겁니다. 비탈릭 부테린의 생각입니다. 이것은…"

"매우 후하네요. "

"그리고 우리는 당신에게 경호원을 붙일 것입니다."

"고맙습니다만, 내 아파트는 50파운드 이상의 반려동물을 허용하지 않습니다."

"당신한테 아직 유머 감각이 남아 있어서 기쁩니다. 진지하게 생각해 보십시오. 아니면 숲에 있는 오두막에 숨을 수도 있습니다. 무슨 다른 생각이 있습니까?"

"단지 2주 정도 휴가가 필요합니다."

"물론입니다. 다음 주에 활성화되죠? 필요한 모든 시간을 쓰세요."

"당신은 어떻게 알았나요?"

"활성화되는 시기요? 오늘 우리에게 손님이 몇 명 왔다고 칩시다. 하지만 비밀은 아닙니다. 손님들은 그 계약의 코드만 보길 원했습니다."

"나는 당신이 그 방문자들에게 커피 머신에서 나온 것 말고는 어떤 것도 제공하지 않았길 바랍니다." 평소에도 무표정한 그의 표정은 더욱더 무표정했다

"내가 그러지 않았을 것이라는 것을 당신도 알고 있을 겁니다."

"코린을 좀 써도 되나요?" 내가 물었다.

"물론이죠. 물론입니다." 그는 반 옥타브가 올라간 목소리로 대답했다.

*

다이앤은 나처럼 시내 중심가에 있는 갤러리에서 열리는 델피 전시회를 주목했다. 우리가 신경 쓰는 델피안과는 별 관련이 없어 보였다. 그러나 다이앤에게 갤러리를 방문하는 것은 사이버 공간의 추상적인 것들을 손에 잡히는 도자기, 대리석, 금속으로 바꾸는 것을 의미했다. 그녀가 나를 초대한 것은 내 조언이 필요해서가 아니라 내게 무엇인가를 제공하기 위한 것이라고 생각했다. 이를테면 그리스 신화에 나오는 맹금류가 사형수의 내장을 쪼는 이야기처럼, 내가 정신적으로 고통 받는 것을 막기 위해서 말이다.

그날 아침 전까지는 가끔씩 화상회의 같은 원격 협업을 하며, 그저 직

장, 집만 오간 터라, 행동 반경이 매우 좁았다. 나는 몇 달 동안 지하철을 거의 타지 않았다. 그래서인지 결국 지하철을 잘못 탔다. 열차가 다음 역에서 문을 닫고 나서야 실수한 것을 알아차렸다. 마침내 제대로 된 열차를 타고 지하철역으로 갔을 때, 갤러리까지 거의 열 블록을 걸어가야 했다. 15분 늦었고, 다이앤은 이미 헬리오스 고대 미술 갤러리에서 구경하고 있었다.

숨이 차서 헉헉대며 그녀 옆에 앉아서 유리창을 응시했다. 유리창에 비친 검은색과 오렌지색의 스카프를 한 그녀의 얼굴은 유리창 속 커다란 꽃병에 겹쳐져 있었다. 그 꽃병에는 고뇌스러운 검은색으로 묘사된 남자가 오렌지색 들판을 가로지르며 다리가 3개인 가구를 끌고 가고 있었다.

"늦어서 미안합니다."

그녀는 짜증이 나서 내 시선을 피하고 있는 것처럼 유리창만 계속 쳐다보았다. 그래서 입 다물고 몇 초간 조용히 있었다.

"저는 아폴론, 삼발이가 담긴 이런 꽃병을 연구했어요. 그녀는 말했다. "이것은 도굴한 것은 아닌 것 같아요. 저 금 간 것을 보세요."

그것은 파편에서 다시 맞춘 것으로, 빠진 조각은 그냥 색칠만 되어 있었다.

"금 간 것은 도굴한 것이 아니라는 의미입니까?"

"이 금이 말해 주고 있어요. 밀수업자들은 밀수품을 운반할 때 숨기기 쉽게 하기 위해서 손상되지 않은 물건을 파손해요. 하지만 그들은 가치를 위해서 손상을 최소한으로 하려고 노력해요. 이것은 전형적인 복원입니다. 결합된 부분들이 보이고, 누락된 부분은 그림이 채워진 것이 아니라 색칠만 되어 있어요. 당신도 남자의 얼굴에 있는 붙인 부분과 발이 없는 것을 볼 수 있죠. 이것은 밀수업자들이 깨뜨린 것은 아닌 것이 분명해요."

"우리에게 무엇인가를 말해 주고 있다는 것입니까?"

그녀는 내 쪽으로 몸을 돌렸다. "흥미로운 전시회지만, 저는 이것 때문에 사람이 죽을 이유는 없다고 봅니다."

갤러리 자체는 크지 않았다. 전시실은 두 곳이었고, 동전, 꽃병, 조각상, 보석, 테라코타, 투구, 검, 창 등이 유리 케이스에 담겨서 빽빽하게 있었다. 우리를 맞이하는 사람이 없었기에 우리는 서로 떨어져서 관람하였다. 나는 아마추어 투어 코스로 갔고 다이앤은 프로 투어 코스로 갔다.

나는 귀금속의 반짝임에 이끌려 동전들이 든 유리 케이스로 다가갔다. 대부분은 은이고 몇 개 정도만 금이었다. 세부 사항을 확대한 사진과 설명이 붙어 있었는데, 사진 대부분은 다양한 자세를 하고 있는 아폴론의 모습이었다. 한 동전의 앞면에는 아폴론의 머리가 새겨져 있었다. 25센트 동전에 있는 워싱턴의 헤어스타일과 비슷했는데, 워싱턴보다는 훨씬 풍성한 여성적인 머리 장식을 하고 있었다. 다른 동전 중에는 뒷면에 신의 전신이 묘사되어 있는 것도 있었다. 또 다른 하나에는 완전히 나체인 채로 옴파로스의 꼭대기에 올라서 쭉 뻗은 오른손에 활을 들고 있는 모습이 새겨져 있었다. 내 책상 위의 동전과 같았지만 더 선명했다. 심지어 식스팩이 있다는 것도 알 수 있었다. 또 다른 하나에는 코르크 따개 같은 모습의 기둥에 기대어 있는데, 책자의 설명에 따르면 그 기둥은 피톤[47]을 형상화한 것이었다. 아폴론이 피톤을 무찌른 것을 기념하기 위해 열리는 피티아 제전–올림픽 게임처럼 4년마다 열리는 경기–의 홍보대사는 당연히 아폴론이다.

태양과 빛의 신이자 음악과 진리와 예언의 신이고 질병과 치유의 신이며 또한 수많은 도시의 수호신인 아폴론은 고대 세계 전역에서 동전에

---

47 그리스 신화에 나오는 거대한 뱀이다. 대지의 신 가이아가 홀로 낳은 자식으로, 파르나소스 남쪽 기슭을 지배하다가 아폴론의 화살을 맞고 죽었다. 아폴론이 거둔 승리를 기념하여 델피에서는 4년마다 피티아 제전이 열렸다.

새겨졌다. 그 유리 케이스 안에는 또 뒷면에 아폴론의 리라가 새겨진, 그리스 북부의 한 도시에서 온 동전이 들어 있었다. 나는 현을 세어 보았다. 7개였다. 도는 사슴들 중에 암사슴, 레는 황금빛 햇살 한 줄기….

그러나 나는 이 전시회의 물건 가운데 장식 손잡이와 원뿔 모양의 뚜껑 그리고 흰색과 오렌지색과 붉은색 인물들이 모여 있는 커다란 꽃병이 가장 아름다웠다. 빈약한 내 그리스 미술 상식으로는 생각하지 못한 것이었다. 한 남자가 옴파로스가 분명한 둥근 원뿔 모양에 달려 있었다. 그의 몸은 기울어져 있고 다리는 마치 야구에서 홈을 밟으려 하는 것처럼 공중에 매달려 있었다. 두 손을 하늘로 올리고 있는 흰머리의 여성은 표범 가죽을 입고 화환을 쓴 채 손바닥을 펴서 그녀를 막고 있는 사람으로부터 도망가고 있다. 다른 여성은 먼 곳을 응시하면서 한 손은 눈썹 위에 올리고 다른 한 손은 익숙한 듯, 한 쌍의 창을 들고 있다. 그녀의 짧은 드레스는 뒤쪽으로 날리고 있었고 발치에는 한 쌍의 사냥개가 있었다. 설명에 따르면, 그 꽃병은 오레스테스[48]가 델피에서 피난처를 구하는 모습을 묘사하고 있다. 그 화환의 쓴 인물은 아폴론이었다.

내가 오레스테스가 누구인지 기억하려고 노력하고 있었을 때-오레스테스가 누구인지 알고 있었다면 말이다-다이앤은 내 옆에 현신했다.

“오호, 아풀리아산(産)이군요.”

“무슨 뜻인가요?”

“최고의 꽃병은 아테네의 아티카산(産)이에요. 여기 이것은 이탈리아 남부에 있는 아풀리아 산(産)입니다. 그들은 매우 저속하고, 과하게 화려한 꽃병을 만들었어요”

48 아가멤논과 클리타임네스트라의 아들로 저주받은 탄탈로스 가문의 후손. 아버지 아가멤논의 원수를 갚기 위해 어머니 클리타임네스트라를 살해하였다.

"확실히 화려합니다. 당신은 아티카 스타일의 여백을 중시하는 예술 작품을 더 좋아하시는 것 같군요." 우리 뒤의 한 남자가 말했다.

그의 둥근 배는 마치 우리 주변에 있는 꽃병 같았다. 아티카 스타일의 여백을 중시하는 예술 작품처럼 머리 꼭대기에는 염색한 듯한 몇 가닥의 갈색 곱슬 머리카락이 있었다. 그는 쾌활한 작은 갈색 눈을 가지고 있었다.

"저도 그렇게 생각해요." 내가 그녀의 표준 레퍼토리의 일부로 인식하고 있는 친절한 웃음을 지으며 다이앤이 말했다. 이것은 낯선 이를 편안하게 하는 방법일 것이다. 아니면 단지 그녀 자신을 안심시키려는 것일 수도 있었다.

"여기 아름다운 아티카산(産) 피알레가 있습니다." 그는 몸에 비해서 우스꽝스러울 정도로 짧은 양팔로 손짓을 했다. 그가 가리킨 중앙 안쪽에 손잡이가 달린 얇은 접시를 보기 위해 다른 유리 케이스로 자연스럽게 넘어갔다. "이것은 델피에 있던 아폴론의 여사제인 피티아가 사용했던 것과 같은 신에게 받치는 공물을 담는 그릇입니다. 피티아는 이런 것들을 들고 예언을 했습니다. 그리고…."

"당신은 왜 이 전시회를 열기로 한 것입니까?" 내가 불쑥 물었다. 다이앤은 짜증난다는 듯이 나를 쏘아보았다.

"델피에 대한 것이요? 왜냐고요? 델피는 고대 세계에서 엄청나게 중요한 곳이었습니다." 그는 팔을 늘어뜨리고 미간을 찌푸렸다. "오늘날의 바티칸 같은 곳이었습니다. 아니 그보다 더했습니다. 전성기에 그리스의 도시들은 그들이 결정하는 모든 중요한 사항에 대해서 오라클에 자문을 구했습니다. 외국도 마찬가지였습니다. 델피는 모든 지중해 사람들의 진리와 지혜의 원천이었습니다." 그는 기묘하게 어울리지 않는 모습으로 앞에 서 있는 방문객 커플을 훑어보았다. 짙은 녹색 치마와 재킷을 입고 검은색과 오렌지색이 어우러진 스카프를 매치한, 잘 차려 입은 우아한 여성과 티셔츠에 찢어진 청바지 그리고 올리브색 재킷을 입은 볼품없는 남자. 나는 그 실크 스카프가 우리에게 유리하게 작용했다고 생각했다. “이 작품을 케이스에서 꺼내 드릴까요?”

“고맙습니다만, 좀 둘러봐도 될까요?” 다이앤이 물었다.

“맥스 베너입니다. 이 갤러리 디렉터입니다. 만약 제가 필요하시다면 도와드리겠습니다.” 그는 퇴장하기 전 지휘자처럼 팔을 벌리며 말했다.

“저는 그에게 개인적으로 할 말이 있어요.” 다이앤이 말했다.

우리는 갤러리를 지나면서 우리가 지나왔던 케이스들을 되돌아보았다. 다이앤은 금과 보석이 담긴 케이스 앞에 멈춰 서서 윈도우 쇼핑을 했다. 그것은 연방 수사국(FBI) 월급으로 살 만한 것은 아니었다. 나는 주변을 보다가 순간 얼어 버렸다. 방 건너편에 흰 스탠드에 달린 브로치가 하나 있었다.

“어!” 나는 브로치를 향해 곧장 달려갔다. 할아버지가 모은 수집품 중 하나였다. 수집품들이 얼마나 많았는가는 그가 모은 브로치들이 예상치 못한 곳에서 튀어나올 때마다 알게 된다. “살 수 있을까요?” 다이앤이 따라왔을 때 내가 물었다. “이것을 사려 합니다. 그래야만 합니다.”

“저는 당신이 고대 미술에 관심 있는지 몰랐어요.” 그녀는 뒷주머니에 손을 얹고는 두꺼운 렌즈를 통해서 나를 쳐다봤다. “당신은 수집가인가요?”

“다른 것은 모르지만 이것 하나만 모읍니다.”

그녀의 미소는 내가 그녀의 마음속에서 네 발 짐승에서 두 다리로 다니는 것으로 진화했다는 것을 의미할 것이다. “우리는 아마도 불가능….” 그러나 그녀는 나를 막는 것은 무의미하다는 것을 알았다. “당신이 현금으로 살 수 없다면, 내가 대신 사고 당신이 갚는 방법이 있어요. 신용카드에 있는 당신 이름이 밝혀지는 것을 원치 않잖아요." 열정 때문에, 나는 그것에 대해서 생각하지 못했다. 보안을 유지해야 했다.

갤러리 뒤편으로 가는 길에 베너를 찾았다. 그는 사무실 안 책상 옆에 서서 핸드폰으로 전화를 하고 있었다. 우리는 열린 문 옆에서 기다렸다. 그의 뒤에 노트북을 켜고 일을 하는 여성이 있었다. 베너는 우리를 향해서 검지를 치켜들었다. "아니요," 그는 전화에 대고 말했다. "제가 말했다시피, 그는 바로 여기 있었고 신분증을 요구할 필요가 없었습니다. 이름 보셨나요? 래프 파인즈였습니다. 배우 래프 파인즈요. 철자는 랄프지만 래프로 발음됩니다." 그는 전화를 끊고는 인상을 찌푸렸다. "신용카드에 대한 말도 안 되는 문제입니다." 그는 말했다.

몇 분 후, 베너가 나를 위해 브로치 케이스를 열어 주었다. 나는 할아버지를 자랑하고 싶었지만, 다이앤의 경고를 기억했다. 나와 할아버지는 성이 같았다. 조심스럽게 케이스에서 브로치를 꺼냈고, 같은 컬렉션의 다른 브로치가 있는지 물었다. 하지만 여기에는 이것 하나였다. 나는 갤러리 전체에서 어쩌면 가장 싼 것을 사는 것에 조금은 당혹스러웠다. 더 당혹스러운 것은-설명서에 의하면-그 브로치는 남근을 형상화한 물건이라는 것이었다. 납작한 작은 청동제품으로 짙은 녹색에 에나멜로 강조된 그 남근은-신경 쓰지 마세요-자그마치 다이앤 고향인 로만 갈리아산(産)이었다.

우리는 베너의 사무실로 돌아갔다.

베너가 노트북으로 판매 청구서를 작성하는 동안, 다이앤이 물었다. "델피에 대한 전시회를 예전에도 연 적이 있습니까?"

"아니요, 이번이 첫 번째입니다."

다이앤은 웃었다. "왜 지금입니까?"

"오래전부터 준비 중이었습니다." 베너는 진지하게 주름진 눈으로 그녀를 보았다. "델피는 계속 관심을 가졌던 주제입니다. 가치 있는 물건에 투자할 좋은 기회를 제공하고요."

"우리 관심사는 조금 다릅니다." 그녀는 말했다. 다이앤은 자신의 가방에서 연방 수사국(FBI) 배지를 꺼냈다. "잠시 이야기 좀 할까요?"

"나탈리." 베너는 뒤쪽 사무실에 있는 여자를 불렀다. "잠시 자리 좀 비켜 줄래요?"

나탈리는 자리를 비켜줬고, 다이앤은 베너의 맞은편에 앉았다. "당신이 이 전시회를 열기로 결정한 것입니까 아니면 다른 누군가가 당신에게 제안한 것입니까?"

베너는 입술을 오므렸다. "그것이 왜 중요합니까? 델피에 대한 전시회를 여는 것이 범죄는 아니지 않습니까?"

다이앤은 웃으며 말했다. "물론 아닙니다."

"우리 작품들 모두는 윤리적으로 근거가 있고 꼼꼼히 입증된 것들입니다."

"저도 개인적으로 그 지점을 매우 중시합니다." 다이앤이 말했다. "하지만 제가 온 이유는 아닙니다."

"저는 기꺼이 증명 문서를 제공하겠습니다." 베너는 노트북을 향해서 손을 뻗었다.

"필요 없습니다. 미국에 있는 다른 세 군데 갤러리와 박물관에서 델피에 대한 전시회가 열리고 있습니다. 당신은 이것을 어떻게 생각하십니까?"

"말했다시피, 유행하는 주제입니다."

"그렇군요. 그런데 왜 지금입니까? 왜 갑자기 이렇게 인기가 있게 되었습니까?" 그녀는 양손으로 턱을 괴고 몸을 앞으로 숙이면서 간절한 관심을 나타냈다.

"저는 다른 곳에서 왜 델피 전시회를 여는지에 대해서는 잘 모르겠습니다."

"당신이 개최한 이유는 무엇입니까?"

"델피는 고대 세계에서 엄청나게 중요한 곳이었습니다. 말했다시피, 그곳은 당시 바티칸 같은 곳으로…"

상황은 다람쥐 쳇바퀴 돌듯 제자리걸음이었다. 나는 슬금슬금 방 뒤편으로 갔다. 이 상황과 상관없는 무언가가 내 관심을 끌었다.

5분 후에도, 다이앤은 베너와 비생산적 말씨름을 여전히 진행 중이었고, 내가 끼어들었다. "여전히 자료를 제공할 생각이라면, 비트코인 주소도 공유하는 것입니까?" 조수의 책상에 쌓여 있던 파일 더미에서 암호화폐 지갑이 담긴 상자를 찾아냈다. 다이앤과 베너가 말싸움하느라 정신없을 때 나는 그것을 확 열어 보았다.

"무슨 뜻입니까?"

"당신들은 암호화폐도 받는다는 것이겠죠?" 나는 그 박스를 가리켰다.

"아닙니다. 왜 그러시는… 아, 저것은 제 조수의 것입니다. 저는 컴맹입니다."

나는 상자를 들어서 바코드가 보이게 사진을 찍었다. 다이앤은 막으려는 듯 손을 들었지만, 너무 늦었다.

"감사합니다. 우리가 거래를 추적하는 데 필요한 것입니다."

베너는 더 이상 눈을 반짝이지 않고 일어났다.

"기관에서 연락을 할 것입니다. 베너 씨." 나는 새어 나오는 웃음을 억지로 참으면서 엄숙하게 말했다. 다이앤은 불쾌한 듯 보였다. '진짜 연방수사국(FBI) 요원만이 텔레비전 수사물에서처럼 말할 자격이 있군.'이라고 생각했다.

"알겠습니다." 베너는 다시 의자에 몸을 구겨 넣으며 말했다. 그가 알겠다고는 했지만, 사실 이해하지 못했다는 의미였다. 왜냐하면 예상했던 대로 그는 암호화폐에 대한 어떤 단서도 가지고 있지 않았기 때문이었다. "우리가 이 전시회를 열기로 했을 때 부적절한 점은 하나도 없었습니다." 그는 말을 이어갔다. "하지만 고객 기밀 문제가 있었습니다. 고객의 이름을 밝히지 않으면서 당신을 납득시킬 만한 설명을 할 방법을 찾을 수 없을 것 같습니다."

베너는 개인적으로 만난 적이 없는 '진지한 수집가'로부터 델피 전시회를 여는 데 필요한 돈을 받았다는 것을 인정했다. 모든 연락은 이메일로 했다. 그 수집가는 유럽에서 보낼 값비싼 골동품 몇 가지를 구입했다. 암호화폐를 써야 한다고 주장했고, 당연히 갤러리에서 암호화폐 지갑을 쓰도록 장려했다. 그러고 나서 전시회를 위한 기금 15만 달러를 제공했다. 베너가 돈 한 푼 쓰지 않고 거둔 순이익이었다. 모든 것이 의심스러웠지만, 나는 베너가 옳다고 생각했다. 그가 연방 기관에 제대로 거래를 보고하는 한 범죄로 보기 어려웠다. 그는 추적하기 위한 수고를 덜 뿐이긴 하지만, 우리에게 문서와 암호화폐 지갑 주소를 제공하기로 동의했다. 그 고객 이름을 수정할 수 있을 것이다.

우리가 갤러리를 나올 때, 나는 실크 손잡이가 달린 아름다운 작은 흰색의 헬리오스 고대 미술 갤러리의 종이 가방을 움켜쥐고 있었다. 이제 내 유언장을 바꿔야 한다고 생각했다. 나는 브로치 수집품들을 다이앤에게 남겨 줄 것이다. 그렇게 하지 않으면, 열흘 후에 내 브로치들은 주로 암호화폐인 다른 모든 자산과 함께 내가 가장 좋아하는 자선단체인 '세이브 더 엘리펀트'에 기부할 것이다. 코끼리는 세계에서 가장 똑똑한 동물 중 하나지만, 고대 브로치를 수집하지는 않을 것 같다.

*

"어째서죠?" 지하철로 가는 동안 나는 다이앤에게 물었다. "어째서 전시회를 여는 데 15만 달러를 기증하는 것이죠? 이것이 정상인가요?"

"다시는 그러지 마세요." 그녀가 화를 했다.

"뭘요?"

"당신은 거기에 그저 지켜보기 위해서 함께 간 것이었어요. 베너가 자진해서 정보를 제공했다고 하더라도 당신이 한 일은 불법 수색이에요."

내가 베너에게서 결정적 자백을 이끌어낸 것 아닌가?

"하지만 나는…."

"우리는 증거를 잃을 수도 있었거나 더 나빠질 수도 있었어요."

"미안해요." 뒤통수 맞은 느낌이었다. 그 순간 나는 그녀를 위해서 브로치 수집품들을 코끼리들에게서 빼놓을 궁리 중이었으니까.

우리는 맨해튼의 소음을 견디며 침묵 속에서 한동안 걸었다. 그녀는 나를 쳐다보지 않고, 거리의 소음 때문에 거의 들리지 않는 목소리로 물었다. "그들의 암호화폐 거래에서 무엇을 얻을 수 있나요?"

"만약 델피안이 그렇게 조심스럽지 않다면…."

"잠시만요. 저는 이해가 안 됩니다. 암호화폐는 비공개라고 생각했는데… 만약 상자에 찍힌 바코드로 거래를 추적할 수 있다면…." 그녀는 갑자기 걸음을 멈춰 뒤에 있던 사람과 부딪힐 뻔했다. "오, 내가 이렇게 멍청했네요."

"다이앤, 당신이 짐작하듯이 그 바코드는 아무 쓸모가 없습니다." 그러나 내가 여백의 미가 대단한 아티카식 예술품에 대해 아는 게 없는 것처럼, 베너도 암호화폐에 대해서 잘 모르고 있다는 것이 밝혀졌죠."

그녀는 입을 삐죽이 내밀고 화가 난 것을 표시했다. 우리가 다시 걷기 시작했을 때, 그녀는 고개를 돌렸고 나는 얼핏 미소를 봤다. "그래도 제 생각에는 불법 수색입니다." 웃지 않으려고 애쓰면서 그녀는 말했다. "목적은 수단을 정당화하지 못합니다."

"열흘 후에 죽는다고 하면, 그렇게 됩니다."

"우리는 델피안들을 찾을 겁니다."

"아폴론이 악성 계약을 만든 프로그래머를 죽여서 보낸다면 어디서든지 박수를 칠 겁니다."

그녀는 무엇인가 말하려고 하다가 결국 아무 말도 하지 않았다. 4초는 횡단보도를 건너기에 충분하지 않았기에, 우리는 모퉁이에서 잠시 멈췄다. "당신도 알다시피 저는 예술사를 과학으로 다루는 훈련을 받았어요. 이것은 본능을 거의 믿지 않는다는 것을 의미해요. 하지만 이제 본능이 너무 강해서 믿어야 할 것 같아요."

"뭘 믿으려고요?" 내가 물었다.

"고대의 무엇인가가 수면에 떠오르고 있어요. 너무나 대단한 것이어서 오래도록 숨길 수는 없을 것 같아요."

"단지 본능적인 것인가요?"

"이유는 모르겠지만 왠지 마음속에서 그렇다고 해요."

"당신은 베너가 델피안이라고 생각합니까?"

"골동품상들은 비열해져요. 그들은 영업 사원이나 약장수처럼 이야기하죠. 저는 베너를 좋아하지 않지만, 델피에 대한 그의 열정은 진짜라고 생각해요. 불행히도 그에게 이메일 로그인 정보를 넘기라고 압력을 넣거나 영장을 받는 것은 어려울 듯해요. 델피안들이 그에게 무엇을 제공했는지 저도 궁금하지만…." 우리가 길을 건너기 시작하자 그녀의 목소리는 작아졌다.

"내가 바코드에 대해 약간의 거짓말을 한 것을 조수인 나탈리가 베너에게 알려 준다면, 그는 우리에게 더 이상 아무 말도 안 할 것입니다." 우리가 거리 반대편에 도착했을 때 나는 킥킥댔다. "만약 나탈리가 무엇인가 아는 것이 있다면, 설명해 줄 것입니다. 두 사람이 고통스러운 대화를 하고 있을 것 같군요."

다이앤은 듣고 있지 않았다. 그녀는 지하철역에 도착할 때까지 생각에 잠겨 있었다.

나는 다이앤에게 말하지 않은 것이 있었다. 베너의 갤러리에서 암호화폐 지갑이 담긴 상자를 열어 보았을 때, 이른바 '시드 단어seed words'라고 불리는, 손으로 쓴 목록을 사진으로 남겼다. 말하자면, 헬리오스 고대 미술 갤러리의 암호화폐 거래용 비밀번호였다. 금고에 보관해야 하는데, 이들은 아마추어였다. 이제 나는 그들의 돈을 훔칠 수도 있다. 물론 그렇게 하지 않을 것이다. 대신에 나는 다이앤과 헤어지자마자 그 거래를 추적할 수도 있다.

이 방법은 확실히 합법적이지 않을 뿐 아니라, 다이앤은 못마땅해 할 것이다. 불경한 행동을 하는, 잘 길들여지지 않는 해커를 고용하면 언제든 생길 수 있는 결과이다.

9장

"진짜일 리 없습니다."

"진짜이고 실시간입니다," 루카스가 주장했다. "보세요. 그 악성 계약을 실행시킨 미친놈들과 같습니다."

내가 헬리오스 고대 미술 갤러리에 있었던 2시간 동안, 루카스는 델피안들이 새로운 생텀 무기를 생성할 것이라는 경고를 받았다. 루카스는 델피안들이 스마트 계약에 대한 공격을 예측하고 있다고 주장했다.

델피에 있던 진짜 오라클은 예언을 했다. 하지만 스마트 계약 시스템에 있는 오라클은 단지 현재와 과거의 사실을 보고하지 미래를 보고하지는 않는다. 어쨌든 신의 힘은 아니다. 그래서 나는 루카스가 말도 안 되는 소리를 한다고 생각했다.

"그럴 리가 없어요. 도대체 무슨 일이 일어나고 있는지 보겠습니다."

루카스가 뒤에 서서 내 어깨너머를 보고 있는 동안 나는 온라인에 들어갔다. 오해의 소지가 있고, 발작적 상태에 빠진 뉴스들이 안개처럼 자욱하게 깔려 있었다. 하지만 전문가들의 분석을 찾는 데 오래 걸리지는 않았다. 델피안들의 예언은 무슨 신과 같은 마법의 결과는 아니었다. 더 나쁜 것이었다. 델피안들은 예언을 만든 것이 아니었다. 그들은 생텀의 기능을 이용해서 취약한 스마트 계약을 공격할 수 있는 사이버 무기를 보유하고 있다는 증거를 보여 주고 있었다. 그들은 그 증거를 '예언'이라고 부르고 있었다. 생텀은 그 사이버 무기의 코드를 어느 누구에게도 공개하지 않고 그 '예언'을 생성할 수 있게 했다. 생텀은 시뮬레이션 환경에서 사이버 무기 코드를 실행시키고 나서 내가 이미 앞에서 증명이라고 불렀던 것을 생성했다.

내가 이 모든 것을 검색하고 알아내는 동안, 루카스는 내 옆에 서서 아폴론 동전들을 만지작거렸다. 다행히도 루카스 같은 사람들이 훼손하는 것을 막기 위해서 투명 합성수지에 싸여 있었다.

"생텀을 무기화 했네요." 나는 스크린을 보면서 설명했다. "우리가 개발한 '증거 기능'으로 말입니다. 젠장!"

생텀의 '증거 기능'은 우리가 자랑스러워하는 것 중 하나였다. 이것은 무기로 만들 의도가 아니고 정반대였다. 증거 기능은 특정한 형식의 위험도가 높은 금융거래도 스마트 계약 시스템에서 안전하다는 것을 증명하는 것이었다. 예를 들면, 이 기능을 통해서 담보가 없는 사람들도 임시로 암호화폐로 대출을 받을 수 있다. 생텀은 대출자의 스마트 계약을 통해서 잠시 후에 대출을 갚을 수 있다는 것을 증명해 준다. 이 아이디어를 '멀티 블록 플래시 론'이라고 부른다. 델피안들은 이와 같은 생텀의 증거 기능을 완전히 바꿔서 다른 유형의 증거, 그러니까 그들이 '예언'이라고 부르는 증거를 생성했다. 그들은 생텀 안에 공격 코드를 넣었고, 생텀은 그 코드가 정확히 작동한다는 것을 증명했다. 이것은 델피안들의 공격이 시작되면 성공할 것이라는 것을 의미하는 것이었다.

"그리고 무서운 것이 뭔지 아십니까?" 나는 말했다.

"당신이 말해 준 것보다 더 무서운 거요?"

"여기 당신의 마이클 크라이튼이 있습니다. 그리고 여기에 사이버상에서 물리적 시스템을 위한 펌웨어를 제어하는 스마트 계약이 있습니다. 전구나 냉장고나, 또 뭐가 있는지 잘 모르겠군요."

"그러면 그들은 증거로…."

"당신의 냉장고를 녹여서 불을 지르거나 전구를 섬광 조명으로 만들어서 뇌전증이 있는 사람에게 발작을 일으킬 수도 있죠. 기술적 장애물을 넘어선 것입니다. 나는 이 생각이 터무니없다고 말했지만, 돌이켜보니, 일주일 전에는 내가 죽을 날이 정해질 줄 몰랐었죠."

"코로나 같군요." 루카스는 한숨 쉬면서 말했다. "처음에는 그저 중국에서 코를 훌쩍이는 사람 몇 명 정도라고 생각했었습니다. 그러고 나서는 주변 사람들이 죽기 시작했고 경기 침체가 시작되었죠. 몇몇 이유로, 테크 커뮤니티에서는 우리를 봉쇄하려 할 것입니다. 델피안들은 왜 이러는 것입니까? 진정 아폴론을 숭배하는 테러 집단인 것입니까? 미친놈들인 건가요?"

"그들이 나를 왜 죽이려 하는지 정도만 알고 그 이상은 알지 못합니다. 지금 인터넷에서 살펴보니, 그들은 '가이아X'라고 불리는 2등급의 통합 자산 시스템에서 사이버 무기의 파괴성을 증명하고, 만 달러 정도를 훔치는 데 생텀을 사용했습니다. 이전에는 가이아X를 들어본 적이 없는데, 어떤 면에서는 좋은 소식입니다. 그들은 성공적으로 공격할 만한 것을 찾기 위해 암시장으로 가야 했을 것입니다. 매우 나쁜 일이지만, 만 달러는 껌값이죠. 아직까지는 사이버 물리 공격은 없고, 녹아버린 냉장고도 없군요."

"단지 시작일 뿐입니다. 만약 천만 달러나 1억 달러 아니면 수십억 달러가 되면 어떻게 하겠습니까?"

"원칙적으로 쉽지는 않을 것입니다. 생각해 보세요, 만약 그렇다면 누군가 벌써 그런 돈을 훔쳤을 것입니다."

"좋습니다. 이 사람들이 다른 사람들에게는 없는 힘이 있다고 가정해 봅시다."

"아폴론을 의미합니까?"

"비슷합니다." 루카스는 목소리를 낮추고 주위를 둘러보면서 마치 엿듣는 올림피안을 찾으려는 듯했다.

"그리고 일부 피해는 피할 수 없을 것입니다." 나는 말했다. "이런 계약 중 일부는 업그레이드할 수 있는데 만약…."

"버그가 어디 있는지 찾을 수 있습니까? 아니면 진짜로 모릅니까?"

"모릅니다. 그것이 문제입니다."

"델피안들이 우리가 지난주에 생텀을 출시한 뒤에 이 모든 것을 했단 말입니까?"

"루카스, 어쩌면 사이버 무기는 아닌 듯합니다."

"그러면 생텀에서 그들이 사용한 증거들은 어떻습니까?"

"그들이 지난주에 이 모든 것을 해냈다는 것은 믿기 힘듭니다." 내 말에 루카스는 이마에 손을 얹었다. "우리가 뚫린 것일까요? 해커들로 구성된 크랙[49] 팀이 있을 것입니다. 아마 우리 네트워크 안에 있을 테죠."

"보세요, 우리는 누군가 코드를 훔치는 것에 대해서 절대 걱정한 적이 없습니다. 우리의 가장 큰 걱정은 사람들이 우리가 사용하는 것을 조작하는 것이었습니다. 코드는 오픈 소스이고 어차피 다 공개된 것이니까요. 그러니 누가 훔치겠습니까?" 그는 고개를 들고 소리쳤다. "코린!"

코린은 브리지에 있는 그녀의 책상에서 우리를 쳐다봤다. 그녀는 걸어

49 컴퓨터 시스템 내에 침입하는 행위.

올렸던 카디건의 소매를 펴서 팔뚝 아래로 내렸다. 그녀는 두 손으로 팔을 꽉 껴안은 채 우리 쪽으로 걸어왔다.

"어제 우리가 말했던 것을 실행하는 데 얼마나 걸리겠습니까?" 루카스가 그녀에게 물었다.

"오래지 않습니다. 그에게는…" 그녀는 나를 보며 말했다. 턱을 내 쪽으로 밀었다. "며칠 정도죠. 우리에게는 1~2주가 남았습니다. 게다가 코드 검토와 테스트도 필요합니다. 이걸 해야만 합니다. 하지만…."

"무슨 말을 하는 겁니까?" 나는 물었다.

"탈출구입니다. 당신도 알다시피, 우리는 커뮤니티에 투표를 통해서 위원회를 임명하도록 할 것입니다. 위원회는 생텀에서 위험한 계약을 해제하거나 재앙적인 일이 발생할 경우, 그것의 비공개를 해제할 수 있습니다."

"그렇겠죠. 그 탈출구를 배치하는 데만 몇 달이 걸릴 겁니다. 그러고 나서 커뮤니티에서는 누가 위원이 될지를 두고 몇 년간 논쟁을 하겠죠. 그동안 내 무덤 속 벌레들은 아마 불을 발견하고 글쓰기와 소득세를 발명할 겁니다. 결국 연장자 위원회 대신에 당신은 소셜미디어에서 목소리가 가장 큰 사람들을 얻을 겁니다. 그러면 무슨 의미가 있죠?" 루카스와 코린은 서로를 보았다. "자, 괜찮아요. 루카스, 나는 당신이 압박을 받고 있다는 것을 알고 있어요. 하지만 나도 그렇죠. 나는 델피안들을 멈춰야 해요. 그들이 누구든지 간에 당장 말입니다."

"현실은 우리가 할 수 있는 것이 많지 않다는 것입니다." 루카스가 말했다. "유감입니다." 그리고 코린에게 속삭였다. "내 사무실에서 이야기합시다."

나는 책상 옆에 있는 커다란 아치 창문으로 걸어가서 하이 라인 파크를 바라보았다. 이름 모를 수천 명의 사람들이 매일 지나간다. 따스한 늦은 봄날 저녁, 이들은 흐름을 만들었다. 그 흐름은 또 다른 자기중심적 관광객이 산책로 한가운데로 돌진하면서 순간 흩어졌다. 내 사무실 창문을 배경으로 셀카를 찍기 위해 세상을 다 가진 듯 웃고 있을 것이다. 나는 저 사람은 자기가 세상의 배꼽이라고 생각할 것이라고 중얼거렸다.

나는 전문가는 아니지만, 고대 세상에서의 삶은 우리의 미친 현대보다 더 불확실했다고 확신한다. 의학은 원시적이고 사람들은 일찍 죽었다. 고대의 전염병은 우리 현대의 전염병을 콧물 정도로밖에 보이지 않게 만든다. 일기예보는 없었고 과학은 원시적이었다. 심지어 그리스 사람들은 바위가 자갈보다 빨리 떨어진다고 믿었고, 고대 그리스의 아리스토텔레스는 물체를 높은 곳에서 떨어뜨리면 무거운 것은 가벼운 것보다 훨씬 빨리 떨어진다고 주장하였다. (하지만 사실 2개의 쇠구슬을 높은 곳에서 떨어뜨리면 무게에 관계없이 동시에 땅에 떨어진다.) 세상의 중심을 알고 있다는 것만이 위안이 되었을 것이다. 신성한 돌로 표시되어 있는 신비한 지혜가 솟아나는 곳.

후대의 델피안들이 깨달은 것은 스마트 계약이 우리를 전혀 다른 세상으로 등 떠밀고 있다는 것이다. 결정론적 영역으로 수학적 확실성이나 적어도 측정 가능한 확률인 디지털 영역인 것이다. 대부분의 대형 컴퓨터 네트워크에서는 프로그램들은 서로 예측할 수 없는 상호 작용을 한다. 하지만 특별히 스마트 계약 그리고 더 일반적으로는 블록체인은 입력을 기계적으로 처리한다. 주사위를 굴리지 않는다는 것이다. 스마트 계약에 입력하는 하나의 값은 가능한 하나의 출력만을 생성할 것이다. 스마트 계약의 모음에 넣는 가상의 입력값 세트는 자주 특정한 결과가 일어날지 아닐지에 대한 수학적 증거를 계산할 수 있다. 만약 아폴론이 정말 수천 년 전에 존재했다면, 아마 그의 예언 능력도 이런 것일 듯하다. 그는 필멸의 세상 장치에 대한 올림포스 신들의 컴퓨터 모델에서 코드 일부를 실행한 것일 수 있다. 아폴론은 신성한 확신을 가지고 군대가 어디를 정복할 것인지, 함대를 창설할 것인지, 도시가 부상할 것인지, 왕국이 몰락할 것인지를 예언했을 것이다.

보통 책상 옆의 창문을 바라볼 때면 멍하니 있었다. 그러나 지금 악성 계약을 멈출 수 있는 날이 열흘밖에 남지 않았기에 아폴론과 그의 델피안들에 대한 생각이 머릿속에서 떠나지 않았다. 내 마음은 델피안 코드의 뚫을 수 없는 표면을 맴돌고 있었고, 이용 가능한 균열을 찾기 위해서 필사적이었다. 수십 년간 쌓아온 해커의 직관을 모두 사용했다. 하지만 내가 할 수 있는 것은 거의 없었다. 악성 계약들, 델피안들의 '예언' 그리고 베너가 받은 얼마간의 암호화폐 정도가 다였다.

*

헬리오스 고대 미술 갤러리의 암호화폐 지갑이 들어 있는 박스에서 발견한 시드 단어로 베너의 암호화폐 주소를 재구성했다. 재구성한 주소로 블록체인에서 그의 거래를 찾는 것은 쉬웠다. 그는 4번의 거래에서 각각 75,000달러씩 전부 약 30만 달러의 암호화폐를 받았다.

중요한 단서가 될 수 있는, 돈을 보낸 주소나 주소들을 찾고 싶었다. 왜냐하면 델피안들과 연결된 것이 거의 분명해 보였기 때문이었다. 결국 많은 델피 전시회에 익명으로 투자할 만한 돈을 가진 사람이 누가 있을까? 델피안들이 너무나도 공개적으로 일을 하는 것을 보면 악성계약의 자금줄에 관해서는 매우 조심스럽게 움직일 것이다. 온라인 상에서 추적 불가능하게 행적을 모두 없애 버렸을 것이다. 하지만 그들은 헬리오스 고대 미술 갤러리에 지불한 금액에 대해서는 덜 조심스러웠을 수 있다. 왜냐면 그 거래는 비밀리에 이루어졌기 때문이었다.

베너가 받은 돈은 '믹서'라는 익명성 서비스를 거친 것이었다. 델피안들이 그들의 정체를 숨기기 위해서 그들의 암호화폐를 세탁했다는 것을 의미했다. 믹서는 스마트 계약이 운용하는 돈을 넣는 커다란 항아리이다. 한 사용자의 화폐와 다른 사용자의 화폐를 구별할 수 없게 하기 위해서 수많은 유저들의 돈을 항아리에 저금해서 섞는다. 하나의 블록체인 주소를 이용해서 항아리에 돈을 넣은 유저는 완전히 다른 주소를 사용해서 항아리에서 돈을 인출할 수 있다. 암호화폐 거래에서 익명성을 사용하는 것은 경찰 감시팀에 혼란을 주기 위해서 빨간색 무스탕을 타고 큰 주차장에 들어가서 검은색 프리우스를 타고 나오는 것과 같다. (물론 가발도 쓰고서 말이다.)

그러나 믹서에는 한계가 있다. 앞선 비유를 이어가자면, 경찰 감시팀들이 주차장에서 차를 교환한다는 것을 알고 있고 주변에 아무도 없는 새벽 2시에 차를 교환한다고 가정해 보자. 그러면 이 속임수는 통하지 않는다. 그 감시팀은 5분 후에 나오는 검은색 프리우스를 분명히 알아볼 것이다. 가발을 썼어도 말이다.

어떤 믹서들은 마치 새벽 2시의 주차장과 같다. 사용자가 많지 않다면 잘 작동하지 않는다. 주차장에 차는 많지만 들어가고 나가는 차량이 거의 없다면 누구인지 금방 알아볼 수 있을 것이다. 즉 혼잡노가 충분하지 않다면 믹서는 완벽한 익명성을 제공하지 못한다는 말이다.

또한 헬리오스 고대 미술 갤러리에 지급한 돈처럼 믹서를 통해서 많은 돈을 한꺼번에 보내는 것 역시 결과적으로 익명성을 떨어뜨린다. 델피안들이 그랬던 것처럼 수십만 달러 규모의 암호화폐를 대규모로 세탁하는 것은 버스를 탄 서커스단 전체가 주차장에서 차량 교체 작전을 하려는 것과 좀 비슷하다. 금방 들통난다. 애디튼은 정보 기관, 법 집행 기관 및 은행에서 자금 세탁, 사이버 범죄 및 제재 회피를 탐지하는 데 사용하는 유형의 상업용 블록체인 분석 도구에 액세스할 수 있다.

이런 종류의 도구는 믹서를 완전히 해제할 수는 없다. 그러나 믹서에서 발생하는 암호화폐 거래를 고려해 보면 가능한 발신 주소 목록을 계산할 수 있다.

거의 확실하게, 델피안들은 특별한 예방책을 취했을 것이다. 그들은 믹서를 통해서 한 번 이상 암호화폐를 보냈거나 아니면 서로 다른 믹서 체인을 통해서 보냈을 것이다. 블록체인 분석 도구는 사용 방법을 잘 알고 있다면, 그런 일이 발생하더라도 도움이 될 수 있다. 나는 델피안들이 베너에게 돈을 보낸 블록체인 주소나 주소를 포함할 수 있다고 생각하는 최종 주소 목록을 작성했다. 거기에는 한 가지 문제가 있었다. 최종 목록이 짧지 않다는 것이다. 2,000개가 넘는 주소가 있었다.

연방 수사국(FBI)은 더 나은 도구를 가지고 있거나, 더 나은 도구를 가지고 있을 다른 세 글자 기관과 접촉할 수 있을 것이다. 그들이 내가 찾은 최종 목록의 길이를 줄이고, 무엇인가를 할 수 있을지를 알아보기로 했다. 물론 출처를 밝히고 싶지는 않았다. 다시 말하자면 헬리오스 고대 미술 갤러리의 거래에 대해서 어떻게 알게 되었는지 설명해야 하는 것을 원하지 않는 것이다. 연방 수사국(FBI)은 방법과 출처를 은폐하기 위한 나름의 수법을 가지고 있다. 그들이 가장 좋아하는 것은 이야기가 잘 이어지는, 그러니까 그림이나 사진이 함께 놓여 이해가 쉬운 커버스토리이다. 나는 대가들에게서 단서를 얻기로 마음먹었다.

*

다음날 아침 영상통화를 했을 때 워커가 내 소설에 수긍을 할지에 대해서는 알 수 없었다.

"그래서 당신과 다이앤에게 그리스 항아리를 팔려고 했던 남자가 그저 당신에게 그 거래에 대한 날짜와 금액을 알려 줬다는 말입니까?" 워커가 의자에 기대고 커다란 한 손을 책상 모서리에 둔 것을 볼 수 있었다. 그가 손을 들어 올리면 움푹 패어 있는 것을 볼 수 있을 것이라고 상상했다. 다른 한 손은 다시 로트링 연필을 돌리고 있었다. 이번에는 검은색이었다. 우리가 이야기하는 동안 찾아보았는데, 참 멋진 물건이었다. 나도 하나 갖고 싶었다.

"대략적인 날짜입니다." 다이앤은 기술적 세부 사항은 알지 못할 것이기 때문에 나에게 반박할 수 없었다. "베너는 컴맹이고 그래서 자기가 뭘 하는지도 몰랐을 것입니다."

"그리고 당신이 블록체인상에서 그가 거래한 자금에 대한 정보를 얻었다는 것입니까?"

"맞습니다."

"그러고 나서 당신은 블록체인 분석 도구를 썼다는 것이군요. 연쇄 분석입니까, 타원 분석입니까, 아니면 다른 것입니까?"

"멀리 가지 못했습니다. 당신들이 더 좋은 도구를 가지고 있길 바랍니다. 아니면 더 좋은 도구를 가진 친구가 있든가요."

"저는 좋은 친구들이 있지만, 그들은 저에게 많은 이야기를 해주지는 않습니다. 자, 암호화폐 거래는…."

"당신에게 이 목록을 넘길 수 있습니다. 그리고 당신 친구들에 대해서 질문이 있습니다. 어쩌면 그들에게 하는 질문일 수도 있습니다."

"좋아요, 말해 봐요!" 워커는 낮게 뇌까렸다.

"그 악성 계약의 문제점은 델피안들이 그냥 시작하고 떠나 버릴 수 있다는 것입니다. 우리는 그 계약으로 통하는 다른 거래를 절대 볼 수 없을 것입니다. 당신 친구들은 델피안들의 거래를 서버까지 거슬러 올라가서 추적할 수 있습니까?"

그는 얼마나 많은 이야기를 해야 할지 가늠하기 위해서 시선을 돌렸다. "만약 그들이 할 수 있다면 했을 것입니다. 하지만 밝혀낸 것은…" 그는 잠시 멈췄다. "당신보다 많이 밝혀내지는 못했습니다."

"만약 델피안들이 생텀과 상호 작용을 하고 있고, 우리가 어느 트래픽이 그들의 것인지를 알고 있다면 그들을 찾을 수 있을까요?"

"그들은 토르(Tor)[50]를 사용할 것입니다. 당신은 뭔지 알 겁니다."

이것은 목수에게 전동 톱이 뭔지 묻는 것과 같았다.

"넵, 들어본 적이 있습니다. 인터넷 트래핑을 수많은 더미 머신을 통해서 라우팅해서 익명으로 만드는 것이죠. 그러나 당신 친구들은 에고티스티컬-지라프[51]처럼 토르를 다룰 수 있는 방법을 알고 있을 것입니다. 내가 국가안보국(NSA)의 프로그램과 환상 같은 이름을 조금 알고 있는 것에 대해서 스노든[52]에게 감사해야 할 것입니다."

"자기 홍보만 하는 보잘것없는 헛소리꾼일 뿐입니다." 그는 버럭 댔다. "당신 말고 스노든 말입니다." 그는 고개를 저었다. "저는 제 친구들이 이 전 트래픽을 가지고 당신이 원하는 것을 할 수 있을지 의심스럽습니다. 단지 제 의견일 뿐입니다. 마법사는 제 역할이 아닙니다." 그는 마법의 힘을 나타내려는 듯 그의 손가락을 꿈틀거렸고, 연필의 회전 속도가 올라갔다.

"만약 암살자들이 우리가 알고 있는 새로운 계약을 실행하도록 할 수 있다면 그럴 겁니다. 우리가 감시하고 있는 그곳에 암호화폐를 보내도록 할 수 있다면 말이죠. 하지만 당신이 어떻게 될지 모르겠어…" 그가 돌리던 연필 모터가 정지했다. "잠시만요, 제 핸드폰이 계속 울리네요." 그는 핸드폰을 꺼냈다. "젠장."

---

50 The Onion Router의 약자. 익명 통신을 가능하게 하는 무료 오픈소스 소프트웨어.

51 EGOTISTICALGIRAFFE. 온라인 시스템에서 익명의 사용자의 신원을 알아내기 위한 기술.

52 에드워드 조지프 스노든(Edward Joseph Snowden). 미국 중앙정보국(CIA)과 미국 국가안보국(NSA)에서 일했던 미국의 컴퓨터 기술자로, 미국 국가안보국(NSA) 기밀 자료를 폭로한 내부고발자이다.

그리고 나를 봤다.

"문제가 있습니까?"

"다이앤의 정보원, 비가노 교수가…."

"그에게 무슨 일이 생겼나요?" 나는 이미 답을 알고 있었다. 하지만 두려움에 잠식되어, 나는 그것에 대해서 듣는 것을 잠시라도 늦추고 싶었다.

"죽었습니다."

*

"울혈성 심부전[53]이라고해요." 다이앤은 스카프를 만지작댔다. 워커에게서 소식을 듣고 나는 서둘러 그녀의 사무실로 갔다. "검시관의 사전 검사입니다. 확실치는 않지만, 지금 시점에서는 살인으로는 보이지 않는다고 해요. 스트레스성일 수 있다고 합니다."

"충분히 일어날 수 있는 일입니다." 나는 말했다. "내 음식 섭취량은 2배가 되었으며 잠은 반으로 줄었습니다. 자는 대신 먹습니다. 그리고 팔에 가려움증이 생긴 것을 알아차렸는데 그것은…."

"비가노 교수는 오래도록 저와 함께 일을 했어요. 저는 그를 마치 쇠로 된 몸통에 옹이로 가득한 고대의 나무라고 생각했어요." 그녀는 계속해서 서성댔다. "질병, 곤충, 번개, 도끼질에도 살아남은 그런 나무요. 어떤 것으로도 죽일 수 없는 그런 종류라고 생각했어요. 하지만 나무는 심장이 없죠. 그리고 무엇인가 그의 심장을 멈추게 한 것이…."

비가노 교수에 대한 그녀의 찬사는 방 안에 있는 우울증 환자를 달래기 위해 계산된 것은 아니었다. 내 마음속에서는 기묘하게 느껴졌다. 나는 그녀의 사무실 창문이 잘 열리지 않는 종류라는 것을 알았다. 심지어 내부 열 패널을 가지고 있어서 밀실 공포증마저 느낄 정도였다.

53 다양한 원인에 의해 심장이 신체에 필요한 혈액을 충분히 공급하지 못하는 심장 기능 저하 상태.

"…그는 몇 년 전부터 조직범죄의 표적이 되었어요. 그래서 계속 숨어 지냈어요. 발굴 작업 중 사고를 당해서 장애도 생겼고, 하루에 담배 수십 개비를 말아서 피웠습니다. 이 모든 역경 속에서도 살아남은 사람입니다."

"아마 그 마지막 담배가 그를 죽였을 것입니다." 비흡연자이기에 나 자신을 위로하려고 말했다. "만약 검시관이 틀렸고 살인이라면, 우리는 하루도 안 되어서 알아낼 수 있습니다. 계약은 유효한 청구가 제출된 후 7시간 후에 공개적으로 현상금을 지급하도록 설계되어 있어요. 현상금이 지급된다면, 누군가 콜링카드를 등록했다는 뜻이고 이것은 살인이라는 의미이기도 합니다."

"아마도 비가노 교수의 미친 이론이 정말 신성모독이었을 수 있어요."

"다이앤, 당신 말은 아폴론 그러니까 문자 그대로 아폴론이 그를 죽였다는 말입니까?"

"제 뜻은… 저도 모르겠어요." 그녀는 책상 끝에 앉아서 계속 학대받던 스카프를 다시 원래 모양으로 만들었다. "저는 그의 안전을 책임졌지만 그는 제 말을 들으려 하지 않았어요."

"알고 있습니다."

다이앤은 내 뒤에서 다시 서성대다가, 갑자기 내 어깨를 잡았다. 나는 거의 심장마비에 걸릴 뻔했다.

"당신의 죽음을 가장해야만 해요."

나는 천천히 숨을 쉬었다. "뭐, 재미있네요. 왜냐하면 나는 이제 우리가 그들을 찾아야 한다고 생각하게 됐습니다. 델피안들 말입니다. 우리는 그들을 찾아야 합니다. 그렇지 않으면, 그들은 다시 공격할 겁니다. 만약 킬 스위치가…" 아니, 이 단어는 적절하지 않다. "…오프 스위치가 영구적 해결책일 것입니다."

"당신은 두렵지 않나요? 왜죠?"

"물론 두렵습니다. 공포에 사로잡혀 당신 사무실 바닥에 널브러지지 않는 것은 잠깐씩 돌아오는 평정심 덕분입니다. 나는 앞으로 다음 주 금요일까지 죽는 것보다 살아있는 것이 암살자들에게 더 가치 있다는 것을 알아차렸습니다. 만약 내 목에 걸린 현상금이 활성화되기 전 죽는다면 그들은 돈을 받을 수 없습니다."

그녀는 듣지 않았다. "여기서 나가요." 그녀는 책상에서 지갑을 낚아챘고 나는 그녀를 빨리 따라갔다.

뉴욕에서 정통 프렌치 페이스트리를 구할 수 있는 유일한 장소인 메종 스테른에서 다이앤은 에클레르와 초코 타르트를 주문했다. 덕분에 나는 거대한 아몬드 크루아상을 얻을 수 있었다. 그 속은 마지팬[54]으로 꽉 차 있었고, 마치 트럭으로 누른 것처럼 진득한 질감을 느낄 수 있었다. 스테른의 디저트들은 너무나 맛있어서 곡물을 먹지 않겠다는 원칙을 어겼고, 초콜릿보다 더한 것을 먹었다.

"저는 지금은 프랑스계 미국인이에요. 프렌치 페이스트리를 먹지만 미국인처럼 너무 많이 먹죠." 그녀는 내가 이미 아몬드 크루아상을 반이나 해치운 것을 알아차렸다.

"더 열심히 노력하셔야 합니다. 당신이 미국 시민권 시험을 통과하려면 아이스크림 쿼터 한 통을 한꺼번에 먹어야 합니다."

늦은 오후였다. 레스토랑에 있는 작은 바의 거울은 빈 나무의자와 예약석을 비추고 있었다. 워커와 이야기한 뒤, 나는 델피안들의 코드를 좀 더 자세히 조사하고 싶어서 몸이 근질댔지만 다이앤은 무슨 할 말이 있는 것이 분명했다. 다이앤은 페이스트리 2개를 번갈아가며 조심스럽게

---

54 아몬드와 설탕 등을 섞어 만든 반죽.

한 입 크기로 잘라서 천천히 씹었다. 그녀의 초코 타르트는 내 크루아상보다 더 매력적으로 보였다.

"어떻게 외국 땅에서 이색적인 일을 하게 됐나요. 다이앤?"

그녀는 웃었다. "저는 고등학교 때 1년간 이곳에서 살았었어요. 그리고 남자친구 때문에 다시 여기 대학원에 왔어요. 그는 미국인이었죠."

"였다고요?"

"우리는 팬데믹 때까지 몇 년간 함께 살았어요. 격리 중에 우리는 서로를 싫어한다는 것을 알아차렸구요."

"안됐군요." 나는 전혀 그렇지 않았다

"예술사와 연방 수사국(FBI)은 뭐 긴 이야기예요."

"듣고 있습니다."

"제가 어렸을 때…" 그녀는 잠시 멈췄고, 포크에 가득한 에클레어가 공중에서 맴돌았다. 그녀는 나를 얼마나 믿을 수 있을지 결정하는 듯했다. 그녀는 포크를 내려놓았다. "나는 완벽한 프랑스인이라고 생각하거나 행동한 적이 없었어요. 내 부모님은 홍콩에서 프랑스로 이민 가셨죠. 당신도 알겠죠. 우리 가족의 성(姓)을 그러니까 내 아버지가 뒤메닐로 바꾸셨는데, 귀족적으로 들린다고 생각하셨죠. 아버지는 샴페인 병에서 영감을 얻으셨대요. 나는 이 이름을 사랑하지만 서투른 전략이기도 했어요. 프랑스는 미국과 다르죠. 프랑스인으로 동화되는 길은 하나인데 바로 문화를 통해서죠. 그래서 프랑스인보다 더 프랑스인처럼 되려고 노력했어요. 그랑제콜[55] 중 하나인 에콜 노르말 쉬페리외르에서 역사를 공부했죠. 들어본 적이 있나요?

"아니요."

---

55 프랑스의 고등교육기관. 엄격한 선발과정을 거쳐 소수 정예의 신입생을 선발하고, 각 분야에서 최고 수준의 교육을 통해 프랑스 사회의 엘리트를 양성한다.

"프랑스만의 독특한 시스템이 있긴 하지만, 아이비리그와 비슷하죠. 몇 년 동안 공부한 후에 나는 자신의 성(姓)에 예술품을 모으는 부유하고 오래된 가문의 진짜 프랑스 사람보다 더 프랑스 예술에 대해서 잘 알게 되었어요"

"그리고 연구를 한 것인가요?"

그녀는 에클레르가 든 포크를 집어 들었다. "역사를 아는 것과 소유하는 것은 다른 것이죠. 나는 어렸고 그것을 깨닫지 못한 채 더 깊이 파고들기로 결정했죠."

"그래서 당신은 고고학 발굴지에 땅을 파러 간 것이군요."

"비유적이군요." 그녀는 다시 포크를 내려놓았다. "프랑스어는 라틴어에서 파생된 것이에요. 프랑스 문화는 근본적으로 로마와 그리스 문화에서 비롯된 것이죠. 대학원에서 저는 고전 미술과 고고학을 공부했어요. 아시겠지만, 프랑스의 모든 것에는 로마 문명이라는 층이 있습니다. 제 성(姓)인 뒤메닐처럼요. 이것은 라틴어인 만시오mánsĭo에서 나왔는데 이 단어는 로마 제국의 공식 숙소 중 한 종류를 의미해요. 하지만 더 깊은 층이 있어요. 더 정교하고 신비롭죠. 바로 그리스입니다."

"당신이 그것을 알게 되었을 때 무슨 일이 일어났나요? 당신은 결국 더 프랑스인처럼 느끼게 됐나요? 프랑스인보다 더 우월하다고 느꼈나요?"

"브루클린으로 이사 왔을 때보다 더 프랑스인이라고 느껴본 적은 없네요." 그녀는 웃었다. 환심을 사려는 웃음이 아니라 진정한 웃음이었다. "프랑스 사람들은 정말 많죠. 그래서 프랑스를 떠나서 행복하고 마음이 열렸죠. '트레스 브루클린Très Brooklyn', 당신은 이것이 무슨 뜻인지 아나요?"

"아니요."

"멋진 음식, 높은 품질, 유행."

"어쨌든 그래서 당신은 고대 그리스에 빠져들었군요."

"드라마, 철학, 민주주의, 배심원에 의한 재판, 의학, 이 모든 것이 지중해의 작은 지역에서 특정한 역사적 시간에 발명되었죠. 이것은 뜨겁고 밀집도가 높은 아이디어의 핵심에서 온 문화적 폭발이었어요. 초신성인 것이죠. 무슨 일이 일어난 것일까요? 나에게 이것은 우리 문명의 신비이고 내 삶의 신비였어요." 그녀는 내 반응을 보면서 잠시 멈췄다. 나는 첼시 마켓에서 그녀가 나를 처음 만났을 때 미쳤다고 말했던 것을 기억하고 있었다. 나는 그것을 곱씹는 데 완전히 몰두하고 있었다.

"가장 중요한 순간은," 그녀는 계속했다. "아테네인들이 그들의 도시를 버리고 페르시아인들과 바다에서, 살라미스 해전[56]에서 싸우기로 했을 때였어요. 그들이 그렇게 한 이유는 '나무의 벽이 너희들을 구할 것이다'라는 신탁 때문이었죠. 아무도 그것이 무엇을 의미하는지 몰랐지만 아테네인들은 나무 벽이 그들의 함대를 의미한다고 결정했어요. 그런 추론적 선택이 없었다면 거대한 페르시아 제국이 그리스를 삼켜 버렸겠죠. 그랬다면 페리클레스도 없었을 것이고 플라톤이나 투키디데스도 없었을 테죠. 드라마나 민주주의도 없고 파르테논도 없었겠죠. 아마도 서양문화도 없었을 것입니다. 그 예언 하나가 세상을 바꿨어요. 그것은 어디서 왔을까요?"

나는 마지막 마지팬 덩어리를 삼켰다. "델피?"

"내 동료들은 이런 역사의 모든 것에 대해서 신경 쓰지 않죠. 하지만 당신이 헬리오스 고대 미술 갤러리에서 그 브로치를 갖고 싶어 하는 것

56 기원전 480년 9월, 지중해 동부 키프로스 섬의 동쪽 해안인 살라미스에서 페르시아와 그리스 연합군 간에 벌어진 해전. 이 전투에서 그리스는 수적 열세에도 불구하고 페르시아 해군을 격파하고, 페르시아와의 전쟁에서 중대한 전환점을 만들었다.

을 보았을 때….”

“아, 그것에 대해서는…” 나는 말을 삼켰다. “솔직히 말해서 그 방을 가로질러 갔을 때도 알아차리지 못했지만….”

그녀는 입술을 열면서 무시하듯이 손을 흔들었다. “고대인들은 남성 해부학을 사랑했죠. 신경 안 써요. 당신이 그저 컴퓨터에만 매달린 사람이라고 생각했죠. 하지만 그 브로치가 갤러리를 가로질러 당신을 부르는 것을 봤을 때, 내가 틀렸다는 것을 알게 되었죠. 당신은 이해할 수 있을 것이라는 생각이 들었어요.”

“정확히 무엇을 이해한다는 말인가요?” 영혼의 중심이 고대 세계에 있는 집단에 그녀와 내 할아버지가 포함되어 있는 것인가? 모르는 사이에 나도 들어가게 된 것인가?

그녀는 생각을 떨쳐 내려는 듯 고개를 흔들었다. “비가노 교수는 죽기 전 내가 어떤 것을 추적하는 것을 돕고 있었어요. 암시장에서 파는 무엇인가를… 델피와 관련된 새로운 물건들이었는데 약탈된 것들이죠. 매우 중요한 것으로 내 정보원 중 한 명이 그것들을 보고 연락했어요.”

“이제 알게 될 거예요.” 그녀는 자신의 핸드폰을 힐끗 보고서는 반쯤 먹은 페이스트리를 밀어냈다. “죽어 가는 스타를 만나러 갈 시간이에요.”

10장

나는 사람들이 자신의 내부 성소나 자신만의 영원한 불을 가지고 있는지 궁금하다. 마음속의 신성한 장소인 그곳은 사랑, 상실감 또는 소속감 같은 일종의 원시적 힘으로 지탱되는 곳이다. 어린 시절 배운 피아노, 오래도록 사용하지 않은 언어, 자주 외우는 시 같은 기억의 모음 같은 것들이다. 어떤 지식의 핵심은 향수에 의해서 뇌 깊숙한 곳에 새겨져서 생각과 기억을 파괴하는 치매에도 살아남는다.

소렌 메르카터에게 이런 내부 성소는 고대 세계였다.

다이앤과 악수를 했을 때 노인의 얼굴은 밝아졌다. 그녀가 누군인지 알아본 것인지 아니면 그저 예쁜 여자를 봐서인지는 알 수 없었다. 다만 그가 너무 오래 손을 잡고 있자, 그녀는 어색해서 슬그머니 손을 뺐다.

나를 소개하며 그와 악수를 나눴다. "네가 누군지 모르겠네." 그는 말했다. 그의 흐릿한 푸른 눈은 뭔가 떠올리는 듯했고, 내 입술로 시선을 옮겼다.

"우리는 전에 한 번도 만난 적이 없었을 것 같습니다. 영광입니다."

나는 전에 한 억만장자를 만났던 것이 기억났다. 내가 이전에 만났던 유일한 부류는 암호화폐로 반짝했지만 별 볼 일 없는 이들이었는데, 지금 만나는 쪽은 차고에 가득한 람보르기니의 자동차 보험금 따위는 신경 쓰지 않는 부류로 보였다. 다이앤이 우리가 소렌 메르카터를 방문한다고 지하철에서 말했을 때, 나는 그의 사무실이 엄청나게 화려할 것이라 상상했다. 대리석 기둥이 늘어선 현관? 50피트 높이의 천장? 금 책상? 금 화장실? 나는 코넬대학교를 다니던 시절에 본, 그의 이름을 딴 캠퍼스 건물들을 기억했다. 그는 진정한 부동산계의 거물로 은퇴할 때도 '포브스 400'[57]의 아래쪽 절반에서도 중간 정도였다. 은퇴 이후에는 자선 사업과 고전 예술품 컬렉션을 확장하는 쪽으로 눈을 돌렸다.

우리는 엘리베이터를 타고 27층에서 내렸고 불투명 유리문을 통해서 그의 사무실로 들어갔다. 가장 먼저 보인 것은 피프스 애비뉴[58] 주소가 있는 금빛의 고정판이었다. 맨해튼 시내가 보이지 않는다면, 이 사무실은 1995년 토피카[59]에 있는 회계사 사무실이라고 생각해도 될 것 같았다. 베이스 보드를 비롯한 모든 것들이 황갈색으로 칠해져 있었다. 베니어 합판으로 만들어졌다는 것만 알 수 있는 그 책상에는 종이와 잡동사니로 가득했다. 사무실을 쓰는 사람이 토피카의 세무사가 아니라는 것을 분명히 해주는 것은 클린턴, 오바마 그리고 A급 인텔리 유명 인사들과 친근한 포즈를 하고 있는 메르카터의 옛 사진들이 창가에 놓여 있다는 것이었다. 메르카터의 비서는 커피 테이블을 두고 맞은편에 2개의 안락의자와 마주 보고 있는 소파가 있는 우중충한 공간으로 안내했다. 우리가

57 「포브스」에서 선정한 400대 미국 부자 목록.

58 미국 뉴욕 맨해튼을 남북으로 종단하는 거리이다. 센트럴 파크를 조망할 수 있는 고급 아파트, 역사적인 저택, 쇼핑센터가 들어서 있다.

59 초원과 밀밭으로 유명한 미국 중서부에 위치한 캔자스주의 주도이다.

콜라를 거절하자 그녀는 우리에게 라임 조각을 넣은 탄산수를 주었다.

"이제… 기억났어." 소렌은 우리가 앉았을 때 말했다. 내가 그를 "메르카터 씨."라고 불렀을 때 그는 한사코 '소렌'이라고 부르라고 고집했다. "유리야, 가넷이 아니야, 유리라고. 고대 세계에서는 거의 보석처럼 여겼지. 대단한 물건이야." 그는 먼 곳을 바라보았다.

그의 개인 비서로 보이는 사람이 내 맞은편에 앉은 것을 보았다. "소렌은 모든 종류의 사람들을 만납니다." 그녀가 말했다. "당신은 수집가인가요 아니면 연방 수사국(FBI)에서 일하나요?"

"둘 다 아닙니다." 나는 말했다. "정확히는 아닙니다."

소렌은 다이앤에게 말했다. "와 줘서 고맙구나, 얘야. 나는 네 이름을 잊어버렸어. 내 두뇌는 더 이상 새로운 이름을 넣을 여력이 없지만, 난 너를 기억한단다. 내 수집품들을 다시 보러 온 거니?"

"몇 주 전에 당신을 방문했던 누군가에 대해서 물으러 왔어요."

"방문은 이름보다 더 어렵지. 아마 메건이 네가 알고 싶은 것을 말해줄 수 있을 거야." 메건 매이벨. '서브 로사 패밀리 오피스'의 최고 투자 책임자. 그녀가 연출된 미소를 지으면서 탁자 위로 명함을 건넬 때 알아낸 것이다. 나는 그녀의 코와 툭 불거진 광대뼈를 따라 이어지는 미소와 명함을 내미는 짧은 순간에도 느껴지는 세련된 태도가 오랫동안 단련해온 결과물이라는 인상을 받았다. 그리고 그녀는 세련되고 전문적인 외면과 태도를 갖추기 위해서 많은 돈을 지불했을 것이다.

"델피." 다이앤은 소렌에게 단서를 말했다.

"오, 델피." 그는 한숨 쉬었다. "세상의 배꼽, 나는 카스틸리아 샘물을 손님들에게 대접하고는 했지. 전설적인 샘물 2개 가운데 하나였지. 이제 없어. 지금 넌 석회가 들어간 탄산수를 마시는 거야."

"마지막 남은 카스틸리아 샘물을 제게 주셨잖아요. 같이 마셨는데, 기억나지 않으세요? 몇 년 전이에요."

"나는 지금 모든 것을 나눠 주고 있지." 그는 눈을 감았다. 이 도시의 대단한 자선가 중 한 명이라는 것을 회상하기 위한 것일까? 샘물 맛을 떠올리려는 것일까? 잠을 자려는 것일까?

"몇 주 전에 누군가 방문한 일로 제게 연락하셨죠. 소렌." 다이앤은 그의 무기력한 얼굴을 향해 말했다. "당신은 델피에서 온 유물을 제공 받으셨잖아요."

우리는 그가 눈을 뜨는지 보기 위해 기다렸지만 그는 눈을 뜨지는 않았다.

"한 딜러가 우리에게 찾아왔었어요." 메건이 다이앤과 나에게 말했다. "저는 골동품에 대해서는 잘 모릅니다만, 그 딜러는 몇 가지 물건을 제공했어요. 소렌에 따르면 대단한 것이라고 해요. 소렌은 그것을 원했어요."

"무슨 일이 일어났나요?" 다이앤이 물었다.

"받아들일 수 없는 조건이었어요." 메건은 딱 잘라 말했다. "우리는 공개 전시회를 열어야 했는데, 소렌은 하지 않으려 했습니다."

"그 딜러의 이름을 말해 줄 수 있으세요?"

"범죄 증거가 없는 한 밝힐 수 없어요. 이것은 합의 사항입니다."

"그 딜러와요?" 내가 끼어들었다.

"당신과도죠." 메건은 말했다. "연방 수사국(FBI)과도입니다." 그녀의 신경질은 내가 알아야 한다는 것을 암시했다. 내가 연방 수사국(FBI)과 함께 일하고 있다는 것에 대한 나의 어정쩡한 부인은 충분하지 않았다.

"꼭 그렇다고 할 수는 없지만, 그 딜러… 지금 증거를 찾고 있어요. 우리는 그 물건을 어떻게 찾을 수 있을까요?"

"우리는 그들이 운영하는 갤러리로 갔었어요." 메건이 대답했다. "그곳에서 우리에게 두 가지 물건을 보여 줬는데, 저는 당신들에게 보여 줄 만한 사진을 몰래 찍었어요. 그들은 어떤 사진도 유포되는 것을 원치 않았어요. 그들은 매우 과도하게 집착했어요. 나중에 제 핸드폰을 확인하기까지 했어요." 만족스러운 미소를 지으며 다이앤에게 핸드폰을 건넸다. "그들에게는 다른 앨범을 보여 줬어요."

나는 몸을 숙였다. 사진 속의 그리스 꽃병과 은잔은 나에게는 아무런 의미가 없었다. 다이앤은 몇 분 동안 그것을 자세히 살펴보고 세부 사항을 확대하고 자신의 핸드폰에서 찾아보기도 했다. 소렌은 잠든 것처럼 보였다.

"그들과 다시 논의할 수 있으세요?" 다이앤은 메건에게 물었다. "우리를 위해서 해줄 수는 없으세요?"

"미안하지만 안 돼요. 그렇게 하면 의심스러워 보일 것입니다. 우리는 이미 공개 전시회를 하지 않는다고 말했거든요."

"그냥 당신 생각이었다고 말해 보세요."

"이봐요. 우리는 이미 큰 위험을 감수했어요. 딜러들과의 관계를 망치고 싶지 않아요. 당신도 알잖습니까."

"사람들은 마음을 바꿀 수 있죠."

"소렌은 그렇지 않습니다."

나는 안경 뒤에 있는 다이앤의 눈을 볼 수 있었다. 소렌에게 살짝 머문 뒤 메건에게 머물러 있었다. "그들이 다른 말은 하지 않았나요?"

"음… 그 작품들은 주로 델피 근처에서 찾은 것이라고 했어요."

"이미 알고 있는 것이에요. 다른 것은 없나요? 그들이 발견한 다른 것들은 없었나요?" 다이앤은 끈질기게 물고 늘어졌다.

"옴파로스…" 소렌이 눈을 떴다. "그들은 옴파로스를 찾았어."

"뭐라고요?" 다이앤은 먼저 나를 보고 그 다음에 메건을 봤다. "무슨 뜻이에요?"

"옴프… 저도 그것이 뭔지 알아요." 메건은 버티듯이 말했다. "분명히 말하자면 그들은 그것을 발견했다고 말하지는 않았어요. 소렌이 추측한 것입니다. 그들은 '세기의 발견'을 했다고 말하는 누군가를 알고 있다고 주장했어요. 한 다리 건너서 말한 것이라서, 그래서 일반적인 딜러의 허풍이라고 생각했어요."

다이앤은 소렌 쪽으로 몸을 기울였다. "정말 옴파로스를 말하는 것인가요? 소렌, 당신은 어째서 그들이 찾아냈다고 생각한 것인가요?"

그는 눈을 크게 뜨고 테이블을 응시했다. 그의 입은 떨렸다. "기억이 안 나."

다이앤은 손가락을 관자놀이에 댔고, 그녀의 스카프를 만지작대기 시작했다. 우리는 모두 침묵했다. 그러고 나서 그녀는 일어났다. "소렌, 제 동료에게 당신 수집품을 보여 주시겠어요?"

"그는 피곤해요. 다이앤." 메건이 옳은 말을 했다.

소렌은 손을 뻗어서 테이블을 잡고 일어나다 앞으로 흔들리더니 뒤쪽으로 넘어졌다. 세 번째 시도에서야 그의 곁으로 간 다이앤을 한 손으로 잡고 다른 쪽으로는 메건을 잡고 일어섰다.

그는 책상 뒤로, 사무실 뒤쪽을 향해 걸어갔다. 거기에는 문이 있었지만, 다른 모든 것처럼 황갈색으로 칠해져 있어서 나는 알아채지 못했었다. 마치 젊은 육체에 붙어 있는 것처럼 그의 손가락은 자동적으로 키패드를 눌렀고, 손을 손금 해독기에 넣었다. 두꺼운 문이 스르륵 열렸다. 다이앤이 그에게 걸어갔을 때, 나는 소렌이 얼마나 구부정한지 알아차렸다. 키가 크지 않은 다이앤보다 몇 인치 정도 작았기 때문이다.

우리가 금고처럼 보이는 곳의 문지방을 넘어갔을 때, 우리는 다른 건물, 다른 도시, 다른 세계로 들어갔다. 천장은 높고 웅장하고 존재할 것 같지 않은 넓고 연한 채광창으로 되어 있었다. 공기는 시원하고 건조했고 인공 석양의 고요한 빛으로 가득 차 있었다. 고대의 풍화작용을 겪은 대리석 기둥들이 사방의 모퉁이에 솟아 있었다. 문 반대편 벽에는 거대한 얼룩이 있는 대리석 석판이 걸려 있었다. 그 표면에는 커다랗고 뾰족한 원뿔 모양이 꼭대기에 있는 지팡이 같은 이상한 덩굴을 움켜쥐고 있는 여성들의 몽환적 행렬이 묘사되어 있었다. 그들의 긴 옷은 하늘하늘하게 몸과 가슴 쪽에 붙어 있었고, 다리 주변을 감싸고 있었다. 머리는 숙이거나 젖히고 있었고 흠잡을 데 없는 무표정한 얼굴은 무아지경으로 굳어 있었다. 여성들은 역사적으로 수 세기에 걸쳐서 조각되고 그려졌지만, 여기에 있는 모습보다 더 아름답지 않을 것이다.

방의 중앙과 삼면에는 모두 박물관 케이스가 있었다. 그 안에는 조각품과 꽃병이 좌대 위에 놓여 있었다. 내 오른쪽에는 눈 없는 남자의 머리가 망각과 교감하고 있었다. 내 왼쪽에는 기혼 여성의 어두운 청동 흉상이 있었다. 차분한 빛 속에서도 흰 눈이 빛나고 있었다. 그녀는 나를 평가했을 테고 그녀가 본 것이 마음에 들지 않았을 것이다. '로마 군인치고는 너무 야위었네.'

소렌이 버튼을 누르자 희미하게 빨아들이는 소음과 함께 문이 닫히면서 우리는 갇혔다. 죽음과 같은 침묵이 도시와 우리를 갈라놓았다. 고개를 숙인 나이 든 억만장자는 마치 키가 더 커진 듯했고 승리를 뽐냈다. 돈만으로는 이런 곳을 만들 수 없다고 그의 얼굴이 말하고 있었다. 오직 감각과 멈출 수 없는 의지의 힘만이 딜러, 경매장, 다른 수집가들로부터 아름다움을 찾아낼 수 있었을 것이다. 어쩌면 지구 자체로부터일 수도 있었다.

메건은 팔짱을 끼고 바닥을 응시하면서 서 있었다. 다이앤은 나를 봤다. 나는 주변을 둘러봤고 마치 동굴에서 햇빛 속으로 막 나온 것처럼 멍했다. 나 같은 야만인도 경이로움은 알고 있었다.

소렌은 박물관 케이스 중 하나로 가서 나에게 손짓했다. 그는 작은 금으로 만든 물건 근처에 있었는데, 2개의 굵은 고리 모양의 금줄이 반대 방향으로 이어진 우아한 매듭이었다. 2개의 가닥은 각각의 다른 쪽에 있는 물방울 모양의 고리를 통과하고 있었다. 중앙에는 매끄러운 알 모양의 붉은 돌로 보이는 것이 있었다.

"유리지." 그가 말했다. "가넷이 아니야. 나는 햇빛에 보여 줄 수 있어."

그가 메건의 도움을 받아서 그것을 케이스에서 꺼냈을 때 나는 뒤에 핀이 있는 것을 보고서 그것이 무엇인지 알아차렸다. 그 순간 내가 느낀 감정을 어떻게 설명해야 할지 모르겠다. 단지 내 이상한 방식으로 말하자면, 이것은 코드가 활성화될 때 느끼는 흥분 같다고 말할 수밖에 없다. 계속해서 생각하고 테스트하던 코드가 아니라 연결이 형성되고 전자 기기의 윙윙대는 소리를 듣고 작업이 세계 구조의 일부가 되는 것을 느끼는 것이다. 사물의 중심에서 살아있고 실감하는 것을 느끼는 것과 같았다.

"다이앤! 브로치예요!" 나는 외쳤다.

그녀는 피식 웃었다. "파는 것이 아니에요."

"아뇨, 내 뜻은…" 나는 소렌에게로 몸을 돌렸다. "당신은 이것을…" 그는 브로치를 케이스 안에 되돌려 놓고 있었다. "…나와 같은 성을 쓰는 사람에게 얻은 것인가요?" 나는 거기 서 있었고 그가 다리를 끌면서 걷는 동안 내 입에서는 따뜻한 감정이 물씬 담긴 질문이 나왔다.

그는 다른 케이스로 옮겨갔다. 다음 물건은 브로치가 아니었다. 그것은 일종의 은접시로 중앙에 큰 손잡이가 있었고 거기 움푹 팬 곳에는 햇살 패턴으로 둘러싸여 있었다. "피알레," 소렌은 우리 중 특별히 누군가에 말한 것은 아니었다. "대지에 제주를 뿌리는 데 사용된 그릇의 일종이지. 델피 박물관에 있던 아름다운 컵을 알고 있지? 아폴론을 위해 사용된 것이야."

"아름답네요." 다이앤이 속삭였다.

"메건." 메르카터는 부드럽게 불렀다. 그녀는 지금 방 반대편에 있었기에 그의 말을 들었을지 아리송했다. "내가 죽으면, 다이앤에게 이것을 줬으면 해." 그 그릇은 내 브로치 수집품 전체보다 더 가치 있는 것이었다. 아마 내 전 재산보다 훨씬 더 가치 있는 것일 것이다.

"고마워요. 소렌." 다이앤이 말했다. "너무 친절하세요. 하지만… 하지만 저는 받을 수 없어요. 받아서도 안 되고요."

"너무 안됐네." 그는 말하면서 머리를 흔들었다. "그러면 이건 뉴욕 메트로폴리탄 미술관에 넘겨야겠네."

그녀는 한 손을 그의 어깨에 얹고 다른 손으로 그의 팔뚝을 쥐었다. "소렌, 옴파로스요."

"그들이 그것을 발견했어. 나는 확신해. 파우사니아스[60]가 봤던 델피 박물관에 있는 그 시시한 것이 아니야. 진짜라고. 그건 절대 개인 소장품이 되어서는 안 돼. 내 것이어도 안 돼. 범죄가 될 거야." 호통치듯 말했다.

"저는 그것을 찾고 싶어요. 소렌. 이름이나 단서가 있으면 도움이 될 거예요. 추측이라도 괜찮아요."

"다이앤." 메건은 소렌에게 걸어가면서 말했다. "그는 지쳤어요. 다음에요."

"소렌…" 다이앤은 계속 버텼다.

"페라리." 소렌은 불쑥 말했다.

"페라리? 그 차에 뭔가 있나요?"

---

60 그리스의 여행가, 지리학자.

그는 몸을 구부려서 다이앤의 손을 꽉 잡았다. 그의 손은 떨리고 있었다. "나는 할 수 없어. 너는 그를 알 거야. 페라리, 페라리. 그 비슷한 거야."

"다이앤, 제발요." 메건은 계속 버텼다.

"페라리, 페라리…." 다이앤은 중얼댔다. "페라리! 파르네세라는 말이군요."

"확실치는 않아. 나는 그게 진짜 이름이라고 생각하지 않아."

"가짜 귀족, 늘 자신의 아이를 내주는 것 같다고 하던 그 이탈리아인 맞죠?"

메건은 소렌의 다른 어깨에 손을 얹었다. 그 늙은이는 꿈틀대더니 뿌루퉁하게 말했다. "그녀가 수집품을 보고 싶어 해서 내가 보여 주는 거야." 열린 문을 향해서 몸을 돌렸다.

그는 두 번째 방으로 우리를 데려갔는데, 그곳의 천장은 통처럼 둥글고 핏빛으로 칠해져 있었다. 바닥은 검은색과 흰색의 모자이크로 되어 있었고, 타일이 없는 곳에는 콘크리트로 고정된 규칙적 무늬가 있었다. 뒤쪽에는 스파르타 침대가 있었다. 그것은 높은 머리 받침대가 있는 나무 테이블에 쿠션을 올려놓은 것에 불과했다. 수천 년 전 것이 아니라면 나는 검시 테이블이라고 오해했을 것이다. 앞쪽에는 발판이나 요강이 숨겨진 박스가 있었다.

그러나 그 벽들! 3면이 프레스코로 뒤덮인 그 벽들은 방을 다른 세계로 바꿔 놓았다. 처음에 바닥에서 천장까지 솟아 있는 이어지는 어둡고 윤이나는 돌기둥처럼 보이던 것이 사실은 색칠한 그림으로 착각임이 드러났다. 이 기둥들 사이에는 환상적이고 고전적인 건물들이 있었다. 그 건물들은 빨간색, 핑크색, 노란색이 불협화음을 내듯 충돌하면서 믿을 수 없는 높이로 서 있었다. 테라스, 발코니, 거대한 아치, 작은 숲, 조각상들, 분수와 사원들. 3면이 열린 격자 구조를 가진 통풍이 잘되는 작은 방들은 마치 내 브리지의 전신처럼 캔틸래버 방식[61]으로 만들어져 있었다. 마치 내 브리지를 만든 선구자들이 만든 것처럼 우주를 향해 뻗어 나가게 만들어져 있었다.

심지어, 거기에 있는 평범한 물건들조차도 그 자체가 예술품이었다. 빨강과 노랑의 화사한 무늬의 문들은 기둥 옆에 있었고 문 위에는 비둘기 방지용 스파이크가 달린 린텔[62]이 꼭대기에 있었다. 도금한 화병은 날씬한 발과 넓은 목이 있었고 줄무늬 장식이 있었다. 학술적 관점으로는 정확하지 않지만 그건 중요하지 않았다. 우리는 고대 도시 한가운데 있는 것처럼 느껴졌다. 진짜는 아니지만, 예산에 아랑곳하지 않는, 꿈에 사로잡힌 고대 로마의 부동산 개발업자가 자신의 고객에게 팔려고 애쓴 것이다. 아니면 이것이 실제 고대 세계 모습이었을 수도 있다. 이 광경은 내 합성된 역사 기록에 있는 차갑고 흰색의 대리석이 아니라 마치 온실 속의 식물들처럼 풍부하고 격동적인 색깔을 가진 건축가들의 창작물이었다.

"나도 그들이 허락할 때만 여기서 잤지. 건물들은 내 꿈속에 스며들고, 동상들도 그렇지. 아는 사람 같아." 그는 프레스코화로 갔고 금 조각상을 치켜든 손을 손가락 끝으로 부드럽게 만졌다.

우리가 그 금고에서 다시 평범한 사무실로 돌아왔을 때 소렌은 축 처져서 허공을 응시했다. 우리는 그의 중얼거림을 작별인사로 받아들였다. 이번에는 다이앤이 소렌의 손을 꼭 잡았다.

---

61 한쪽은 고정되어 있고 반대쪽은 지지대가 없는 방식으로서, 발코니, 처마끝, 차양을 만들 때 쓰는 공법이다.

62 Lintel. 창이나 출입구 등 건물 입구의 각 기둥에 수평으로 걸쳐놓은 석재로, 창문틀의 상하벽 사이에서 윗부분의 무게를 구조적으로 지탱해 주는 뼈대의 역할을 한다.

거리로 나온 후 다이앤은 소렌과 연방 수사국(FBI) 사이의 합의에 대해서 내게 말했다. 그는 정보원 역할을 했다. 연방 수사국(FBI)은 특정 유물에 대해서 눈감아 줬다고 한다. 내가 본 것 중 일부는 고고학 발굴지에서 훔쳐 온 것이었다. 연방 수사국(FBI)의 계산에 따라, 일련의 보물들이 회수되고, 매우 드물게 도굴꾼이나 밀수업자가 유죄를 받게 하기 위해서 일부 법률을 위반하는 것을 정당화한 것이었다.

"나는 이런 부분이 좀 불편해요." 다이앤은 설명했다. "하지만 소렌 메르카터는 여전히 내가 아는 가장 상냥한 강도 남작[63]이죠." 그녀는 한숨을 쉬었다. "적어도 그것들은 박물관으로 갈 거예요."

---

63 19세기 미국에서 되살아 난 과점 또는 불공정한 사업 관행으로 막대한 재산을 축적한 사업가와 은행가.

11장

서로 다른 사람들은 코드의 일부를 볼 때 각기 다른 것들을 본다.

평범한 사람들은 기술적으로 프로그래밍 문법을 본다.

경험 없는 프로그래머들은 퍼즐 조각만을 보는 것과 같다.

프로그래밍 언어에 정통한 개발자들은 크건 작건 패턴을 발견할 수 있다. 일상적 연설에서 발견할 수 있는 상용 어구 같은 코딩 규칙이 있다. 스릴러 영화나 소설에서의 표준 줄거리 같은 거시적인 패턴도 있다.

하지만, 진정한 베테랑 프로그래머는 더 깊이 들어갈 수 있다. '안티-패턴'이라고 부르는 일반적인 실수에 대해서 반사적으로 집중한다. 인공지능 도구에 의해서 생성된 것과 인간 스스로가 생각해 낸 것은 직관적으로 이해할 수 있다. 만든 이의 고유한 특징에 대한 단서를 찾을 수 있는 것이다. 코드는 자기표현의 한 형태인 글쓰기와 같다. 명백히, 프로그래머들이 인공지능 도구를 더 심오하게 이용하면서, 코드를 해독하는 것은 점차 더 어려워지고 있다. 그래도 충분한 경험이 있고, 코드에 대해서 일반적이고 개념적 접근을 받아들여 인간이 만든 기술에 대한 핵심에 집중할 수 있다면, 개발자가 엉성한지 깔끔한지, 간결한지 장황한지, 기술자인지 마술사인지를 바로 알 수 있다.

델피안의 코드, 특별히 그들의 두 번째 악성 계약은 내가 이제까지 본 적이 없는 것이었다.

코드 구조는 꼼꼼하게 고안되어 있어서 코드가 작동하는 방식은 쉽게 파악할 수 있었다. 저장 구조, 개체와 메소드 구성, 변수의 이름, 주석(영어와 그리스어) 등을 통해서 모든 것을 명확히 하는 것을 목표로 하고 있었다. 명확성을 극대화해서 보여 주고 있었다. 마치 델피안 프로그래머들이 프로그래밍을 위한 스위스의 학교에서 학업을 마치기 위해서 고, 러스트, 솔리디티(프로그래밍 언어)의 이론 수업만 매일 들어야 했던 것처럼 보일 정도이다. 아마도 이들은 키보드를 만지는 것을 허락받기까지 수년이 걸렸을 것이다. 그래서 학교를 마쳤을 때 모든 것을 검토하는 극도로 까다로운 마스터 개발자가 되었을 것이다. 코드의 줄을 빛나도록 갈고 닦고, 그 안에 백합을 꽂아 넣었을 것이다.

프로 개발자들은 이처럼 세세하게 때 빼고 광낼 시간이 없다. 인공지능 도구도 이렇게 해줄 수 없다. 내가 본 가장 비슷한 것은 얼마 다니지 않았던 버클리 대학원에서 봤던 코드였다. 거기 교수들 대부분은 누군가를 가르칠 실력은 있지만 시간이 없는 사람들이었다. 그러나 나는 첫 번째 여름 학기 동안 시스템 교수진 한 명과 연구를 했다. 그 교수는 취미로 학생들과 함께 프로그램을 짜는 것을 즐겼다. 아름다운 프로그램을 짜는 것을 '예술'로 생각했다. (물론 내가 1학년을 끝냈을 때 그녀는 업계에서 일하기 위해서 학교를 관뒀다.)

그래도 그것조차도 델피안의 코드처럼 다듬어진 것 같은 것은 아니었다. 이 코드는 완전 경제모델 같았다. 다시 말하자면 과시적으로 깔끔하고 간결했다. 그들은 스마트 계약 전체를 대부분 율Yul이라고 불리는 프로그래밍 언어로 작성했다. 이 언어는 장식적 요소와 비효율성을 높은 수준으로 제거한 사용하기 쉬운 솔리디티 언어[64]였다. 낭비되는 회선도 없고 불필요한 저장 장소나 가스비[65]가 전혀 없었다. Δαπανῶν ἄρχου(초기 비용)에 대한 격언-'지출을 통제하라'-을 엄격히 준수하고 있었다.

내가 이 그리스어 격언을 어떻게 알게 되었냐고? 당연히 고대 델피 격언 중 하나로 코드의 주석 사이에 흩어져 있었다. 모든 파일에는 저작권 고지와 사용 약관에 대한 간략한 표시인 표준 SPDX 라이선스 식별 인식자[66]가 있었다. (델피안들은 MIT 라이선스를 가지고 있었다. 그들은 친절하게도 모든 사람들이 출처를 표시한다면 그들의 악성 계약 코드를 자유롭게 사용할 수 있도록 허락했다.) 저작권 고지에 그 Πρᾶττε δίκαια문구가 포함되어 있었다. 온라인에서 쉽게 찾을 수 있는 델피의 격언인 '정의를 실천하라'였다. 현상금 지급에 대한 코드에는 Δικαίως κτῶ, '정의롭게 소유권을 획득하라'가 있었다. 그리고 다양한 곳에서 수천 년 전 아폴론이 예언했던 소프트웨어에 대한 일반적 모범 사례들이 있었다. ᾿Αποκρίνου ἐνκαιρῷ, '즉시 응답하라', ῎Αρρητον κρύπτε, '비밀을 지켜라', 또한 내 전문성에 대한 외침도 있었다. Χρημοὺς θαύμαζε, "오라클을 경배하라."

코린과 나는 그들의 첫 번째 코드를 검토했을 때 이미 둘 다 같은 결론을 내렸었다. 흠잡을 곳이 없었고, 막을 수 있는 어떤 취약성도 없었다. 하지만 그들의 두 번째 코드는 더 복잡했기에, 이상하고 강력한 적수를 직면한 상황에서도 우리에게 한 가닥의 희망이 있었다. 모두가 실수를

64 이더리움과 같은 블록체인 플랫폼에서 스마트 계약을 작성할 수 있도록 개발된 프로그래밍 언어.

65 블록체인 네트워크를 사용하기 위해 지불해야 하는 사용료.

66 Software Package Data Exchange. 소프트웨어 패키지의 라이선스 및 저작권 정보를 표준화하고 공유하는 포맷이다.

한다. 모든 사람은 말이다. 소프트웨어의 정확성에 대한 일종의 수학적 분석인 공식적 검증조차도 중요한 사항을 놓치곤 한다. 왜냐하면 당신의 이론은 당신의 제안만큼만 훌륭하기 때문이다. 빛의 신 또는 적어도 그의 추종자들은 어디선가 넘어질 가능성이 있었다.

내가 이 문제를 푸는 방법은 그것을 내면화하고 세부 사항을 기억하는 것이다. 그러고 나면 나에게 이것들은 촉각적이 된다. 마치 플라스틱으로 머릿속에 모델을 만드는 것과 같다. 상상 속에서 나는 손으로 이것을 뒤집고 찌르고 공중에 던지고 잡고 모양을 바꾸고 조작할 수 있다. 소렌 메르카터의 사무실에서 돌아오는 길에 집에 들렀다가 부엌 카운터에서 노트북을 가지고 앉아서 내 작은 두뇌에 코드의 핵심 사항을 업로드했다. 그러고 나서 하이 라인 파크로 걸어가서 애디튼으로 돌아갔다. 나는 마음속으로 델피안의 코드를 가지고 놀면서 프랑스 관광객들 주변으로 방향을 바꿨다.

*

"미스터—!"

한 여자가 첼시 마켓에서 내 이름을 불러서 돌아봤다. 백팩을 고쳐 메고 자유로운 쪽 손으로 고정시켰다. 백팩은 내 한쪽 팔에 걸려 있었기에 내 가슴 쪽으로 그것을 돌렸다. 그들이 아직은 찾아오지 않을 테지만, 어쩌면 두껍고 무거운 오븐 트레이를 방탄복으로 사용할 수도 있다고 생각해서 가방에 넣어 두었다. 평소에 거의 사용하지 않는 옆 문을 통해서 첼시 마켓으로 들어갔었다.

"당신이 다음이 될까 봐 두렵습니까?" 내 얼굴에 마이크를 들이댔고, 촬영 카메라가 그녀와 나를 찍고 있었다.

"나는 당신이 다음일까 봐 걱정이군요." 가방을 내리면서 무심결에 말했다. "특히 당신이 내 얼굴에서 이것들을 치우지 않는다면 말입니다." 나는 바로 당황스러운 감정을 느꼈다. 그러나 기자들은 욕먹는 것이 일이었기에 그녀는 당황하지 않았다. 그녀는 단발에 짙은 화장을 했으며 심각한 표정을 하고 있었다. 나는 텔레비전을 많이 보지 않지만 그녀를 알아볼 수 있었다. 우리 뒤쪽 에스프레소 가게의 바리스타들은 깜짝 라이브쇼를 즐기고 있었다. 나는 가장 가까운 계단으로 뛰어올라갔고 숨을 죽이고 2층에 있는 내 사무실로 가는 엘리베이터를 잡아탔다.

비가노 교수의 죽음은 임박한 나의 죽음에 대한 호기심을 불러일으켰다. 나는 이미 이상한 이메일들을 받고 있었다. 기자들뿐 아니라 애디튼의 홍보 담당자들로부터 언론과 TV쇼 인터뷰 요청을 받았다. 하지만 첼시 마켓에서 잠복하고 있는 사람은 생각하지 못했다. 비가노 교수가 죽은 지 하루도 되지 않았을 때였다. 나는 야구 모자와 선글라스가 좋은 변장이라고 생각했는데, 기자들은 그런 것들에 이미 익숙했다.

엘리베이터 안에서 내가 막 받은 이메일에 대해서 생각했다. 들어본 적 없는 블록체인 콘퍼런스의 기조연설을 위한 초대장으로 심지어 불가리아에서 열리는 것이었다. 모든 사람들은 좀비 영화를 좋아한다. 그래서 내가 초대받은 이유가 재미없는 기술 행사에 재미를 더하기 위해서 죽지 않은 연사를 원해서라고 생각했다. 하지만 기자를 따돌린 후, 나는 그것이 암살을 위한 장치일 수 있다는 것을 깨달았다. 무법천지인 동유럽의 구석으로 불운한 기술자를 유혹하는 것이다.

나는 이런 종류의 것들에 그냥 적합하지 않았다. 내 뼛속까지 새겨진 디지털 옵섹은 편집증이 필요했고, 현실 세계를 살아가는 데 좋지 않았다. 이것은 사이버 공간에서 위험을 추론할 수 있게 도와주지만, 동물적 본능을 무디게 했다. 결국 오븐 트레이를 가방에 넣고 다니게 된 것이다.

나는 무기력하게 사무실로 갔다. 샌드위치 쿠키 모형 풍선을 지날 때, 은밀한 시선과 연민의 눈빛들을 받으면서 걸어갔다.

누군가 불렀다. "그분이 당신을 찾아요."

스마트워치를 힐끗 봤다. 내가 기자에게 훌리건 같은 태도를 취해서 소셜미디어에 올리기 좋은 저녁 뉴스거리를 만들고 있는 동안, 그녀의 문자를 놓쳤다. 브리지로 가서 코린에게 고개를 끄덕여 인사한 뒤 가방을 내려놓고 여사제의 사무실로 갔다. 루카스의 사무실은 투명한 유리로 되어 있었다. 그 옆에 있는 여사제의 사무실은 불투명 유리로 빛은 들어가지만 사생활은 보호되었다. 문을 두드렸다.

"들어오세요."

내가 들어갔을 때 그녀는 창밖을 보고 있었다. 그녀의 등은 나를 향하고 있었고 매우 우아한 실루엣이었다. 그녀는 터틀넥과 밑단이 하늘거리는 슬랙스를 입고 있었다. 벨트의 한쪽 끝 같은 것이 옆쪽에서 흔들렸고 그녀는 몸을 돌렸다.

"저는 당신의 삶을 망치는 극적인 어떤 사건에 대해서 걱정스럽다고 말했었습니다. 하지만 당신은 제가 기대하고 있던 최대치를 훨씬 더 넘어버렸습니다." 그녀는 역광을 받고 있었기에 표정을 읽을 수 없었다.

"슬프고 고독한 존재의 결과라는 것입니까?"

"위험한 황소고집으로 이어진다는 것입니다."

"그래서 외로운 황소가 할 일이 무엇입니까?"

"당신을 산토리니 해변으로 보내겠다는 제안은 아직 유효합니다."

"고맙네요. 저는 항상 모래로 쌓은 영묘가 갖고 싶긴 했습니다."

"모든 것이 더 심해지고 있습니다. 옆문으로 몰래 들어오는 것으로는 충분하지 않습니다." 그녀는 창문으로 나를 봤을 것이다. "곧 주변 사람들을 위험하게 할 것입니다."

암살에 전염성이 있을 것이라고 생각하지 않는다. 하지만 폭탄, 오발탄이나 자연스러운 독극물 투약에 의한 부수적 피해가 일어날 수 있는 것도 사실이었다.

"사무실에 오지 않겠습니다."

"만약 조심하지 않는다면 영구적으로 올 수 없습니다. 그러면 어떻게 할 것입니까? 경호원을 고용하거나 숨어 있을 것입니까?"

"제게는 아직 일주일의 시간이 있습니다. 그때까지는 누구도 위험하지 않을 것입니다."

"시간이 많지 않습니다. 당신 계획은 무엇입니까?"

"저는 그들을 찾을 것입니다. 먼저 그들의 코드로부터 시작할 것입니다. 그리고 저는 '친구들' 로부터 도움을 받고 있습니다."

"아, '친구들'…, 그렇군요." 그녀가 계속 말했다. "코린 말로는 그 악성 계약 코드가 흠잡을 곳이 없다고 했습니다. 그런 코드를 뚫을 수 있다고요?"

"정말 놀라운 코드입니다." 비록 그녀가 코딩하는 사람은 아니더라도 여사제의 의심은 나에게 무엇인가를 하고자 하는 마음이 생기게 했다. "설령 신이 쓴 것이라고 하더라도 저는 신경 쓰지 않습니다. 그 복잡함이 저에게 싸울 기회를 줄 것입니다."

그녀는 방 한가운데로 가서 책상에 몸을 기댔다.

"그들은 생텀을 무기화해서 우리 눈을 멀게 했습니다. 우리가 같은 전략을 취하는 것은 어떻습니까? 물론 방어를 위해서 말입니다."

그녀 앞에서 내가 바보처럼 느껴지지 않으려면 얼마나 걸릴까요? 더 이상 남은 날이 없을 수도 있습니다.

"생텀을 무기화하자고요? 저는…" 어쩐지 그러고 싶지 않았다. "안 됩니다. 저는 우리가 생텀을 출시하기 전인데도 커뮤니티가 이미 생텀 주변의 새로운 애플리케이션을 그렇게 빨리 개발하는 것에 놀랐습니다. 그 소프트웨어가 어떻게 돌아가는지에 대해서 추정한 것을 말하지는 않겠습니다. 하지만 저는 몇 년 동안 복잡성만이 공격이나 외부의 자극에 쉽게 영향을 받는 원인이 아니라는 것을 알게 되었습니다. 이제 새로운 환경이 취약성을 야기합니다. 상상력의 실패인 것입니다."

"맞습니다. 당신 '친구들'은 상상력의 실패로 악명이 높으니 그들에게 너무 의존하지 마십시오." 물론 그녀도 그들이 누구인지 알고 있었다. 아마도 그녀의 불명예를 야기한 사건은 그녀가 연방 수사국(FBI)을 너무나 믿었기에 발생한 것으로, 그녀를 많이 실망시켰을 것이다.

"안 그럴 겁니다."

"만약 당신의 사냥이 성공하지 않는다면, 물론 저는 그것이 성공적이길 바라지만, 아니 성공한다고 믿습니다만, 주말 전에 당신이 어떻게 결정할지는 말해 줘야 합니다. 동의하십니까?"

그녀와 함께 있을 때 늘 그렇듯이, 나는 개인적이고 따뜻하며 인간적인, 그녀를 찬미하는 듯한 말을 하고 싶었다. 특히 지금처럼 내가 영원히 사라질 위기에 처해 있는 경우에는 더했다. 하지만 언제나 그렇듯이 아무 생각도 나지 않았다. 적어도 내가 실제로 할 수 있는 일은 아무것도 없었다. 그러니까 그녀의 손에 기사처럼 키스하거나 이별의 포옹을 하거나 하는 것 같은 것을 나는 실제로 하나도 할 수 없었다.

"좋습니다. 주말 전에 그러겠습니다."

*

"나에게 가설이 하나 있어요." 다이앤이 말했다.

그녀는 책상 옆에 그냥 서 있었는데, 앉을 필요가 없는 몸이 탄탄한 사람 중 하나였다. 나는 그녀에게 델피안의 코드에서 찾은 그리스어 조각을 보여 주었다. 그녀에게 코드 자체의 예술적 완벽함을 보여 주려 했지만, 그다지 중요하게 신경 쓰지 않았다. 그녀에게는 이런 뛰어난 기술이 특이하지 않게 보일 수 있다고 되뇌었다. 그녀는 나와 달리 다른 종류의 예술적 걸작들과 정기적이고 전문적 접촉을 했다.

“그 이론이 델피안들이 만든 코드에 대한 것인가요?” 나는 물었다.

“모든 것에 대한 것이죠. 나는 그들의 행동에 고대 그리스인의 사고방식을 투영하려고 노력했어요. 그들이 무엇을 원하는지 알아내려고요.”

“거의 모든 사람들은 결국 같은 것들을 원하는 것 아닌가요? 바뀐 적이 있나요? 권력, 돈, 섹스, 명성, 아마 당신 같은 프랑스인들은 음식과 사랑이 좀 더 들어가겠죠.”

“권력, 돈, 섹스, 명성. 당신은 이것을 뭐라고 묘사합니까?”

“부모님은 나를 망쳐놨고, 나는 그저 풍차를 향해 돌진할 뿐이죠.”

“소크라테스처럼 말이죠.”

“맞아요. 그저 소크라테스처럼요. 그런데 그도 암살당하지 않았나요?”

“정확히는 국가에 의해서 처형 당한 것이지 암살은 아니에요. 그리고 당신은 아직 암살당하지 않았잖아요.”

“여전히 사람들은 같은 기본적 생각을 공유합니다. 일부 사람들은 다른 사람들보다 충돌과 갈등을 더 잘 승화시키는 것 같습니다.”

“고대 그리스에서는 부패한 정치인, 계급투쟁, 여성에 대한 억압, 종교적 광신, 선동가에게 잘 속는 교육받지 못한 사람들이 있었어요. 오늘날 우리에게도 익숙한 끔찍한 것들이죠. 하지만 많은 점에서 그들은 우리와 달랐습니다. 생각해 보세요. 당신은 인터넷이 있기 이전의 세상이 어땠는지 기억할 수 있나요?”

“고대 그리스에서요? 나는 전화 모뎀을 사용했다고 생각하는데요.”

“자, 봅시다! 당신이 어린아이였을 때 당신은 그 세계에 살았지만, 요즘에는 그 세상은 너무나 이상해서 이해할 수가 없죠. 이제 수천 배나 더 이상한 세상을 상상해 보세요."

"이상함이 진정한 요점인가요? 아니면 유사성인가요? 학교에서 그리스에 대해서 연구하는 것이 인류에 대한 영원한 진리를 배우는 것이라고 생각했어요. 맞죠? 호메로스나 일리아드 같은 것들 말입니다. 수많은 잔혹한 것들을 기억합니다. 하지만 우리 인간을 하나로 묶을 수 있는 사실은 우리 모두가 필멸의 존재라는 것을 받아들여야 한다는 것이죠. 우리 중에 나는 이미 존재가 얼마 남지 않았죠…" 스마트워치를 봤다. "…현상금이 활성화될 때까지 열흘 정도군요. 서양문명의 커튼을 열어젖혔을 때, 로마인들이 서 있고 그 뒤에는 배후에는 그리스인들이 있다고 말한 것은 당신이 아닌가요?"

"우리의 문화적 조상이죠. 그렇지만 당신은 당신 조부모를 얼마나 많이 닮았나요?"

"좋은 지적이군요." 너무 많이 앉아 있지 말라는 트레이너의 충고를 배신하고 나는 그녀의 책상 앞에 의자를 끌고 와서 털썩 앉았다. "그래서 당신 생각은 뭔가요?"

"그 가설은 당신이 그들이 아폴론 신을 숭배하고 있다는 것을 받아들일 때만 성립해요."

"다이앤, 나는 아직까지 그것은 말이 안 된다고 생각해요."

"맨해튼 도심에서 100m 위에 있는 여기 이 사무실에서 컴퓨터를 보고 있는 것도 말이 안 되는 것이죠. 미국 기독교 우파 계열 사람들은 성경이 문자 그대로 하나님의 말씀이고, 그리스도가 몇 년 안에 재림해서 자신을 믿는 신자 모두를 천국으로 데려갈 것이라 믿죠. 그들은 낙태가 살인이라고 하지만, 총을 쏘고 고기를 먹는 것은 괜찮다고 생각하죠. 그리고 그들은 트럼프가 하나님의…."

"알았어요. 요점을 이해했어요."

"그들은 이 사무실 안에 있어요." 그녀는 속삭였다.

"알았어요. 알겠다고요."

"그러면 아폴론을 왜 믿을까요? 당신은 내가 미쳤다고 생각하겠죠. 하지만 설명해 줄게요." 그녀는 책상 뒤로 가서 내 맞은편에 앉았다. 우리는 이제 선생님과 학생이었다. "펠로폰네소스 전쟁[67] 동안," 그녀는 말했다. "스파르타는 아테네 주변 지역을 침략했어요. 아테네 사람들은 도시의 성벽 안으로 피신했죠. 사람들은 너무 많았고 위생이 엉망이 되었죠. 전염병이 퍼졌는데, 끔찍했어요. 극심한 고통과 가라앉힐 수 없는 갈증과 심각한 우울증이 나타났죠. 어떤 학자들은 장티푸스의 일종이라고 추정해요. 거리에는 시신이 산더미처럼 쌓였죠. 건강한 젊은이도 며칠 안에 죽었어요. 몇몇 사람들은 이때 인구의 1/3이 사망했다고 믿죠. 그리고 이 모든 일들은 스파르타 사람들이 도시 바깥쪽의 들판을 태우는 동안 일어났어요."

그녀는 책상을 가로질러서 상상의 벽을 그렸다.

"어떤 이들은 신에 대한 믿음을 잃어버렸어요. 왜냐하면 질병이 좋은 사람이건 나쁜 사람이건 모두 죽여 버렸기 때문이었죠. 하지만 다른 이들은 더 종교적이 되었죠. 그리고 신들을 달래려 했습니다. 무엇보다도 질병의 신…."

"아마도 아폴론이겠죠."

"당연하죠. 그리고 아테네를 겨냥한 심리적 대량 살상무기도 있었어요. 전쟁 직전의 델피에서 온 신탁이었죠. 아폴론은 스파르타를 위해 싸우겠다고 선언했거든요."

"그래서 당신은 아폴론이 언제 다시 나타난 것 같나요?"

"나는 사람들이 무슨 일이 일어났다고 믿을 전제 조건이 어떻게 만들

---

67 기원전 431년에서 404년까지 고대 그리스에서 아테네 주도의 델로스 동맹과 스파르타 주도의 펠로폰네소스 동맹 사이에 일어난 전쟁.

어 질 수 있는가에 대해서 생각해 봤어요. 상상해 봐요. 당신은 나이 든 그리스 여성이고 아마 델피 근처에서 작은 가족호텔을 운영하고 있다고 말이에요. 관광객이 더 이상 오지 않아 수입도 없고, 일자리를 구할 방법도 없어요. 친구들은 아프기 시작했고 몇몇은 죽었고요. 기후가 변하고 질병이 돌고 경제는 붕괴했죠. 세상의 종말처럼 느껴질 거예요. 신께서 당신의 믿음을 시험하고 있다고 느꼈을 거고요. 당신은 일이 없기에 시골을 돌아다니기 시작해요. 당신 마음을 맑게 해주고, 또 식량 살 돈이 부족하기에 산에서 나물을 채취하죠. 어느 날 당신은 길가에 차를 주차합니다."

다이앤 머릿속에서 일어난 상상이 이어졌다. "그곳을 떠나려 하다가 실수로 당신은 차를 후진시킵니다. 바퀴 하나가 땅에 빠지고 깊은 구멍이 드러납니다. 당신은 밖으로 나가서 보고는 너무나 부자연스러워서 땅을 파봅니다. 당신은 은화 저장소였던 곳을 발견했던 이웃을 떠올립니다. 그는 암시장에서 그 은화를 팔아서 받은 돈으로 몇 달을 살았습니다. 당신은 산나물을 캐기 위한 작은 삽을 이용해서 단단한 물체가 닿을 때까지 팠습니다. 당신은 그것을 꺼내서 닦습니다. 아마 그것은 청동일 것입니다. 고르곤[68] 인가? 독수리인가? 당신은 확신할 수 없지만, 고대의 것처럼 보였고 가치가 있어 보입니다. 당신은 더 파내려 가고 썩어가는 유기물을 발견합니다. 당신은 역겨워서 멈춥니다. 아마 시신이 있었을 것입니다. 하지만 당신은 대리석 조각을 발견합니다. 그냥 대리석 조각이 아닙니다. 당신의 손가락은 떨립니다. 당신은 손으로 땅을 파내려 가면서 커다란 알 모양을 볼 것입니다. 오랜 세월이 지나 처음으로 공기에 닿기도 전에 이미 당신은 그것이 무엇인지 알아차립니다. 그리스 사람이라면 누구라도 아

68 그리스 신화에 등장하는, 머리카락이 뱀으로 되어 있는 세 자매. 이 괴물을 보는 사람은 누구나 돌로 변했다.

는 것이죠."

그녀는 이미지를 공중에 띄웠다. "와우!" 나는 감탄할 수밖에 없었다. "당신의 환상이 총천연색으로 눈앞에 펼쳐지네요."

"모든 고통 가운데서 당신은 기적을 발견한 것입니다. 당신은 먼저 정부에 이것을 보고해야 한다고 생각합니다. 아마도 유명 인사가 되고 텔레비전에 나오겠죠. 하지만 당신은 다른 선택을 합니다. 평생 마음 깊은 곳에서 알아 온 고대 신이 부활합니다. 그분이 이 신성한 물건으로 당신을 이끌었습니다. 바로 당신, 당신이 새로운 피티아가 되는 것입니다."

"하지만 이 기름 부음 받은[69] 농부-당신이 기본적으로 그리스 시골 농부라고 말한-가 어떻게 악성 계약을 코딩할 수 있었을까요?"

"그녀는 다른 예술품도 발견한 거죠. 그녀는 가족을 먹여 살리려고 그것들을 팔 거예요. 작은 금으로 된 봉헌물이죠. 그녀는 그것들이 의미 있는 것이라고 생각하지 않았지만, 몇 년이 지난 후 딜러는 그것들이 무엇인지 알아차린 거예요. 이전에 취급했던 어떤 것들과도 다르죠. 그는 암시장의 억만장자 수집가에게 그 물건들을 팔았고, 그 사람은 그 여인이 발견한 것을 직접 보려 하죠. 수집가는 그녀를 찾았고 그녀의 황홀감은 전염성이 있는 거죠."

"그 수집가. 우리는 소렌 메르카터에 대해서 이야기하는 것은 아니죠."

"아니에요. 젊은 시절이라면 모를 일이지요? 하지만 우리는 이제 그 물건들이 시장에 있다는 것을 알게 되었고, 소렌은 옴파로스의 발견을 감지했어요. 제 이야기의 그 억만장자 수집가는 아마도 자신만의 방식으로 델피를 되살리는 것을 도와줄 거예요. 그는 숭배의 후원자가 되었기 때문이거나 모를 일이죠."

---

69 성경에서 하나님의 특별한 부르심을 받은 사람을 가리키는 데 사용한다.

"그래서 스마트 계약은 어디에서 나오나요?"

"그 종교적 숭배는 델피에 있는 아폴론 신전을 재건할 수 없어요. 그리고 오늘날 올림포스는 그저 산일 뿐이죠. 이 신성한 힘이 다시 돌아왔을 때 그들이 어떻게 전해줄 수 있을까요? 사이버 공간에서만 가능할 겁니다. 나는 스마트 계약에 대해서는 잘 몰라요. 그러나 그들은 대략적으로 자연의 힘 같은 멈출 수 없는 힘을 투사하는 방법에 대해서 이야기할 거예요."

"하지만 왜 비가노 교수를 죽이죠? 그리고 나는요?"

"왜냐하면 그들은 그리스 신들을 믿기 때문이죠. 아니면 믿길 원하거나 또는 다른 사람들이 믿길 원하기 때문이죠. 그리고 이것은 그리스 신이 하는 방식이에요. 그리스 신들은 그들을 반대하는 사람들을 파괴하죠. 무엇보다도 오만하고 불손한 것은 유죄입니다. 끔찍하죠. 그리스 신화에서 마르시아스라는 사티로스가 아폴론에게 음악 경연을 하자며 도전했어요. 그를 벌하기 위해 아폴론은…." 그녀는 집게손가락으로 팔을 긁었다.

"가죽을 벗겼나요?"

"산 채로 가죽을 벗기고 나무에 못 박았죠."

"다이앤, 나보고 어쩌라는 것이죠?" 그녀는 나를 진지하게 보았다. "내가 정말 '불경한 행동'을 한 것인가요? 당신은 비가노 교수의 이론이 틀렸다고 말했죠. 나는 자만심이 조금도 없이 행동했다고는 말할 수 없어요. 내가 거짓을 변호하고 있는 것인가요? 내가 어떤 대접을 받아야…."

"물론 아니죠. 아마 당신은 자만심을 가지고 행동했을 수 있죠. 나는 모르겠어요. 하지만 마르시아스는 고문 받을 자격조차 없었어요. 그는 단지 본보기로 살해당한 것이었죠."

"그러면 비가노 교수처럼 죽게 해달라고 바라는 수밖에 없군요." 그녀는 나에게 고개를 저었다. "그래서 당신의 생각은 어떻게 이어지나요? 고대 그리스식 생각의 최종 목적은 무엇인가요?"

"인공지능이에요." 그녀가 말했다.

"AI?" 나는 웃으며 팔짱을 꼈다. "어떻게 그런 식으로 연결되죠?" 이제 그녀는 내 손아귀에 있었다.

그녀는 엄숙하게 이어갔다. "자신을 드러내기 위해서, 그리스 신들은 종종 인간 형태를 복제하거나 인간을 통제했죠. 호메로스는 아테나가 자주 필멸의 존재, 다시 말해서 어린 소녀 같은 모습으로 변장해서 오디세우스에게 나타나는 이야기를 하죠. 제우스는 아가멤논에게 현자 네스토르의 모습으로 나타났죠. 델피에서, 아폴론은 여사제가 있었고 그녀를 통해서 말했어요. 신들은 우리와 소통하기 위해서 인간의 형태를 선택했죠. 오늘날 인공지능은 인간의 지능을 모방하죠. 아바타는 인간의 모습을 모방한 것이고요. 그들은 세상으로 돌아온 그리스 신의 메시지를 위한 완벽한 통로죠."

"잠시만, 우리가 지금 그리스 신을 믿고 그들을 구체화하기 위한 아바타를 만드는 숭배 집단에 대해서 이야기하고 있는 것인가요? 아니면 고대의 그리스 신이 실제로 지구로 돌아와서 기본적으로 그들 자신이 봇[70]에 현신해서 기계 학습 모델의 훈련에 어떤 영향을 미친다는 것인가요?"

"그 둘을 구별할 사람이 있나요?"

그녀의 질문에 나는 당황하지 않았지만, 대답할 수 없었다. 나는 내 머리를 재부팅하기 위해서서 머리를 살짝 흔들었다.

"그럼 직접적으로 이야기하죠. 당신의 말은 챗봇을 갑자기 아폴론이 소유한다고 선언한다는 것인가요? 그리고 사람들이 그것을 믿고요?"

---

70 네트워크상에서 반복적 작업을 수행하는 자동화된 소프트웨어 애플리케이션. 소프트웨어 로봇의 준말이다.

"사람들은 챗봇보다 더 멍청한 정치인들도 믿죠. 그러니 왜 안 믿겠어요?" 그녀는 말했다. "하지만 내 뜻은 극소수에게만 모습을 드러내면서 시작할 거라는 것이죠."

"하지만…."

"좋아요. 당신이 우리가 가정한 괴짜 억만장자라고 가정해 봅시다. 당신은 곧 태어날 신의 신성한 힘을 전달하고 싶어 하죠. 그러면 당신은 무엇을 할 것인가요?"

"잘 모르겠네요. 내가 아는 유일한 억만장자는 당신이 소개해 준 사람뿐입니다."

"당신이라면 뭘 할 것인가요? 말해 봐요."

"모르겠군요. 나는 반사적으로 블록체인 렌즈를 통해서 모든 것을 보죠. 내가 무엇을 할 것인가? 델피안들이 해왔던 일? 나 같으면 긴 게임을 할 것 같다는 것을 빼면 잘 모르겠군요."

"무슨 뜻인가요?"

"나는 당신의 봇을 블록체인 인프라 깊숙이 묻어 둘 겁니다. 내가 그것에 힘을 부여하는 것이죠. 자체적으로 거대한 암호화폐를 통제하게 할 것이고 불멸로 만들 것입니다. 그리고 스마트 계약으로 전환해서 이것을 멈추거나 강제로 삭제할 수 없게 만들 것입니다. 그리고 기다릴 겁니다. 만약 나의 신이 수천 년 전에 잊힌 그의 분노를 표현하길 원한다면 계획을 세우고 그가 엄청난 무엇인가를 하도록 기다릴 것입니다. 전 세계를 강타하는 것 같은 것 말입니다."

"델피안들은 정확히 그것을 하고 있을 수도 있죠. 어쩌면 우리가 본 것은 시작일 수 있어요." 그녀는 스카프를 만지작거렸다 "어쨌든 이것은 하나의 가설이에요. 6개가 더 있어요."

*

다이앤의 신비주의적 이론을 바탕으로 하는 고고학적 지층 깊이 파고들지 전, 토끼 굴로 너무 깊이 뛰어들기 전에 먼저 확인해야 할 다른 가능성이 있었다. 나는 몇 년 전 몰타에서 열린 'FC'라고 불리는 금융 암호 학회에서 이 가능성을 알게 되었다.

나는 FC를 좋아한다. 강연은 훌륭하고, 학계에서 그들이 만들어내는 클라우드 쿠쿠랜드 블록체인 시스템[71]에 대해서 들을 수 있는 몇 안 되는 학술회의일 뿐만 아니라 실용적 최첨단 아이디어도 있었다. 물론 이런 이유뿐만 아니라, 대부분의 참석자들은 매우 호화로운 유람 여행이라서 좋아했다고 말하고 싶다. 항상 겨울이나 그해처럼 초봄에 따뜻한 섬에서 열렸다.

나는 모든 세션에 참석했었다. 심지어 참석자 반이 '밖에서 사교모임' 중이었던 아침 세션에 앉아 있기도 했다. 일반적인 콘퍼런스에서 강연실 밖에 있는 것은 아이디어와 가십을 교환하는 것을 의미했다. 참석자들은 함께 해변으로 갔다. 괴짜들이 모래에 털썩 주저앉아 광어의 뱃살 부분 같은 피부를 드러내고 햇볕을 쬐고 있었다. 하지만 연휴에도 브리지에 앉아 코딩을 즐기는, 내향적인 내가 누구와 이야기할 수 있었을까? 나와 달리 그들은 적어도 매년 몇 시간씩 이런 곳에서 바람을 쐰다.

몰타는 FC를 위한 완벽한 환경이었다. 이곳은 EU 암호화폐의 허브가 되었으며 이것은 지중해를 가로지르는 이곳 몰타의 역사적 연대표에서 최근의 기록이다. 이 섬은 수 세기 전 강력한 전사-수도사들의 기사단이었던 몰타 기사단-의 소유였다. 이들은 지금도 여전히 존재한다. (현대 전사-수도사-들이 생계를 위해서 정확히 무엇을 하는지 상상할 수 없

71 'Cloud cuckoo land' 몽상의 세계를 뜻하는 말이고, 블록체인에서 할 수 있는 온갖 몽상적 아이디어를 들을 수 있다는 뜻이다.

다. 하지만 기사단은 여전히 건재하고 있으며, 심지어 동전과 여권도 발행하고 있다.) 16세기 오스만 제국에 의해서 모든 기독교인들이 위험에 처했을 때 역전시킨 것은 바로 몰타 공방전이었다. 몰타는 또한 2차 대전에서 나치에 대한 위대한 전략적 승리 중 하나인 연합군의 시칠리아 침공의 무대가 되기도 했다. 나는 우리의 FC가 언덕으로 돌격하고 블록체인 깃발이 날아다니며 암호화 전투의 외침이 하늘에 울려 퍼지는 것을 상상했다. 이것은 또 다른 위대한 역사적 사건이자 케이크의 최고층인 것이다.

학회에서 중세 미로 도시인 므디나 투어를 제공했는데 거기에서 알리스태어 르웰린-데이비스를 우연히 만났다.

그날 아침 내가 첫 번째 세션을 들으러 갈 때, 호텔 풀장에서 그가 물보라 없이 부드럽게 수영하는 모습을 보았다. 2시간 후에 돌아왔을 때, 그는 몸을 말리고 있었다. 큰 체격에 마지막 지방까지 모두 태워버린 체형이었다. 머리는 모두 밀었는데, 수영을 할 때 저항을 줄여 줄 수 있을 것 같았다. 나는 그가 살아있는 미라를 완벽하게 닮았다고 생각했다. 학회에 참석한 학자들과 테크 회사 사람들 사이에서 그는 특이한 사람으로 통했다.

그와 나는 투어에서 가이드가 지정한 건물 정면에 있는 돌 갑옷 조각품을 감상하다가 다른 사람들 무리에서 뒤처졌다.

"이 도시는 정말 멋집니다." 같이 걷기 시작했을 때 알리스태어의 긴 걸음에 보조를 맞추면서 내가 말했다. "이곳은 마치 잃어버린 아라비안 나이트에서 모래로 마법을 부려 만든 곳 같습니다. 이것이 보존되어 있어서 기쁘군요."

"특별히 무엇으로부터 보존되어서 기쁘다는 것입니까?" 알리스태어가 물었다. 나는 아직 그에게 지난 천년 동안 펼쳐진 몰타의 군사작전에 대한 정신적 카탈로그를 보관하고 있는 사람이라는 꼬리표를 달기 전이었다.

"폭격입니다. 몰타는 2차 세계대전 동안 전략적으로 중요한 곳이었습니다. 이곳은 추축국[72]에 폭격 당했었습니다. 이탈리아와 너무나 가까워서 방어하기 어려웠을 겁니다."

"맞습니다. 드레스덴보다 몰타에 더 많은 폭탄이 투하되었습니다. 전쟁 초기 이곳에서 이탈리아 공군에 대항할 방어력 총합은 3대의 복엽기[73]로만 구성되어 있었습니다. 페이트, 호프, 체리티였습니다. 그리고 이들은 큰 성공을 거뒀습니다." 그가 말했다.

"무솔리니의 공군에 대항한 것이 3대의 복엽기뿐이라는 말입니까? 정말입니까?"

"만약 당신이 이곳 박물관을 순례한다면, 페이트를 볼 수 있습니다."

알고 보니, 알리스태어는 모든 사건에 대해 놀랄만큼 역사적 사실에 대한 수준있는 견해를 가지고 있었다. 놀라운 사실과 관점의 원천이었다.

몰타와 제2차 세계대전: 1943년 연합군이 시칠리아를 침공했을 때, 그들은 마피아에게 도움을 요청했었다. 암호화폐: 아프리카는 지금 규제가 거의 없기에 암호화폐 기술을 출시하기 위한 최적의 장소이다. 수영: 사람들은 유전적으로 수중에 있도록 설계되었는데, 이것은 다이빙 반응이라고 불리는 자동적으로 혈관을 수축시키고 심박동을 느리게 하는 심리적 작용에서 증명된다.

세상을 독특한 시각으로 바라보는 그는, 나에게 무엇을 할지에 대해서 알려 주었다. 나는 그와 함께 몰타에서 하루를 보내면서 그가 말한 이

---

72 제2차 세계대전 때에 일본, 독일, 이탈리아가 맺은 삼국 동맹을 지지하여 미국, 영국, 프랑스 등의 연합국과 대립한 여러 나라.

73 동체의 아래위로 2개의 앞날개가 있는 비행기.

상한 것들을 믿게 되었다.

그날 저녁, 콘퍼런스 연회 전에 그와 나는 그랜드 하버 투어를 예약했다. 우리는 전통적인 밝은 파란색, 빨간색 그리고 노란색의 몰타 보트, '루쯔'를 탔다. 루쯔는 수천 년의 전통에 따라 앞쪽에 눈을 그렸으며 동시에 최신식으로 엔진을 달았다.

보트 선장은 괜찮은 여행 가이드는 아니었다. 우리는 항구를 휩쓸며 지나갔다. 모터 소리와 바람 소리를 뚫고 전해야 해서, 버스 정류장을 외치는 것처럼 장소 이름을 말했다. 자세한 내용은 내 전화기에 있는 가이드북에 의존해야 했다. 그 선장은 먹고살 만했기에 게을렀다. 여기서는 몰타 역사를 굳이 알 필요는 없었다. 단지 이곳을 둘러보는 것만으로도 꿀 색깔의 돌과 전설의 장소에서 불어오는 바닷바람이 근심을 씻어내고 사라지게 할 것이었다.

우리는 산 안젤로 항구 근처에 남았다. 몰타 공방전 당시 몰타 기사단의 사령부가 있던 곳이었다. 아래로 내려앉은 태양이 벽에 금색과 오렌지색으로 물들였다. 우리 주변에는, 발레타와 비토리오사의 고대 건물들이 항구 측면 땅에 빽빽이 있었고 주변 언덕에 무작위로 쌓이듯이 있었다. 이 건물들의 돌은 저녁노을에 불타고 있었다. 우리는 세계 유명 은행들이 모여 있는 금융지구에 있는 건물, 세계 금융 센터의 유리벽에서 멀리 떨어져 있었다. 혹시나 있을지 모르는 도청으로부터 안전하고, 시간의 구애도 받지 않았다. 이곳은 신뢰할 만한 장소였다.

"할 말이 있어요. 당신들을 파괴하려는 심각한 계획이 강력한 연합과 함께 성장하고 있습니다." 알리스태어는 나에게 다가오며 말했다.

"우리요?"

"오라클 네트워크 말입니다. 블록체인 기술을 충분히 일찍 수용하지 않았다고 걱정하는 유럽과 아시아의 주요 은행들의 작은 음모입니다. 이제 그들은 오라클 네트워크가 실패하길 바라고 있습니다."
"실패요? 저는 이 시점에 그들이 어떻게 우리 시스템을 없앨 수 있을지 모르겠습니다."
"마치 메이저 정유회사들이 재생 에너지를 없앨 수는 없지만 방해하기 위해서 일을 하는 것과 같습니다."
"그래서 당신은 그 음모가 오라클 네트워크와 같은 어느 정도 중요한 블록체인 프로젝트를 막아서 그들이 이기게 될 것이라고 말하는 것입니까?"
"그리고 단타 매매의 기회를 만들 겁니다."
"그래서 도대체 그들의 계획은 무엇입니까?"
"반은 합법적이지만…" 내 핸드폰 화면에는 여전히 가이드북이 켜져 있었다. 그는 그것을 곁눈질했다. 나는 무슨 뜻인지 알아차렸다. (어쩌면 녹음에 대한 그의 편집증일 수도 있었다.) 그가 어떤 말을 하려는지 몰랐기에 핸드폰을 껐다. "…반은 덜 합법적입니다. 저도 이유를 모르겠지만, 당신을 믿으려 합니다. 나는 그들이 하는 일이 불쾌합니다. 만약 당신이 미리 준비한다면 아마 멈출 수 있을 것입니다."
"왜 당국에 말하지 않습니까?"
"명백한 범죄 행위가 없는 한 내부고발자들의 상황은 나쁩니다. 그들은 제가 상황 파악을 못하고 있다고 생각할 것입니다."
그는 내가 이해하지 못하고 있다는 것을 알아차렸다.
"그들은 제가 살짝 맛이 갔다고 생각할 것입니다. 어쨌든 저는 당신이 이 일에 대해서 절대적으로 입을 다문다고 약속해 줬으면 합니다."
"비밀을 지키겠습니다."
"합법적인 부분은, 첫 번째로 비평가들에게 자금을 지원하고 부정적으로 홍보를 하게 하는 뻔한 책략이 있습니다. 물론 모든 것을 숨긴 채 말입니다."

"그들이 잡힌다면 평판이 떨어지는 것 아닙니까?"

"당연합니다. 두 번째로 그들은 이곳과 미국에 있는 데이터 공급 업체와 비밀리에 거래하기 시작했습니다. 이런 계약은 결국 당신들의 데이터 사용을 방해하는 것을 의미하고, 당신네 네트워크는 약화될 것입니다."

"이것이 합법적이라고요?"

"아니라고는 말 못 하겠군요. 또한 그들은 은밀히 분산된 금융상품을 사들일 것입니다. 그들은 당신들 네트워크가 손상될 때, 시장 혼란을 유발하기 위해서 어떠한 결함도 이용할 것입니다. 물론 그 책임은 당신들이 져야 할 것입니다."

"이것은 시장 조작 아닙니까? 확실히 불법이잖습니까?"

"사실상 꽤나 합법적입니다. 이를테면 적어도 표면적으로, 이것이 만약 신중하게 문서화된 위험 회피 전략의 일부인 경우에 말입니다."

"그러고 나서는?"

"그러고 나서는…." 그는 눈썹을 치켜 올리며 말했다. 그는 겉보기에는 태연했지만 내심 불안했던 것 같다. 그는 일어서서 등을 곧게 펴고 한 손에는 보트의 차양 덮개를 지탱하는 장대를 잡았다. 그의 흰색 린넨 블레이저는 마치 늘어진 돛처럼 펄럭였다.

"그러고 나서…." 나는 되뇌었다.

그는 앉았다.

"단지 몇 가지라도 정신 바짝 차려야 합니다."

"거의 1시간이 지났습니다. 이제 몇 분 안에 돌아가야 합니다." 보트 선장이 외쳤다.

나는 그에게 엄지손가락을 치켜 올렸다.

"지중해 주변에서는 그런 손짓을 하면 안 됩니다. 그것은 당신이 생각하는 것과 같은 뜻을 의미하지 않습니다. 여기서는 괜찮지만 다른 곳에서는 문제가 발생할 수도 있습니다." 알리스태어가 눈을 가늘게 뜨고 말했다.

"알겠습니다." 위협적인 것인가? 저속한 것인가? 너무 당황스러워서 물어볼 겨를이 없었다. "당신이 정신 바짝 차리라고 했죠?"

알리스태어는 그의 매끄러운 머리와 목을 손으로 쓰다듬었다. "당신들 네트워크에서 신뢰할 수 없는 노드는 없습니다. 이것은 블록체인 시스템에서는 정상적인 것입니다." 노드는 블록체인 시스템을 구성하는 개별 컴퓨터로 기본적으로 서버라고 생각할 수 있는 것들이다. 이것들은 각각의 커뮤니티 그러니까 개인이나 회사들에 의해서 실행된다. 수십, 수백, 수천 개가 있기에 일부 장애가 있는 것은 피할 수 없다. 하지만 좋은 블록체인 시스템은 이에 영향을 받지 않고 유지할 충분한 중복성을 가지고 있다. "일부 평판 높은 노드들에게 갑자기 장애가 생기면 오라클 네트워크 시스템에 엄청나게 이례적이고 위험하겠죠. 당신들은 안전장치가 있습니까?" 알리스태어가 물었다.

"네, 하지만 당신 말은…."

"당신들 오라클들은 공공 인프라입니다. 그것은 누구나 사용할 수 있습니다. 나쁜 사람들이 그들의 스마트 계약을 나쁜 일을 저지르는 데 쓸 수 있습니다. 신뢰할 수 있는 사람들이 선택적으로 제어하는 킬 스위치나 오프 스위치가 도움이 될 것입니다."

"일부 사람들은 그 생각을 좋아하지만, 그런 종류의 중앙 집중화는 일어나지 않을 것입니다. 오직 커뮤니티만이 행동할 수 있습니다. 또 다른 것은요?"

"그것이 전부입니다."

그의 말은 두 대륙에 있는 미국과 유럽 주요 국제 은행이 우리 네트워크를 방해하기 위해서 불법 금융 행위와 사이버 보안 범죄를 저지르고, 그들의 평판을 위태롭게 할 계획을 세웠다는 것을 암시하고 있었다. 음모론 같았다. 그리고 무엇인가 더 할말이 있는 것처럼 보였다.

"그것이 다가 아니지요? 무엇인가 더 있죠, 알리스태어?"

"음… 나머지는 그냥 제 추측일 뿐입니다."

"추측보다 더 적합한 것이 어디 있습니까? 저기 사람들이 술을 마신 뒤 바람을 쐬러 나와 있는 것 같네요."

그날 오후 바닷가 야외 바에는 그를 위한 맥주와 나를 위한 레몬 띄운 물이 있었다.

"맥주맛이 좋군요! 당신도 어떤 기자가 정부의 부패를 조사하려다 수년 전 몰타에서 자동차 폭탄으로 살해당한 것을 알고 있습니까? 그 사건에 총리 측근 중 한 명이 연루되어서 총리가 사임했었습니다." 그는 벤치에서 조금 이동해서 선장에게 등을 돌리고 말했다.

"몰랐습니다."

"당신이 참가하는 콘퍼런스는 자주 몰타보다 더 애매한 장소에서 열립니다. 그리고…."

살인이라고? 나는 생각했다. 말도 안 돼.

나중에 나는 알리스태어가 말했던 이상한 사실을 찾아보았다. 2차 세계대전에서의 마피아, 다이빙 반응, 자동차 폭탄, 이 모두가 사실이었다.

*

몰타에서 돌아온 이후, 그가 뉴욕을 방문했을 때 몇 번 같이 커피를 마시거나 식사를 했었다.

나는 그에게 영상통화를 하자고 이메일을 보냈지만, 하루가 지나도록 답장이 없었다. 가만히 기다리기만 하는 것은 위험했다. 솔직히 알리스태어가 나를 겁준 것이 사실이고, 나는 시간이 없는데다 그의 전화번호도

가지고 있었다. 비록 늦은 시간이었지만, 나는 그가 자주 미국에 있다는 것을 알고 있었다. 어쨌든 그는 나에게 충분히 잠을 못 잔다고 한 적도 있었기에 그냥 그에게 문자를 보냈다.

나 잘 지내나요. 괜찮다면 역사 질문을 하고 싶네요.
알리스태어 (1분 후) 물론입니다. 소식을 듣게 되어서 기쁘네요.

나 몰타 요새 아래에서 보트 투어 했던 것 기억나나요? 우리는 튀르크가 기독교 국가들을 파괴하려던 계획에 대해서 이야기했었죠.
알리스태어 (한참 멈춘 후) 네.

나 내 머리에 걸린 그 악성 계약은 튀르크가 무엇인가를 한 것인가요?
알리스태어 아니오. 말도 안 되잖아요. 비잔티움이라고요. 튀르크가 아니라요.

나 튀르크가 이에 대해서 행복해 했을까요?
알리스태어 아니오. 이맘[74]은 새로운 종교적 교리가 위험하다는 것을 알고 있어요.

나 알았어요. 고마워요.
알리스태어 너무나 안타깝네요. 도움이 필요하면 저에게 전화하세요. 행운을 빌어요.

74 이슬람교 수니파에서는 예배 인도자, 시아파에서는 이슬람 사회의 지도자.

나는 이맘에 대한 알리스태어의 답변을 정확히 어떻게 해석해야 할지 몰랐다. 이것은 고대 그리스 종교와 은행권의 관계는 너무 기이하다는 것을 의미할 수도 있었다. 또는 튀르크는 중앙 집중화된 은행, 기독교 국가와 비잔티움은 암호화폐로 대표되는 새로운 금융 세력을 은유하는데 비추어 볼 때, 은행들은 스마트 계약이 금융 영역 밖에서 문제를 일으키고, 그들의 고객을 위협하는 것을 원치 않는다는 것을 의미할 수도 있었다.

구체적 내용은 중요하지 않았다. 단지 은행들은 악성 계약에 접근하려하지 않을 것이 분명하다는 결말이 중요하다. 나는 이미 은행가들이 돈에 미친 것이지, 델피안 같은 부류에 미친 것은 아니라고 생각했다. 알리스태어는 이것을 확인시켜줬다. 그들이 믿는 유일한 신은 마몬[75]이었다. 그래도 나는 확인해 봐야 했다.

75 성서에 나오며 사람들에게 금전욕을 심어 주는 악마의 이름이다.

12장

다이앤은 금고 안에서 소렌 메르카터로부터 이름을 알아냈다. 그 이름은 비가노 교수가 그녀를 위해 일했던 것과 연결된 이름이었다. 파르네세.

다이앤과 그녀의 유럽 쪽 동료들은 오래도록 스위스 경찰이 파르네세의 집이나 아니면 그가 무엇인가를 가지고 있을 사무실을 수색할 수 있기를 원했다. 하지만 영장을 발부 받을 만큼 충분한 증거를 모으지 못했다. 그녀는 파르네세가 미국으로 들어오는 그리스와 로마 유물 밀매의 가장 유력한 배후로 봤습니다. 꽃병이든 뭐든 간에 유물이 박물관이나 수집가에게 갈 때 중간 상인을 거치는 중간 매매로 팔린다는 것이다. 파르네세의 이름은 수상한 거래에는 보이지 않았고 단지 좀 애매한 거래에만 보였다.

다이앤은 그날 저녁 화상통화에서 우리가 소렌을 방문했던 이후 진행 상황 그러니까 내가 대부분 몰랐던 상황에 대해서 설명해 주었다.

비가노 교수가 죽기 전, 경매 판매를 추적하면서 더러운 거래로 오염된 예술 작품과 파르네세와의 연결을 밝혀내는 데 약간의 진척이 있었다. 파르네세 같은 딜러들은 그들의 밀매품을 소더비나 크리스티 아니면 다른 큰 경매 회사를 통해서 세탁을 했다. 경매 회사를 통해서 세탁된 작품은 이력서가 만들어진다. 이탈리아나 그리스의 무덤으로부터 나온 은잔, 또는 성배 아니면 뭐라고 부르든 간에 어쨌든 세탁된 작품은 다락방에서 발견되는데, '소더비가 취히리에 있는 슈미트 가문의 컬렉션에서 얻은 훌륭한 예술품'이 되면서 깨끗한 유물로 새롭게 태어난다. 사기꾼들의 고리, 그러니까 딜러들은 상상 속의 주인들로부터 사고파는 행위를 통해서 특정 작품들의 수요가 높은 것처럼 보이게 하면서 가격을 높일 수 있는 것이다.

다이앤은 파르네세가 그의 고향인 이탈리아에서 '코르다타'라고 불리는 국제적 사업체를 운영한다고 믿고 있었다. 다른 범죄 네트워크처럼 피라미드 구조였다. 파르네세는 가장 위에 있었고 도굴꾼은 가장 바닥에 있었다. 중간 상인, 바지사장, 밀수꾼, 어둠의 딜러, 위조범 그리고 다른 종류의 더러운 인물들이 이 중간 어딘가에 있었다.

다이앤은 메건 매이벨이 몰래 찍은 은잔과 꽃병의 사진을 자신에게 제공하도록 설득했고 마지막에는 소렌에게 접근한 딜러의 이름까지 얻어냈다. 그녀는 사진 속의 물건들에서 약탈의 흔적을 새로운 흙으로 덮은 것만 겨우 발견했다.

그러나 결정적 증거가 있는 것은 없었다. 인터폴의 도난 미술품 데이터베이스에는 사진 속의 물건들이 없었다. 만약 그것들이 땅속에서 갓 파온 것이라면 그 존재에 대한 기록이 없을 것이다. 그뿐만 아니라 파르네세와 같은 소렌의 딜러들은 유럽을 배경으로 하고 있었고, 그들의 갤러리는 파리에 있었다. 다이앤이 강력한 연줄이 있다고 하더라도 프랑스 당국이 갤러리를 급습하려면 강철 같은 증거가 필요했다.

설령 그런 일이 일어난다고 하더라도, 단지 파르네세에게 한 발자국 더 다가갈 수 있을 뿐이었다. 내가 가장 신경 쓰고 있는 그 악성 계약과 파르네세가 연결 고리를 가진다는 것은 단지 정황일 뿐이었다. 더럽혀진 유물에 대한 비가노 교수의 조사는 파르네세가 연관이 있을 수도 있었다. 또한 최근에 표면화된 델피 예술품에 파르네세가 관련이 있다는 것에 대한 소렌의 분명한 언급도 있었다. 가장 좋은 것은 아마 우리가 소렌의 딜러들을 추적해서 파르네세를 체포하고 그가 그 악성 계약과 연결되어 있다는 것을 밝혀내는 것이다. 하지만 그 일은 아마 아폴론이 내 가죽을 나무에 못 박기 전인 이번 주가 아니라 몇 달이나 또는 몇 년이 걸릴 것이었다.

다이앤의 일은 항상 힘들었다. 그녀의 설명에 따르면 골동품 밀수는 법률 집행에서 외따로 떨어져 있는 분야이며, 그래서 기소가 어렵다. 이를테면 헤로인 밀수 같은 것과는 다른 것이었다. 이들은 몸과 정신을 파괴하는 독을 사는 약쟁이들이 아니었고, 영혼을 풍요롭게 하는 예술품을 사는 사회의 상류층이었다. 어느 누구도 고고학자가 약탈당한 무덤에 뚫린 구멍을 보고 뜨거운 눈물을 흘리는 것을 안타깝게 여기지는 않는다.

엎친 데 덮친 격으로, 파르네세는 뉴욕과 로스앤젤레스의 저명한 수집가들과 박물관 큐레이터들과 친했고, 이 두 도시를 자주 방문했다. 다이앤은 파르네세가 게티 박물관[76]에 기증한 커다란 그리스 화병 옆에서 웃고 있는 사진을 보여 주었다. 다이앤은 그를 여러 번 만났었다.

"그는 전문가로 추정되지만, 나는 그 사람에 대해서 아는 것이 별로 없어요. 그래서 나는 그가 마피아 지부장인 카포 데이 카피라는 말이 더 설득력 있다고 생각할 정도예요."

76 미국 캘리포니아주 로스앤젤레스에 위치한 사립 박물관. 폴 게티가 수집한 미술 작품을 소장 및 전시한다.

그래서 소렌이 우리에게 준 그 이름이 막다른 골목이었다. 다른 방법을 찾는 것은 나에게 달려 있었다.

*

내가 아는 대부분의 사람들은 암호화폐에 투자했다. 미친 듯한 시장 변동성에 베팅하는 것은 중독성이 있었다. 애디튼의 일부 사람들은 항상 그들 모니터에 가격 표시를 해뒀다. 어떤 한 사람은 그의 암호화폐 포트폴리오 가치가 백분의 일 포인트로 움직일 때마다 스마트워치에 알람을 울리도록 해 놓았다. 예상대로 그는 많은 자극을 얻는다. 좀 더 자제심이 강한 사람들은 하루 종일 브라우저에서 페이지 새로고침을 통해서 더 적은 양의 도파민을 얻었다. 나도 나쁜 습관을 가지고 있지만, 실험실의 쥐처럼 미친 듯이 버튼을 누르지는 않았다. 하지만 비가노 교수의 죽음은 나를 실험실 쥐처럼 만들었다.

그 악성 계약은 유효한 주장을 제시하면 몇 시간 뒤에 현상금을 지급하도록 프로그래밍되어 있었다. 만약 비가노 교수가 정말 살해당했다면, 암살범은 언제라도 그들의 보상을 요구할 수 있었다. 몇 분 후나 아니면 다음 주나 아니면 절대로 안 하거나 할 수 있었다. 나는 그 현상금의 지급이 확인되는 순간 내 핸드폰에 문자 알람이 오는 프로그램을 짰다.

하지만 그것으로는 충분하지 않았다. 만약 내 코드에 버그가 있다면? 만약 문자가 늦어진다면? 나는 브라우저 창에서 현상금 상태를 확인했고 핸드폰으로도 다시 확인했다. 다이앤이 파르네세에 대해서 말하는 동안에도, 다이앤과 회의하는 동안에도 확인했다. 그날 저녁, 나는 작업이 안 풀릴 때마다 확인했고, 확인하는 것이 시들해지면 다시 코드로 돌아갔다. 이것은 가려움 같은 반사적이고 강박적인 것이 되었다. 1시간 후, 멈추려 했지만, 멈출 수 없었다. 내 신경계에 침투해서 가만히 앉아 있을 수 없게 했다. 이 감정을 떨쳐 버리기 위해서 내가 아는 가장 몰입할 수 있는 경험인 VR 슈팅게임을 했다. 가장 큰 실수는 자기 전에 했다는 것이다. 경계심이 강해진 내 몸은 밤새도록 마치 주변에 파리가 윙윙대며 날아다니는 소리가 들리는 것처럼 예민해져서, 결국 잠을 설쳤다.

다음날 아침, 내가 한 일에 대해서 수면 부족, 절망 그리고 악마를 탓했다.

*

"당신은 트러스티드 하드웨어를 크랙해서 사용하려는 건가요? 농담 아니죠?" 코린은 진짜 공포에 질린 표정으로 속삭였다. 나는 그녀가 내 요청에 반응하고 있는 것인지 아니면 끔찍한 밤 이후의 내 얼굴에 반응하는 것인지 알 수 없었다.

"그럼요. 나는 목숨을 걸고 싸우는 사람입니다."

그녀는 스마트 계약 명령어를 하나 입력했다. 이 명령어는 개발자들이 너무 위험하다고 생각했기에 몇 년 전에 중단했던 것이었다.

//"selfdestruct(owner); 자기파괴(소유자);"//

그녀의 메시지는 분명했다. 내가 제안한 것은 커뮤니티에서 내 명성을 파괴하지는 않더라도 적어도 해고되기에는 충분했다. 나 같은 순수 이상주의를 추구하는 사람에게는 더 나쁜 것으로, 이런 행동은 내가 옹호하는 것과 모순되는 것이었다.

"이것은 들어갈 수 있는 한 방법이죠." 생텀은 노드들을 위해서 트러스티드 하드웨어에 의존했다. 나는 내가 델피안들을 찾을 수 있도록 네트워크상에 있는 트러스티드 하드웨어를 크랙해서 만든 백도어를 넣을 생각이었다. 모든 수준에서 금지된 일이지만, 나는 일시적이고 그저 인형의 집에 있는 뒷문 크기 정도의 아주 작은 백도어일 뿐이라고 나 스스로에게 말했다.

"이렇게 하는 것은 당신답지 않아요. 당신은 항상 오라클이 종교 교리처럼 타락하지 않아야 한다고 말했잖아요." 코린이 불만스럽게 말했다.

"그 신념을 바꾼 것은 아니에요. 우리 안전장치를 설계한 사람이 나예요. 잊었나요? 이것은 그저 그들이 누구인지 알아내는 데 도움이 되는 것뿐이에요."

"그건 사실이 아니잖아요. 당신도 그렇지 않다는 것을 알잖아요. 만약 노드가 충분히 손상된다면 다른 누군가가 위조할 수도…."

"그럴 리 없어요. 딱 한 번이에요."

"게다가 당신도 알겠지만 만약 당신이 잡힌다면…."

"나의 아름다운 경력은 끝장나겠죠. 겨우 9일 남은 경력이요. 나도 알아요."

"그렇게 말하지 말아요. 제발 그렇게 말하지 말라고요. 어쨌든 누가 쓸 만한지 모르겠네요. 나는 트러스티드 하드웨어를 크랙하는 것은 아주 까다롭다고만 들었어요." 그녀는 바닥을 보았다.

그녀의 감정을 상하게 하고 싶지 않기에 '모크'라는 이름을 말하는 것을 피했다. "내가 알아서 찾을게요. 나는 단지 당신이 더 많은 사람들을 알고 있다고 생각했어요."

"하지 마요."

"해야 해요."

"나는 손상된 노드를 사용하지 말라는 것이 아니에요. 내 뜻은 그와 의논하지 말라는 거예요."

"미안해요. 코린, 나는 노력하겠지만…"

"그건 상황을 더 악화시킬 뿐이에요."

"솔직히 말하자면, 나도 다른 방법을 찾고 싶어요. 하지만 그는 이미 나에게 이메일을 보냈어요."

모크 루푸는 코린의 옛 남자친구였다. 썩어가는 물고기의 시간 척도를 가지고 계산해 봤을 때, 그들의 관계는-다행히 나에게는 희망적이게도-2주 전에 깨졌다. 모든 면에서 더 뛰어난 코린이 그놈에게 묶인 채 보냈던 그 시간보다 놀라운 것은 두 가지밖에 없었다. 첫 번째는-그녀에 따르면-주변 사람들에게서 벗어나 둘만의 시간을 보낼 때는, 모크가 매력적이고 부드러운 동반자였다는 것이다. 두 번째는 두 사람이 헤어진 이유가 그가 그녀를 차버렸기 때문이라는 사실이다. 내가 모크에 대해서 알고 있는 것을 고려해 볼 때, 코린이 종의 절반인 남자 중에 그를 버리고 내가 생각했던 상황을 올바르게 판단하는 능력을 회복한 것은 놀랍지 않았다.

"하지 마요. 내가 그저 그 사람을 싫어해서 하는 말이 아니에요. 컴퓨터에서 비밀번호를 빼내는 것처럼 사람의 영혼을 빨아들여요." 그녀는 말했다.

"내가 뭘 선택할 수 있겠어요?"

"그는 당신을 후회하게 만들 거예요."

"내가 허락한다면 그렇죠. 나는 예전에 그를 상대한 적이 있어요. 걱정 마세요."

"그 사람은 당신이 생각하는 것 이상 더 저질이에요. 당신은 바알세불[77]과 거래하는 것이에요. 제발 믿어줘요. 만약 당신이 해야만 한다면

77 신약성서에서 사탄의 별명으로 사용된 명칭.

내가 도와줄게요."

"백도어를 만드는 것을 도와준다고요? 그건 당신답지 않아요."

그녀는 눈을 꼭 감았다. "이길 수가 없네요."

"코린, 미안해요. 만약 세상에 정의가 존재한다면, 내가 아니라 모크가 심판 받겠죠. 그러면 우리 둘 다 원칙을 굽힐 필요도 없고요."

*

모크는 허드슨 야즈[78]에 있는 한 커피숍에서 만나자고 했다. 그의 스타트업 오피스 근처이자 공교롭게도 내 아파트 근처였다. 그는 나의 편리함 따윈 신경 쓰지 않았을 것이다. 20분 정도 기다렸는데–모크는 항상 늦었다–그가 문자를 보내기도 전에 이미 주문한 카페모카를 받았다.

나는 한숨을 쉬고, 내 컵에 초콜릿 가루를 뿌리고, 그를 위해 주문했던 카푸치노를 가지고 일어났다.

"이런, 이런, 이런," 그는 벨트 케이스에 전화기를 넣으면서 바람을 가르는 듯한 소리로 외쳤다. "내 친구 빅–투르 아닌가." 그는 빅터가 아닌 '빅–투르'라고 발음했다. 모크는 케임브리지대학교에서 박사 학위를 받았다고 주장했지만 분명히 영국인은 아니었다. 심지어 코린조차도 그의 진짜 국적을 알지 못했다.

나는 여전히 숨이 찼다. 엘리베이터가 꽉 찼기에 나는 베슬의 꼭대기까지 걸어 올라가는 실수를 범했다. 베슬은 야외에 있는 예술 작품으로, 200만 달러의 구리 덮개로 된 어디에도 연결되지 않는 계단이다. 그를 찾아 계단을 오르내리고 꼭대기 층에서 빙빙 돌아다녔다. 바로 직진할 수 없고 오직 불쾌한 무엇인가를 향할 수밖에 없는 악몽의 물리학이 적용된 것 같았다.

---

78 뉴욕시 맨해튼의 허드슨 강변 지역에 조성된 도심개발사업지.

"빅터? 그 빅터라는 놈은 누구야?" 내가 물었다.

"빅투르 프랑켄슈타인. 사람을 죽이는 괴물을 만든 사람이지. 샘텀. 나는 사람들이 그렇게 부른다고 생각하니까 당신 맞잖아. 아닌가?"

"나도 만나서 반가워. 모크"

"저기 위에 있는 내 사무실 창문을 볼 수 있을 거야." 그는 1,000피트 높이의 빌딩 꼭대기를 가리켰고 150피트 위의 삭막하고 바람 부는 광장에서도 쳐다보기에 목이 아팠다. 바람이 씽씽 불고 있었다.

"여기, 카푸치노."

그는 지저분한 머리카락을 뒤로 넘겼고, 살찌고 꼴사나운 소년 같은 얼굴이 드러났다. 바람이 다시 불었다. 그는 커피의 플라스틱 뚜껑을 열고는 의심스러운 눈초리로 보고서는 꿀꺽꿀꺽 마셔버렸다. 카푸치노를 식힐 시간이 충분하긴 했다.

"나는 여기 오는 것을 좋아해. 에셔[79]의 작품 세계 속에 있는 것 같거든. 멋지지 않아?" 그는 입술에 거품을 묻히고 말했다.

"운 좋네. 영원히 관광객 놀음을 할 수 있겠어."

"나는 네가 뭘 하려는지 짐작하고 있어." 그는 늘 그렇듯이 흥분한 쇳소리를 내며 웃었다. 나는 그가 입에서–카푸치노 없이–거품을 만들어 낼 수 있을지 궁금했다.

나는 굳건히 응시했다. "얼마야?"

"내가 판다고 누가 말한 거지?"

"어서. 네가 연락했잖아."

"하지만 나는 네가 그럴 만한 돈이 없다는 것을 알아."

"이봐, 내가 그것이 필요한 이유를 알잖아."

---

79 네덜란드 출신의 판화가. 고도의 기하학적 계산을 동원해 현실적으로 불가능한 세계를 그려내고, 가상과 현실을 넘나드는 초현실주의 작품을 보여 준다.

"델피안들은 멍청이야. 누구라도 트러스티드 하드웨어가 손상될 수 있다는 것을 알고 있지."

"몇몇의 대형 정보기관을 제외하고는 그런 일을 최근에 한 곳은 내가 알고 있는 한 팬데몬이 유일해." 팬데몬은 그의 유사 기업 해킹 조직이었다. 그들은 스스로 '해적 해커 집단'이라는 뜻이라고 했다. "그리고 너는 나에게 최신 버전을 크랙하기 위해서 새로운 사이드 채널 공격을 하려 했다는 것도 말해 주지 않았잖아."

"정확히 맞아. 그래서 아폴론이 그 교수를 죽였다는 거야, 응?" 바람이 그가 손가락으로 느슨하게 잡고 있던 플라스틱 컵 뚜껑을 뉴저지까지 보내 버리겠다는 듯이 위협적으로 날려 버렸다.

"그가 살해당한 것인지 알 수 없어." 내가 말했다.

"어제 그가 죽은 뒤 델피안을 테마로 한 NFT 가격이 급등했지. 너에 대한 NFT도 있었고, 사려고 했지만 망설이다가 놓쳐버렸어. 멍청한 실수였지. 넌 다른 어떤 것도 공인하지는 않았겠지?"

"그래."

"그건 상관없어. 누군가 내가 말했던 것을 낚아채서 5만 달러로 만들었어."

"우리가 당면한 문제로 돌아가면 안 되나?"

"좋아. 델피안의 '예언'이라는 것에 흥미 있었어. 나는 그것을 추적했어. 그들은 이 예언이 작동한다는 증거를 생성하기 위해서 트러스티드 하드웨어 안에서 정확한 공격 시뮬레이션을 실행시켰어. 그래서 너도 알다시피, 손상된 트러스티드 하드웨어를 가지고 증거를 속이면 모두가 진짜라고 생각하는 가짜 공격을 발생시킬 수 있지. 우리는 그 망할 것을 무서워할…."

"그래, 모크. 인상적이네. 그래서 얼마냐고?"

"그건 생각해 봐야지." 그는 또 다른 웃음의 전주로 쇳소리를 냈다. 그의 입가에는 거품이 조금 남아 있었고 강한 바람이 불어서 나는 한걸음 뒤로 물러났다.

모크는 특정 그룹에서 기술적 조언을 하는 것으로 알려져 있지만, 나는 그가 행동하기 보다는 중계하는 사람이라고 들었다. 아마도 여전히 팬데몬의 진정한 두뇌로 무엇인가를 해결하려고 노력 중일 것이다. 나는 신경 쓰지 않았다. 그가 웃음을 멈추자 나는 말했다. "나는 시간이 얼마 없어."

"알아. 재미있게도 그들은 너를 목표로 삼았지." 그는 나머지 카푸치노를 마시고는 입술을 핥았다.

"불경의 대가지."

"이제 넌 유명 인사야."

사람들에게 내가 죽을 정도의 명성이라는 것은 어떤 의미일까? 나는 그가 진짜로 부러워한다고 생각했다.

"모크, 그들이 너를 무시해서 유감이네. 나는 그저 이 세상에 정의가 없다고 누군가에게 불평했을 뿐인데 말이야."

"내가 널 위해서 뭘 할 수 있는지 결정하면 알려 줄게. 아마 오늘 오후 늦게는 결판날 거야."

편집증적 기준에 맞는 안전 통신 보안을 위해서, 떠나기 전 우리는 서로의 싱글 세이프 넘버 QR코드를 확인했다. 나는 마지막에 그가 태평스러운 관광객처럼 하늘 높이 있는 그의 사무실 사진을 찍는 것을 언뜻 보았다. 내가 부러워할 차례였다.

*

개발자들이 스마트 계약의 보안을 분석할 때, 공격자를 '합리적 행위자'로 가정한다. 돈 버는 것이 목적인 것을 멋지게 표현하는 것이다. 때때로 사람들은 세상을 조금 부수고 싶어 한다. 하지만 이런 이들은 너무 드물고, 고고한 해커들은 해당되지 않는다. 이런 사람들은 돈을 위해 일하거나 정치적 목표를 위해서 정부에서 일을 하고 있는 것이다.

나는 델피안들의 행동에 대한 이유가 무엇인지 몰랐다. 고고학 교수나 나같이 무해하고 지루한 사람을 제거하기 위해서 수십만 달러를 써서 얻는 이익이 무엇인지 분명하지 않았다. 몇몇 사람들은 델피안들의 목표가 스마트 계약이 너무나 위험하고 스마트 계약의 신뢰는 파괴될 수 있다는 것을 보여 주려는 것이라 생각했다. 이것은 암호화폐를 위축시키고, 델피안들이 공매도로 돈을 벌 수 있게 한다는 것이다. 하지만 이것은 말이 되지 않는다. 역사적으로 봤을 때 사이버 공격은 암호화폐의 가격을 예측 가능한 방식으로 움직이게 하지 않았다.

델피안들의 동기와 약점을 찾기 위해서-만약 그들이 존재한다면 말이다-나는 그들의 생각을 배우는 것뿐만 아니라 그들의 생각을 직관적으로 이해하는 것이 필요하다는 것을 깨달았다. 고대 그리스에 대한 언급이 델피안들의 코드에 있었고, 이제 인터넷 곳곳에서 들끓게 되면서 내가 원래의 델피를 이해해야 할 필요성은 더욱더 분명해졌다.

덕후들은 항상 도움이 된다. 누군가 고대 델피 그러니까 산과 건물 그리고 신성한 물건들과 다른 모든 것들을 가상 현실에서 재현해 놓았다. 메타버스 세계에 새로 추가된 것이었다. 어제 출시되었기에 델피안들의 손길이 미친 것이 아니라도 그들에게 영향을 받은 것은 분명했다. 나는 가상현실 헤드셋을 백팩에 넣고 연방 수사국(FBI) 건물로 갔다.

"다이앤, 델피에 대해서 배워야겠어요. 델피안들이 어떻게 생각하는지 알고 세상에서 그들이 무엇을 원하는지 알고 싶어요. 당신의 이론을 델피안 코드에 대한 내 이해에 적용할 필요가 있어요."

"와, 재미있네요." 다이앤은 헤드셋을 착용하고 아폴론 신전 안을 둘러보면서 말했다. 놀랍게도 그녀는 어떠한 형태의 메타버스나 가상세계를 경험해 본 적이 없었다. "하지만 이것은 잘못됐네요. 사원은 아름답군요. 저 대리석과 높은 천장을 봐요. 하지만 너무 비어 있어요. 봉헌물도 없고요. 저건 뭐죠? 이곳의 아디톤에는 피티아를 위해 어이없게도 작은 가든 하우스가 있군요." 그녀는 그곳을 향해 걸어가다가 바닥에 있는 내 가방에 걸렸다. 나는 비틀거리는 그녀를 잡았다. 그녀는 나에게 짜증을 내는 대신 웃음을 터트렸다. "대단해요!"

워커가 문 앞에 나타났을 때 나는 그녀를 진정시키고 있었다.

"복도 아래서 당신들 둘이 말하는 것을 들었습니다. 도대체 그녀에게 무슨 짓을 한 것입니까?"

"그녀는 나쁜 여행 중이죠. 에틸렌에 마취된 것이 틀림없습니다."

"응?"

나는 다이앤을 사무실의 더 안전한 곳으로 데려간 뒤 물러났다. 다이앤이 조심스럽게 발자국을 떼는 것을 지켜보는 동안, 워커가 나를 흘끔 보았다. "당신은 이것을 하려면 공간을 확보해야 합니다. 어쨌든 저는 당신에게 물어볼 것이 있습니다." 그는 나에게 말했다

"옴파로스 역시 잘못되었네요. 양모 덮개가 있어야죠." 다이앤이 이야기했다.

"그녀는 도대체 무슨 이야기를 하는 겁니까? 프랑스식 스너플러파거스[80]인가요?"

"나는 그들이 박물관에 있는 것을 모델로 했다고 생각해요. 게다가 황금 독수리도 없군요." 다이앤이 계속했다.

"질문이 뭔가요?" 나는 워커에게 물었다.

---

80 Snuffleupagus. 털매머드와 비슷하게 생긴 종족으로, 〈세서미 스트리트〉에 나오는 캐릭터이다.

워커는 다이앤이 주변을 더듬는 것을 보고서 고개를 젓고는 내게로 몸을 돌렸다. "다시 물어보는데, 왜 당신을 목표로 삼았습니까?"

"다시요? 나는 당신에게 이유를 말한 적이 없는데요."

"그러니까 말해 보십시오."

"이 일은 내가 비가노 교수에 대한 첫 번째 악성 계약을 중화하기 위해 내 계약을 만든 뒤 일어났습니다. 나는 중화가 성공한다면 상금을 지급하기로 설정했죠."

"당신 돈으로?"

"내 돈으로요."

"왜입니까?"

"멋져 보이니까요."

"정말 멋지시군요. 당신은 자주 이럽니까?"

"아니요."

"내가 걷지 않고 이동할 수 있나요? 밖으로 나가 보고 싶어요." 다이앤이 물었다.

"그럼요. 당신 손을 날개처럼 펼치면 날 수 있어요. 아니면 맵에 찍어서…."

"그 보상금은 얼마나 됩니까?" 워커가 물었다.

"기억이 안 나네요. 10이더(ETH) 정도일 겁니다." 암호화폐인 이더리움이었다.

"그것은 작은 돈이 아닙니다. 그것은 수천 달러입니다. 수천 달러요."

"앗싸! 맵이 작동하네요!" 다이앤이 외쳤다.

워커가 계속했다. "그래서 당신은 암호화폐 백만장자입니까?"

"나는 일해서 돈을 벌어요. 암호화폐 재벌이 아닙니다."

"하지만 당신은 들어본 적 없는 괴팍한 늙은 교수를 돕기 위해서 수천 달러를 기부할 수 있습니다. 제가 이것을 이해할 수 없다는 것에 공감하시죠?"

"더 쉽게 이해시켜 줄게요. 워커, 나는 지난달에 '세이브 더 엘리펀트'에 5만 달러를 기부했습니다. 처음이 아니죠. 나는 1년에 초콜릿에 3,000달러 이상을 쓰고, 초콜릿에 감사해야 하는 개인 트레이너에게 1년에 15.000달러를 씁니다. 과체중을 극복할 수 없었던 '이전' 결과는 이미 당신이 앞에서 보고 있지만, 당신이 볼 '이후' 결과는 다음 주 내가 죽은 뒤에나 보겠죠. 나는 어제 400달러를 주고 납작하고 금이 간 청동 남근 브로치를 샀는데 그것은 거기 당신의 미국 국기 옷핀보다 크지 않습니다. 나는 돈의 대부분을 암호화폐 시장에 두고 있고 암호화폐 시장은 도박장 같아서 내일이라도 다 사라질 수 있죠. 그래서 나는 당신처럼 전형적인 방식으로 돈을 쓰지 않습니다. 돈을 모으지 않고, 사실 내 분재 나무를 제외하고는 돈을 펑펑 쓸 만한 가족도 없습니다. 차도 없고, 전처가 콘퍼런스에서 나눠 주는 공짜 티셔츠를 보충하기 위해 20년 전에 사줬을 것 같은 옷을 입고 있죠. 나는 돈을 쓸 줄 모릅니다. 그저 올림포스 신이 만들었다고 알려진 코드에 구멍을 뚫을 수 있는 영리한 사람이 있을지에 대한 호기심을 충족시키는 데 쓰는 정도죠."

"무슨 말인지 알겠어요." 워커는 눈을 크게 뜨고 말했다. 우리는 모두 바닥을 보았다. 거기에는 다이앤이 있었다. 그녀는 천장을 향해 목을 빼고 천장을 향해 가리켰다.

"저기 있네! 금글자 E!"

"맞춰 볼까요? 그녀는 〈세서미 스트리트[81]〉 촬영장에 있군요. 맞죠? 예를 들면…" 워커의 목소리는 아나운서처럼 바뀌어 있었다. "〈세서미

81 Sesame Street. 1969년에 처음 방영이 시작된 미국에서 제작하는 어린이 TV 프로그램이다.

스트리트〉에서는 오늘 여러분에게 글자 E와 숫자 5를 가져왔어요. 아쉽습니다. 저는 회의에 늦었습니다." 그는 응답을 기다리지않고 돌아서서 문으로 갔다.

"그리스 사람들은 그 글자를 엡실론이라고 부르는 것 아니었나요?" 나는 다이앤에게 물었다.

"아니죠." 워커는 어깨를 반쯤 돌리며 말했다. "중세 시대 이후부터입니다." 그가 복도로 어슬렁거리면서 가고 있을 때, 나는 사무실 유리벽을 통해서 그가 힐끗 뒤를 보고서 윙크하는 것을 봤다.

다이앤은 헤드셋을 벗었고 웃으며 고개를 저었다. "멋지고 아름답지만 당신은 여기서 배울 만한 것이 아무것도 없을 것 같아요."

"별로인가요?"

"수업 시간에 사용하지 않길 바라요."

그녀의 말에 나는 길게 한숨을 쉬었다. "잊어버리세요. 옛날 방식대로 하면 돼요."

"그러면 뭘 하죠?"

나는 앉아서 그녀에게 책상 반대편에 있는 의자를 가리키며 말했다.

"그래서 아폴론과 그의 똘마니들이 원하는 것이 뭘까요?"

"빛과 진리죠."

"뜻은요?"

"뜻은 그들이 무엇을 원하는지 또는 무엇을 원했는지에 대해서 말할 수 없다는 것이죠. 이것은 복잡하고 자주 모호하죠. 당신은 유명한 크로이소스 왕에 대한 예언을 들어본 적이 있나요?"

"아니요."

"크로이소스는 리디아의 통치자였는데 부로 유명했어요. 그는 기발한 생각을 가지고 있었죠. 그는 어떤 오라클을 신뢰할 수 있을지를 알아내기 위해서 모든 중요한 오라클들을 시험했어요. 그는 각각의 오라클에 사자를 보냈죠. 국왕은 사자들에게 정확히 그들이 떠난 지 100일이 된 후에 국왕이 그의 왕국에서 무엇을 하는지에 대해서 물어보라고 지시했죠. 그리고 델피의 오라클만이 정답을 맞혔어요."

"그 왕은 뭘 했나요?"

"거북이 수프를 먹었어요."

"대단하네요. 나는 짐작도 못했어요."

"크로이소스는 델피의 가장 큰 후원자가 되었죠. 그는 자주 오라클에 상담했고 엄청난 금으로 된 선물을 보냈어요. 페르시아 제국이 동쪽에서 성장해서 위협이 되자, 그는 이에 대항해서 군대를 소집해야 할지를 결정해야 했어요. 당연히 델피의 오라클에 상담을 했죠. 여사제는 만약 전쟁을 한다면, 그가 위대한 제국을 파멸시킬 것이라고 했어요. 그래서 그는 전쟁에 나섰고 위대한 제국을 파멸시켰어요. 단지 그가 파괴한 제국이…"

우리는 동시에 말했다. "자신의 제국이었죠."

"아마 내가 여기저기를 뒤졌을 때 읽었을 거예요. 그래서 이 이야기의 교훈은 오라클의 예언은 숨겨진 진실을 포함할 수 있다는 것이죠. 하지만 나는 컴퓨터 과학자예요. 내가 이해해야 하는 것은 규칙이죠."

"내 말이 그 말이에요. 여기에는 십계명과 같은 율법은 없어요. 오라클에는 종교적 의식과 상담을 위한 엄격한 공식만이 있었죠. 하지만 대부분은 사라졌으며 시간이 흐르는 동안 너무나 많이 변해 버렸죠. 우리는 델피가 언제 만들어졌는지도 몰라요. 아마 3,000년 전쯤일 겁니다. 게다가 델피 탄생에 대한 다른 신화들도 있죠."

"나는 위키에서 읽었어요. 아폴론이 오라클을 지키던 거대한 피톤을 죽이고 델피를 세웠다죠."

"일부 학자들은 이 이야기가 대지의 여신 가이아를 중심으로 하는 더 오래된 고대의 종교가 아폴론에 대한 숭배로 대체되었다는 의미로 해석하기도 해요."

"가이아, 나는 가이아에 대해서 뭔가 잊어버렸는데…."

"그리고 그들은 양치기가…."

"잠깐만요. 정말 안 좋네요. 나는 가이아에 대한 것을 읽었어요."

"왜 가이아가 안 좋죠?"

"델피안들은 가이아X라는 시스템을 공격했었어요."

"신화적 관점에서 보면 이해할 만한 일이군요."

"나는 처음에는 그저 그들이 공격할 수 있는 유일한 시스템을 공격했다고 생각했어요. 그들의 기술적 능력이 제한적이었기에 가장 취약한 시스템을 골라서 공격했다고 추정했죠. 나쁘지 않은 생각이었지만, 이제 당신이 말한 대로라면 목표를 정해놓고 공격했다는 것이에요. 그들은 공격할 시스템을 결정했어요. 의지대로 공격하기 위해서는 막강한 도구가 있어야 하죠. 내 생각보다 더 심각하네요."

"유감이군요. 내가 그들의 행동을 일부 설명하는 데 도움을 줄 수는 있지만…."

"젠장."

*

나는 델피안의 코드에 머리를 세게 한 대 맞았다. 이제 숨겨진 힘이 나를 향하고 있다는 것을 믿을 수밖에 없었다. 마음속 잠재의식은 나의 사고 과정을 뒤흔들었다. 모크가 하는 것은 무엇이든 간에 모크가 하는 것이었다. 모크와 나의 잠재의식 중 어느 것을 믿어야 할지 확신할 수 없었지만, 둘 다 내 말을 듣지 않을 것 같았고 간청하는 것은 아무런 의미가 없을 것이었다. 워커가 나에게 장난쳤을 수도 있겠지만 이것저것 캐물은 것은 그와 그의 친구들이 무슨 진전을 얻지 못했다는 것을 의미했다.

나는 다이앤의 사무실을 떠날 때 그가 윙크한 것을 잊지 않았다.

다이앤은 델피안의 코드에서 추출한 그리스어를 검토하고 있었다. 다이앤은 후대 델피안들이 사용한 역사적 기록들로부터 그들을 특정할 수 있는 고대의 시간이나 장소를 알아내려고 노력 중이었다. 그리고 베너나 메르카터보다 더 많은 것을 알아낼 만한 다른 정보원들을 찾으려 여러 사람들을 만났다. 빠른 속도로 진행되는 고고학 세계의 최신 정보였다. 나는 숨죽이고 있지만은 않았다.

미친 소리 같겠지만, 나는 생텀의 다음 세대인 생텀 버전 2에서 작업하는 것을 고려했다. 나는 블록체인을 가지고 비난하려는 것은 아니었다. 만약 레거시[82]를 남기려 했다면 나는 재빨리 이것을 봉인해야 했지만, 나는 더 나은 길을 찾을 수 없었다. 다른 것보다 델피안들이 생텀의 힘을 보여 준 것은 나에게는 성공이자 실패였다. 만약 내 두뇌를 이어받은 아이가 오이디푸스 콤플렉스를 가지고 나를 죽이려 하는 것이라면? 내 손가락은 키보드를 치고 있었지만, 이것은 도리어 정신을 분산시키는 방법이었다.

만약 내가 델피안이라면 어떻게 할 것이냐는 다이앤의 질문은 나를 괴롭혔다. 그녀에게 나는 엄청난 것을 위한 씨앗을 뿌릴 것이라고 말했다. 델피안들이 화살을 쏘기 위해 머리를 성벽 위로 내밀었다고 추측해서는 안 된다. 델피안들이 사이버 공간에서 조용히 퍼지고 있는 것을 알아보려면 어디서 델피안들을 봤다는 온라인의 헛된 루머를 조사하는 것도 가치가 있어 보였다. 어쩌면 내가 본 광고들은 생각했던 것보다 목적을 둔 것은 아닐 수도 있지만.

---

82 Legacy. '자산', '유산'이라는 뜻을 가지고 있으며, 프로그래머들 사이에서는 하위호환을 위해 새로운 프로그램 속에 남겨 두는 기존의 소스코드를 뜻하기도 한다.

애디튼의 추종자들은 매우 열렬하고 충성스러운 팬클럽이다. 그들의 밈에는 종종 개구리 페페가 등장한다. 페페는 암호화폐계에서 광범위하게 인기를 끌고 있는 인간형 녹색 개구리이다. 페페는 우리 토큰을 거래하고 큰 이익을 얻은 뒤 웃으면서 100달러짜리 지폐를 말아서 시가처럼 피우기도 하고, 페페는 루카스의 유명한 셔츠를 입고 노란 람보르기니에 앉아 있기도 한다. 산타클로스 복장을 한 페페는 애디튼의 신자들에게 값비싼 선물을 주기도 한다. 이 사람들은 나를 돕고 싶어 했고, 맹렬한 에너지로 단서를 찾고 있었다. 델피안들이 벌집을 건드렸다는 것에 나는 조금 위안을 얻었다. 그러나 소셜미디어 게시물에 좋아요 몇 개를 위해 자신의 할머니도 갖다 파는 짓도 하는 일부는 황금 오렌지색의 페페로 묘사했다. 독화살에 사용되는 치명적 독소를 분비하는 오렌지색 개구리로.

소셜미디어와 온라인 포럼에서는 악성 계약과 델피안의 '예언'에 대한 익명의 주장과 이론과 반론들로 소용돌이치고 있었다. 수천 개의 포스팅과 좋아요가 있었고, 수십만 명 혹은 그 이상의 사람들이 이런 글들을 읽었다는 것을 의미했다. 이것은 대부분 악성 루머들과 FUD였다. FUD는 두려움Fear, 불확실성Uncertainty, 의심Doubt을 의미한다.

내부 직원인데, 애디튼의 개발자들이 CEO인 루카스와 싸웠어. 내가 봤는데, 서로 주먹질을 했고, 그 놈은 말 그대로 피를 봤어. 루카스가 그 악성 계약의 배후야. 모든 것이 밝혀지면 그는 감옥에 가고 모두가 버리겠지. 그들의 토큰을 단타 쳐. 이걸 스크린샷 해 둬. 나중에 나에게 고마워할 거야.
악성 계약을 중화시키기 위해서 100만 달러, 그 놈을 죽이는 데 70만 달러, 천재적인 방구석 폐인이라도 100만 달러를 모을 수 없지만, 나같이 뇌가 비

어 있는 사람도 70만 달러를 버는 방법을 알려 줄 수 있지.
아폴론은 사토시 나카모토다. 나를 믿어. 그는 비트코인이 월가에 인수된 것에 제정신이 아니게 된 거지. 그의 다음 묘안은 그를 배신한 망할 개발자들과 사기꾼을 없애는 것이야. 그리고 나는 엄청 웃어댈 거야.
는 엄청 웃어댈 거야.

이에 더하여 유대인과 일루미나티[83]에 대한 엄청난 헛소리들이 있었고, 그 이상은 이해가 되지 않았다. 내가 ¼은 유대인이고, ¼은 일루미나티라는 소리에 대해서는 매우 불쾌했다.

이미 내가 신뢰하는 모든 기술 전문가들의 블로그 포스트를 다 읽었다. 쓸모 있는 것들은 없었다. 누군가 그 악성 계약과 델피안의 '예언' 시스템이 시작한 것이 오전 9시에서 오후 5시 사이라는 것을 찾아냈다. 이것은 베이징 시간대로 중국 정보기관이 배후에 있다는 것을 의미할 수 있었다. 하지만 델피안들은 그들이 무엇을 하는지 알고 있었고, 분명히 이런 실수를 하지 않았을 것이다. 다른 이론에서는 이 시작 시간은 또 다른 정보기관을 은폐하려는 것이라고 한다. 또 다른 이야기에서는 이것들은 또 이중 은폐로 진짜는 중국 정보기관이라고 했다. 그리고 또 다른 이야기에서는 삼중 은폐로 진짜는 러시아 정보기관이라는 것이었다.

몇몇 사람들은 델피안 코드를 작성한 사람을 알아내기 위해서 스타일로메트리 분석을 했다. 스타일로메트리stylometric는 알려진 작가의 작품과 익명의 작품을 컴퓨터 기반으로 통계적 분석을 하는 작업이다. 이것

83 Illuminati. 8세기 후반 프로이센 왕국을 중심으로 활동하던 급진적·계몽적 성격의 자발적 결사체. 이들이 암암리에 잔존해 있으며, 정치인, 군인, 과학자, 그 밖의 유명인을 포섭하여 배후에서 세계의 정치·경제를 조종하고 있다는 이른바 그림자 정부 관련 음모론도 있다.

은 익명 저자들을 밝히는데 꽤나 성공적이었다. 《뻐꾸기의 외침》이라는 소설을 쓴 로버트 갤브레이스는 신선한 문체로 알려져 있었는데, 스타일로메트리를 통해서 J.K. 롤링[84]의 또다른 필명이라는 것이 밝혀졌다. 코드의 경우에는 익명의 코드와 작성자가 알려진 코드 샘플 사이의 문법적 일치를 찾는 것이다. 대부분 인공지능의 도움을 받는 기본적 코드에는 효과가 있는 방법은 아니지만, 델피안의 악성 계약에는 적용할 만해 보였다. 스타일로메트리 작업은 코딩 작업이 더 어려울수록, 프로그래머가 더 경험이 많을수록, 차별되는 결과를 얻을 수 있다. 결과가 뚜렷해지고 스타일 측정이 더 잘될 수 있기 때문이다. 하지만 이것은 신에게는 효과가 없을 수 있다. 델피안의 코드에 대한 스타일로메트리 분석은 유럽 대학들의 실험적 코드 합성 프로그램 또는 개구리 페페로 다양하게 연관지어졌다. 어떤 것도 확실한 것은 없었다.

적어도 델피안의 코드가 어느 정도 다른 세계의 것이라고 생각한 것은 나 혼자만은 아니었다. 한 유명한 스마트 계약 연구자는 아랍의 군사적 기술을 처음 접하는 십자군에 비유를 했다. 아랍 사람들은 다마스쿠스 강철이라고 불리는 전설적인 물질로 검을 만들었다. 십자군에게-이런 무기들은 형태와 기능면에서는 친숙했지만-마법으로 물들인 외계의 우월한 것이었다. 십자군의 육중한 무기를 잘라낼 정도로 강했을 뿐만 아니라 공중에 날리는 비단 조각을 잘라낼 정도로 날카로웠다. (현대에 이르러 중세 다마스쿠스 강철을 분석한 결과, 탄소 나노 튜브를 발견했다.) 그리고 아랍의 무기들은 아름답기까지 했다. 마치 델피안의 코드처럼 말이다. 누군가는 기능적 무기에 왜 정교한 장인의 기술을 넣는지에 대해서 궁금해 할 것이다. 다마스쿠스 강철 표면의 구불구불한 패턴의 사랑스러

84 전 세계에서 가장 많이 팔린 소설 시리즈인 『해리 포터』를 쓴 영국 작가.

움에 매료되어서 그것으로 누군가를 살해하려는 의도를 잊게 하려는 것이다.

어떻게 보든, 델피안에 대한 추종자들이 눈덩이처럼 불어난 것은 놀라운 일이 아니었다. 많은 이들은 그 악성 계약에 대해서 격분했다. 그들은 소셜미디어에 암호화폐와 공공 블록체인의 과도함과 위험에 대해서 폭언을 게시했다. 일부는 명백하게 반박하기 어려웠다. 다른 이들은 악성 계약이 왜 인공지능의 종말을 위한 거대한 발걸음인지에 대한 헛소리를 지껄였다. 하지만 다른 쪽에는 델피안의 힘에 유혹당한 사람들이 있었다. 신과의 연관성은 부족했지만 제자가 되려는 사람들이 커뮤니티를 형성했다. 그리고 이 커뮤니티는 작지 않았다.

비록 온라인 포스트들은 진짜 미치광이가 쓰더라도 그 안에는 조금의 진실이 들어 있었다. 그 델피안 무리들의 온라인 소란은 나를 정말 흔들어 놨다.

우리는 그 교수와 애디튼 놈이 무슨 끔찍한 짓을 했는지 모른다. 아마 많을 것이다. 그리고 가이아X는 잘 알려진 쓰레기 코인이었다. 아폴론의 추종자들은 진리를 믿고 그들은 세상을 바꿀 기술의 최첨단에 있다. 그들을 사악하다고만 보지 마라.
그리스 종교에서 아폴론은 진리를 상징해. 디오니소스는 그의 대척점에 있고 술주정뱅이를 대표하지. 어느 편인지 선택해, 친구들.
나는 이 일에 참여하길 원합니다. 이유는 밝힐 수 없지만 그래야만 합니다. 만약 당신들이 연락할 수 있다면 제발 도와주세요. 나는 메시지를 보냈지만 답을 받지 못했습니다. 제발요. 나는 암호화폐로 돈을 많이 벌었고 당연히 대가를 지불할 것입니다.

원칙적으로 연락할 방법은 있었다. 델피안의 스마트 계약은 델피안의 통제하에 있는 블록체인 주소로부터 실행된다. 그래서 그 주소로 메시지를 보낼 수 있다. 심지어 모든 주소는 공용 암호 키로 연결되어 있어서 암호화된 메시지를 보낼 수도 있었다. 나는 그 체인에 보낸 많은 메시지를 보았는데 일부는 암호화되어 있었고 일부는 아니었다. 사람들은 내 목에 걸린 현상금을 위해서 악성 계약에 돈을 보냈지만, 훨씬 더 많은 돈을 델피안의 주소로 직접 보냈다. 또 NFT 형태의 가상세계의 예술 작품과 물건들도 보냈다. 이것은 디지털로 된 황금상과 보석으로 이교의 신에게 이전에는 한 번도 제공된 적이 없었다. 가상세계의 반짝이는 동전과 예술 작품 더미들은 수백만 달러의 가치가 있었다.

블록체인의 주요 특징은 투명성이다. 그 안에서 일어나는 모든 것은 영원히 모든 사람들에게 보여 준다. 그래서 나는 사람들의 암호화된 메시지와 가상세계의 조공물을 볼 수 있었다. 그리고 나는 델피안들이 어떤 메시지에도 답을 보내지 않고 또 신께 바치는 어떤 공물에도 손을 대지 않는 것을 볼 수 있었다.

암호화폐 커뮤니티는 이미 신화와 컬트적 행동에 빠져 있었다. 이 모든 것은 비트코인의 창시자로 알려진 암호화폐의 호메로스인 '사토시 나카모토'로부터 시작했다. 분권화의 원류 시인으로, 그는 세상에 그의 재능을 부여하고 인터넷에서 사라졌다.

'사토시'는 또 다른 의미로 '호메로스'와 같았다. 그냥 이름일 뿐이었다. 아무도 사토시가 남자 인지 여자인지 혹은 그룹인지조차 알지 못했다. 누군가 안다고 하더라도 말하지 않을 것이다. 이론은 많다. 아마도 초기 사이버펑크[85]였던 할 피니-암호화가 세상을 바꾸는 힘이 될 것이라 믿었

85 cyberpunk. 1980년대 이후 등장한 과학 소설의 한 장르이며 인간 본성, 기술 그리고 이 둘이 엮이게 되면서 가까운 미래에 일어날 새로운 아이디어를 표현하는 것을 말한다.

던-였을 수 있다. 그는 끔찍한 퇴행성 질환으로 사망했고, 현재는 애리조나에 있는 10피트 높이의 액체 질소 탱크에 얼어 있다. 또 다른 사이버펑크인 닉 사보일 수도 있다. 그는 스마트 계약과 비트코인의 이전 형태인 비트 골드를 발명했다. 아니면 둘 다 일수 있다. 아니면 국가안보국(NSA)일 수 있고 아니면 외계인일 수도 있다.

비트코인 이전에 최고의 학술 연구원들은 20년 동안 실행 가능한 암호화폐를 만들려고 노력했지만 모두 실패했었다. 나카모토가 누구건 간에 그의 발명은 그것을 실행하려는 사회적·경제적·기술적 문제를 모두 해결했다. 비트코인은 하늘에서 떨어진 것과 같았다.

암호화의 신화를 형성하는 이전 역사는 아마도 델피안을 추종하는 이들의 공동체가 그들 자신의 신화를 고안하는데 문제가 없게 만들었다. 중심 아이디어는 위대한 귀환이라고 알려진 것이다. 그것은 바이러스처럼 퍼졌고 기원을 추적할 수 없었다. 내가 알아낼 수 있었던 최선의 것은 아폴론이 태양의 신이라는 것이었다. 그는 떠오르는 태양으로 태어나서, 호를 그리는 그의 활을 따라서 하늘을 가로지르고, 황혼의 핏빛 속에서 죽고는 다음날 일출에 다시 태어난다. 이것은 신이 올림푸스를 떠나거나 '하이퍼보레아'[86]라고 불리던 신화 시대 사람들과 살기 위해 떠날 때, 수세기 동안 지구상에서 어둠을 추격하여 떠오르는 아폴론 주기에 대한 은유였다. (신이 실제 암흑기 동안 머문 휴가 별장과 그곳의 우주적 주소에 대해서는 온라인상에서 신랄한 논쟁거리였다.)

지금 지구에는 또 다른 주기가 시작되고 있었다. 그의 추종자들은 여명이 되기 직전의 희미한 빛을 바라보며 새롭게 빛나는 신이 지상을 다시 비출 때 그 첫 빛을 받아서 축복받을 것을 준비하는 것이었다.

---

86 북쪽 바람 저 너머에 사는 사람, 즉 북극 지방의 사람.

이 아이디어와 내가 읽은 모든 것들의 표면 아래에는 집단적 숨결이 있었다. 나는 모든 사람들 그러니까 프로그래머, 갈망하는 추종자들, 구경꾼 그리고 내 핸드폰까지도 비가노 교수에 대한 현상금을 청구해서 돈을 받으려는 사람을 기다리고 있었다. 그 악의적인 코드가 역사상 처음으로 악의적 손길에 의해서 인간의 목숨을 뺏는지를 지켜보고 있었다. 모든 것이 실현되는지를 기다리고 있는 것이다.

미래는 여기에 있다. 만약 당신이 진리의 길을 가로막는다면, 아폴론이 당신을 삭제할 것이다.

13장

'좋은 소식!' 모크가 보낸 메시지를 읽었다. 보낸 시간은 오전 2시 42분이었다. 나는 일어난 뒤에 그 문자를 봤고, 오전 늦게 그에게 문자를 보냈다. 나는 오후 1시가 넘어서 그와 영상 통화를 시도했다.

"헤이, 빅투르~" 그는 말하면서 얼굴을 카메라에 들이밀어서 스크린에 비해서 너무 크게 보였다. "나는 네가 원하는 키를 가지고 있어."

그가 말하는 '키'는 비밀 암호 키를 의미한다. 수백만 개의 랜덤 비트로 된 시퀀스였다. 11001010011110…. (한 비트는 정확히 256이다.) 그가 말한 비밀 키는 컴퓨터의 메인칩인 CPU의 특별한 보안 기능으로 보호되게 되어 있어, 거의 추출이 불가능한 것으로 알려져 있다. 하지만 보안의 세계에서는 불가능이란 없고, 팬데몬은 키 추출 해킹 기술을 꾸준히 개선해 왔다.

팬데몬은 그들이 해킹한 것, 즉 추출한 비밀 키를 국제 정보기관에 팔 수 있었다. 대신에 그들은 보통 친절하게도 CPU 제조사들에게 자신들이 발견한 위험한 취약성에 대해서 경고를 해주기도 한다. 물론 항상 그런 것은 아니다. 또 설령 알려 줬다고 하더라도 보안패치가 나오기 전까지, 팬데몬의 해킹은 비밀무기가 되어 있었다.

모크가 팬데몬이 추출할 수 있다고 주장하는 비밀 키는 트러스티드 하드웨어로 알려진 보안 기술과 관련되어 있다. 말했듯이, 이것은 생텀의 배후에 있는 중요 기술이었다. 트러스티드 하드웨어는 수많은 클라우드 서버에 존재한다. 이것은 컴퓨터 프로그램을 실행할 수 있는 블랙박스 같은 것을 만들어 낸다. 트러스티드 하드웨어는 프로그램들이 이 블랙박스 안에서 실행하는 것을 정확하게, 즉 인터넷으로 디지털 증거를 전송해서 해커들은 프로그램을 변경하거나 가짜 프로그램으로 바꿔치기할 수 없는 것이다. 또한 트러스티드 하드웨어는 블랙박스를 불투명하게 보장해서 트러스티드 하드웨어가 프로그램의 코드와 데이터 모두 감출 수 있다는 것을 의미한다. 이 트러스티드 하드웨어가 만든 블랙박스는 서버 주인으로부터도 프로그램을 보호할 수 있을 정도로 안전하다.

그러나 트러스티드 하드웨어는 암호화된 비밀 키에 크게 의존한다. 만약 트러스티드 하드웨어로부터 이런 키 중 하나만이라도 추출할 수 있다면 결과는 치명적이다. 키는 해커 자신의 소프트웨어로 전송될 수 있다. 그렇게 되면 해커는 외부 세계에서 보면 트러스티드 하드웨어에서 안전하게 실행되고 있고, 사용자를 공격으로부터 보호하는 소프트웨어를 만든 것처럼 보이지만, 실제로는 그렇지 않은 것이다.

만약 이런 일이 일어난다면, 인터넷 서비스나 블록체인 시스템의 보안 상태를 의심하지 않는 유저들은 그들의 민감한 정보를 견고하고 진실한 트러스티드 하드웨어로 보호되는 고도로 안전한 소프트웨어 애플리케이션으로 보냈다고 생각하지만, 사실은 해커의 컴퓨터 프로그램으로 데이터를 바로 보내는 것이다.

모든 보안 기술은 고양이와 쥐의 관계처럼 진화했다. 트러스티드 하드웨어는 수년간 개선되었고 전문가들은 가장 풍부한 자원을 가진 조직-미국 정보기관이라고 하자-만이 매우 한정된 상황에서 해독할 수 있을 것이라 믿는 지점까지 도달했다. 애디튼의 우리는 트러스티드 하드웨어가 결국 팬데몬과 같은 이들이 도달한 기술보다 훨씬 더 앞선다고 생각했다. 더불어서 우리는 내가 생텀의 출시 파티에서 비탈릭에게 말했던 것과 같은 몇몇 기술적 트릭을 개발했기에, 적어도 특정 유형의 공격에 대해서 트러스티드 하드웨어의 보안을 강화했다고 생각했다. 그래서 트러스티드 하드웨어가 유저를 위해 생텀을 안전하게 만들었다고 믿었다.

만약 모크가 키를 추출했다는 말이 진실이라면, 우리가 틀린 것이었다. 평소 같으면 나는 이런 사실에 당황했을 것이다. 그러나 지금 이것은 내게 구원이 될 수도 있다. 나는 모크가 가지고 있는 추출된 키 중 하나로 해커 역할을 할 수 있을 것이다. 개인정보를 보호하는 실제 생텀 소프트웨어 대신 내 자신이 자체 개발한 소프트웨어를 사용해서 생텀 네트워크에 가짜 서버를 설정할 수 있다. 생텀의 스마트 계약은 네트워크의 서버들로 이동한다. 운이 좋으면 델피안의 악성 스마트 계약과 여기에 포함된 비밀 데이터가 곧 내 가짜 서버로 흘러들어 오게 될 것이다. 델피안들은 그들이 비밀을 보호할 수 있는 불투명한 블랙박스라고 생각하는 곳으로 흘러들어 올 것인데, 사실 그곳은 나만의 투명한 큐브인 것이다. 그리고 나는 그 큐브의 크리스털 벽 한쪽에 코를 갖다 박고 델피안들의 넘쳐흐르는 비밀들을 들여다볼 것이다.

일이 잘 풀리면, 최소한 그 악성 계약에서 아직 밝히지 않은 나머지 5개 암살 대상의 이름을 볼 수 있을 것이다. 또한 제출된 모든 콜링카드도. 물론 모두 암호화되어 실제 암살자 아닌 누구에게서라도 나올 수 있는 것이므로 별로 의미가 없을 수도 있지만, 하지만 내가 만약 정말 운이 좋다면 내가 그 계약을 해킹하고 종료시키는 데 사용할 수 있는 델피안이 판 함정의 비밀을 알아낼 수 있을 것이다.

"'빅투르'라고 하는 것 좀 그만해. 하지만 키는 고마워." 나는 우물쭈물하며 모크에게 말했다. "얼마야?"

"7 ETH." 7이더였다. (그는 '이이쓰'라고 발음했다.)

그 주술적 숫자는 모크의 입에서 나오지 말아야 했다. 아치 모양을 그리며-다 안다는 듯-웃고 있는 입 모양은 그의 얼굴에 맞지 않았다. 재치 있는 어릿광대는 기이한 광대로 변했다.

"7이라…" 나는 그의 얼굴을 관찰하면서 말했다. "왜 하필 7이야? 무슨 의도인 거야, 모크?"

그는 심각한 눈초리로 나를 보았다. 그러고 나서 어릿광대 같은 모습으로 돌아가 웃음을 터트렸다. 노트북 스크린에 있는 플라스틱 보호막이 인터넷을 넘어서 날아올 것 같은 그의 침으로부터 나를 보호해 줘서 기뻤다. 그 듣기 싫은 소리는 점차 잦아들었다.

"너무 비싼 거야?" 그가 물었다. 삐걱거리면서 쇳소리를 좀 더 냈다.

'그는 주변에 널린 숫자 7에 대해서 읽었을 거야. 이것만으로 그가 델피안이라는 것을 의미하지는 않아.' 나 자신을 다독이며 말했다.

"7이더는 너무 싸잖아." 나는 말했다.

"7은 행운이지. 너는 딱 운 좋은 사람이고."

"그래, 내가 오늘 아침에 침대에서 떨어졌을 때 처음 든 생각이긴 하지."

"대신에, 일부 사람들이 판매하기 시작한 델피안 NFT 중 하나를 네가 공식적으로 승인하는 건 어때? 네가 나에게 미리 살짝 알려 준다면 난 떼돈을 벌 수 있고. 그러면 넌 7이더도 아낄 수가 있지."

"됐어."

"그거 너무 안타까운데. 왜냐하면…."

"뭐 하려는 거야, 모크? 속셈이 뭐야?"

"조건은 알 거야. 누구에게라도 키에 대해서 누설하거나 또는 어떤 식으로든 일을 복잡하게 만든다면, 우리는 널 산 채로 삶아 버릴 거야."

"너희도 경쟁자가 있겠지." 나는 전체적으로 나쁜 느낌이 들었지만 내가 예상했던 대로다. "좋아. 네 조건 받아들일게"

"저기, 코린이 날 아직 그리워해?"

"조건은 7이더와 내 영혼만이야. 너보다 나은 사람을 비방할 권리는 아니야."

"알았어. 뭐, 어쨌든 나도 그렇게는 생각해."

"키는 언제 받을 수 있는 거야?"

"이미 보냈어. 프로톤 메일[87]에서 온 이메일을 확인해 봐. 컨설팅 비용으로 청구할 거야."

나는 악마에게 고객 서비스가 나쁘다고 불평할 사람은 아무도 없을 것이라고 생각했다.

*

제2차 세계대전의 암흑기인 1943년, 연합군의 시칠리아 침공 전날, 영국은 군사 역사상 가장 성공적인 비밀 작전을 수행했다. 영국 해병대의 윌리엄 마틴 소령으로 가장한 시신에 영국 최고 사령부의 가짜 편지를 넣어 두었다. 이 편지에는 시칠리아는 속임수이고 연합군은 실제로는 그리스를 침공할 것이라는 내용이 담겨 있었다. 영국인들은 가짜 소령의 시체를 스페인의 해변에 두었고, 독일의 손에 넘어가게 두었다.

겉보기에 속임수는 간단했다. 하지만 제대로 하기 위해서, 독일인들이 완전히 믿게 만들어야 했다. 영국 정보부는 마틴 소령 주머니에 여행의

87 Proton Mail. 스위스 제네바에서 2013년 설립된 엔드투엔드(End-to-End) 암호화 이메일 서비스. 보낸 사람과 받는 사람 둘만이 이메일을 열어 볼 수 있다.

흔적이 있는 종이들을 넣어서 시체가 발견되기 일주일 전에 런던 여행을 한 것으로 꾸몄다. 새 셔츠 영수증, 초과인출에 대한 로이드로부터의 경고 편지, 극장 티켓 조각들, 해군과 육군 클럽에서의 숙박 영수증 그리고 약혼녀인 팸의 사진. 실제로는 MI5에서 타이핑을 하는 아름다운 사무직 직원이 해변에서 요염한 포즈로 찍은 사진이었다. 그리고 두 통의 러브 레터와 다이아몬드 약혼반지 영수증도 있었다. 이 속임수에서 최고는 속옷이었다. 군용 속옷이 부족했던 것을 반영하기 위해서 고인의 옥스퍼드대학교 동료인 워든이라는 민간인이 그에게 준 고급 모직 속옷을 입고 있었다.

마틴의 시체는 독일 요원이 발견했다. 히틀러는 일주일 후 소령이 지참한 문서 사진을 받았다. 영국 정보부는 독일군이 완전히 속았다고 처칠에게 보고했다. 총통은 독일군과 기갑사단을 동부와 프랑스에서 발칸반도로 재배치했다. 마틴 소령은 수만 명의 연합군을 살렸다.

전체 이야기는 첩보 영화 속 이야기처럼 들릴 것이다. 이 작전은 우연히 일어난 것이 아니라, 『007』 시리즈의 작가이자 영국 기자 출신인 이안 플레밍 중령이 계획을 세우는 데 함께했다

내가 왜 빌리 마틴을 언급하고 있을까? 왜냐하면 사이버 공간에서 속임수를 써야 할 때면 나는 늘 이 이야기가 떠오르기 때문이었다. 빌리는 다음과 같은 중요한 교훈을 가르쳐 준다. '전쟁에서 속임수를 성공시키려면 엄청나게 꼼꼼하게 계획을 하는 것이 필요하다.' 델피안들을 속이기 위한 가짜 서버에 모크의 키를 배치하려면, 나는 속옷까지도 계산해서 입어야 할 만큼 치밀해야 한다는 것이다.

가짜 생텀 서버를 '매직 크리스털'로 이름 지었다. 왜냐하면 나에게는 마법처럼 투명하기 때문이었다. 델피안의 악성 계약이 매직 크리스털에 도달했을 때, 그들은 세상으로부터 가려진 생텀에서 안전하게 실행되고

있다고 생각할 것이다. 하지만 나는 그들을 염탐하고 있을 것이다.

내가 무엇을 볼지는 알 수 없었다. 적어도, 나는 적어도 델피안들의 악성 계약에서 아직 밝혀지지 않은 암살 대상자의 이름을 발견하길 바라고 있었다. 내가 그 이름들을 알게 되거나, 그것과 관련한 유용한 무엇인가를 배운다는 보장은 없었다. 그러나 매직 크리스털은 델피안들이 내가 무엇을 하는지 알아내지 못하는 한 현재 상황에서 가장 좋은 희망이었다.

모크가 추출한 키는 내 계획에 중요했지만, 그것으로는 충분하지 않았다. 기술적 정교함을 가지고 델피안들을 속이기 위한 방법으로 매직 크리스털을 시작하는 데는 몇 가지 기술적 어려움이 있었다.

생텀은 '이동 표적 방어'라고 알려진 기본 보안 옵션을 가지고 있었다. 계약이 실행되는 동안 공격을 피하기 위해서, 계약은 다른 조직들에 의해 유지하는 생텀 서버 클러스터 주변을 이리저리 떠돌아다닌다. 이러한 끊임없는 움직임은 잠재적 보안 문제인 특정 서버에서 특정 조직으로 비밀 데이터가 천천히 유출되는 것을 막는 데 도움이 된다. 게다가, 클러스터에 있는 서버에 장애가 발생하면, 클러스터에 있던 코드들은 자동적으로 새로운 곳으로 이동한다.

첫 번째 해결해야 했던 기술적 난관은 생텀이 어떤 클러스터에서 어떤 계약 코드를 실행하는지를 감추고 있다는 것이었다. 그래서 델피안의 코드를 어디에서 찾고 매직 크리스털에 실행시켜야 할지 명확하지 않았다. 하지만 나는 운이 좋았다. 나는 사용자들이 다양한 계약이 어떤 코드를 실행하는지 확인할 수 있게 해주는 '핑거프린트' 코드의 공개 등록을 생텀에서 확인했다. 나는 델피안들이 서비스가 시작된 지 1시간 안에 악성 계약을 업로드했고, 며칠 후 계약을 활성화시켰다는 것을 알고 있었다. 생텀은 엄청나게 많은 가입자를 확보해왔고, 출시 당시 모든 클러스터들은 블록체인 업계 내에서 개발된 스마트 계약에 사용되도록 예약되어 있었다. 그래서 나는 델피안의 코드가 생텀 출시 후 처음으로 생성된 클러스터에 있어야 한다고 추론했다.

또 다른 문제는 코드 조각들이 환경에 따라서 다른 방식으로 실행된다는 것이다. 이것은 내가 소프트웨어 애플리케이션이 컴퓨터의 하드웨어 및 기타 소프트웨어와 상호 작용할 때 발생하는 작동 타이밍의 무작위적 변화 시간이라고 정의한 다양한 '흐트러짐jitter'를 보여 준다. 나는 매직 크리스털에서 작동하는 델피안의 계약 코드가 가진 '흐트러짐'과 진짜 생텀 서버에서 돌아가는 코드의 흐트러짐이 일치하는지 확인하고 싶었다. 이것을 위한 묘책을 고안해 내기 위해서 머리가 깨지도록 고민했다. 매직 크리스털의 임무는 가짜 트러스티드 하드웨어로 가짜 생텀 서버를 생성하는 것이었다. 역설적으로, 나는 진짜 트러스티드 하드웨어에서 이 가짜 서버를 실행하도록 했다. 그저 흐트러짐 진짜처럼 보이게 하기 위해서였다.

이것은 미묘한 것으로 과한 것일 수도 있지만 중요한 것일 수도 있었다. 그 속옷처럼 말이다.

다른 기술적 문제도 있었지만, 계속 맴도는 생각보다는 귀찮지 않았다. 코린은 나에게 모크가 상상하는 것 이상으로 저질이라고 경고했었다. 과거에 내가 그에게 실망한 것은 약속을 지키지 않았기 때문이었다. 그러나 지금은 달랐다. 그는 내게 팔았던 키의 복사본을 가지고 있는 것이 틀림없었다. 매직 크리스털이 시작되고, 모크가 생텀에 침입해서 생텀 네트워크에 연결된 인터넷 트래픽을 훔칠 수 있다면, 그는 모든 종류의 데이터를 자신의 매직 크리스털로 빼돌려서 내 스파이 능력을 복제하거나 심지어 계약을 조작할 수도 있었다. 생텀과 함께 출시된 일부 계약들은 가치 있는 금융 애플리케이션을 실행하고 있었다. 나는 모크에게 우리 사용자 정보를 강도질할 수 있는 문을 열어준 것일 수 있었다.

하지만 모크가 내가 염려하는 방식으로 생텀을 뚫는 것은 어려울 것이었다. 우리는 정보기관 같은 조직을 제외하고는 누구라도 침입이 힘들도록 충분히 노력했다. 트러스티드 하드웨어를 공격하는 것이 아니기에 모크와 그의 팬데몬 동료들이 가진 기술과는 다른 기술이 필요했고, 그렇기에 나는 기꺼이 위험을 무릅썼다. 게다가 나는 신이 종교적 임무를 부여할 때면 사람들은 절도를 사주하여 감옥에 가는 것과 같은 사소한 일에도 철학적이 된다는 것을 알게 되었다.

처음에는 루카스나 심지어 여사제에게까지 나의 작은 객기에 대해서 허락을 받을까 고민했다. 하지만 루카스는 거절할 것이 분명했다. 그가 CEO로 성공한 것은 위험을 최소화한 것에 힘입은 바가 컸다. 그리고 업무 관계에 따라서 그가 안 된다고 한다면, 여사제는 동의할 것이고, 매직 크리스털을 없애 버릴 것이다. 그러면 델피안들을 찾을 수 있는 유일한 아이디어가 끝나게 되는 것이다. 변명하자면, 내 프로젝트는 코린을 포함하기에도 너무나 비윤리적이고 위험했다. 그래서 그녀에게 내가 모크를 베슬에서 만났지만 키는 없었다고만 말했다.

모든 것이 밝혀지고 나서 보니, 이 반쪽짜리 진실이 내 생명을 구한 듯하다.

*

워커를 애디튼에서 다시 봤을 때, 첫 번째 만남의 재탕 같았다. 그는 유리로 된 회의실 안에서 나에게 등을 돌린 채 앉아 있었다. 정장을 입은 골리앗이-게다가 대머리이기까지 했다-로트링 연필을 돌리고 있었다. 그리고 코린이 있었다.

워커가 처음 우리 회사를 방문했을 때, 나는 코린을 델피안으로 의심하고 있었기 때문에 그가 그녀를 심문한다고 생각했었다. 하지만 이제 어떻게 생각해야 할지 몰랐다. 워커는 그녀에게 나에 대해서 질문했을 수도 있었다. 그는 내 주변 사람들에 대해서 알고 있었지만, 눈에 띄지 않게 조사하는 것이 특징인 것 같았다.

"연방 수사관이 왜, 또?" 그녀가 책상으로 돌아온 것을 보고 슬그머니 코린에게 가서 물었다. 그녀는 재빨리 브라우저 창을 닫았다.

"바로 당신에게 말해야 할 줄은 몰랐네요."

"만약 나와 관계된 것이라면…."

그녀는 입술을 깨물었다.

나는 그녀 팔에 있는 태양 문신을 내려다보았지만 지금은 가려져 있었다.

"아니에요." 그녀는 말했다. "내가 아폴론을 숭배하기 때문에 한 문신이 아니라니까요."

"무슨 다른 할말은 없나요?"

"없어요. 당신은 모크와 아무것도 하지 않는 것이 분명한 거죠?"

코린은 내가 투명한 두개골을 가진 것처럼, 내 두뇌에 매직 크리스털을 실행하고 있는 것처럼 느끼게 했다. 나는 그녀에게 절대 어떤 거짓말도 할 수 없었다. 심지어 선의의 거짓말조차도 할 수 없었다. 그렇기에 나는 그녀에게 거의 진실을 내뱉을 뻔했지만, 간신히 내가 만들어낸 이야기를 고수하기로 마음먹었다.

"내가 말했듯이 그를 만났을 때 키는 없었어요. 만약 내가 피할 수만 있다면 다시는 그와 말하지 않을게요."

그녀는 고개를 끄덕이고 모니터로 눈을 돌렸다. 어떤 이유인지 몰라도 대화하기 힘들 정도로 화가 나 있었다.

*

그날 밤 늦게까지 나는 혼자 브리지에서 매직 크리스털을 시작하는 데 필요한 공격 코드를 마지막으로 손봤다. 훔친 열쇠로 무장한 채 조용하고 고동치는 도시 위에 떠 있는 나는, 어쩌면 어두운 그 동네에서 깨어 있는 몇 안 되는 사람 중 하나였을지도 모른다.

보통, 나는 한밤중에 일하는 것, 주말에 일하는 것 그리고 애디튼 사람들이 진정한 휴가라고 생각하는 크리스마스나 새해에도 일하는 것을 좋아했다. 내가 나의 특별한 기술로 활동하는 동안 나머지 세계는 얼어붙어서 움직이지 않았다. 나의 뇌와 손가락은 코드를 뽑아냈고, 나는 속력을 내는 슈퍼 히어로가 된 기분이었다. 나는 섬광 같은 한줄기 빛이 되었고 너무나 빨라서 물리법칙을 거스르는 것 같은 느낌이었다. 아니면 엑스맨의 스웨이같이 시간을 멈출 수 있는 슈퍼 히어로가 된 것 같았다. 아무도 모르지만, 나는 은행 강도 무리를 납작하게 만들고, 다가오는 차로부터 아이들을 구하고, 도시 반대편에 있는 두 건물에 테러리스트들이 설치한 폭탄을 찾아 하늘로 던져서 터진 폭탄들이 마치 하얀 빛으로 꽃을 피우는 듯한 모습을 만드는 것 같았다.

하지만 지금은 상황이 달랐다. 운명의 호를 구부리고 내가 맞서던 적을 물리치기 위해서는 슈퍼 히어로가 필요할지도 몰랐다. 매직 크리스털은 내 비밀 병기였다. 하지만 나는 만화 속 악당과 싸우는 것이 아니라 더 사악한 무엇인가와 싸우고 있었다. 유일하게 좋은 소식은 너무나 최악이라서 더 이상 상황이 악화될 수 없다는 것이었다. 한참을 망설이다 나는 버튼을 눌러서 코드를 실행했다. 내가 마지막으로 브리지에서 델피안들과 홀로 대적한 것은, 이 모든 사건의 출발점이 된 중화 계약을 시작했던 그날 밤이었다.

"나는 당신의 적이 아닙니다." 나는 책상 위의 동전에 새겨진 작은 인물에게 속삭였다. 그 동전은 약간은 원시적이었고–솔직히 말하자면–동전 속 신은 거의 만화 같았다. 그는 벌거벗은 채로 옴파로스에 앉아 있었고, 몸통만큼이나 긴 화살의 중간을 움켜쥐고 있었다. 그는 마치 다트 판을 향해서 그것을 서투르게 던지려는 듯 나를 봤다. 어쩌면 나의 지나친 자만심 때문에 일어났을 수도 있다.

신은 대답하지 않았고, 나는 버튼을 눌렀다. 그러고 나서 가방을 챙겨서 집으로 왔다. 절대 잠들지 않는 도시의 진정한 거주자에게 또 다른 잠들지 못하는 밤이었다. 만약 모든 것이 잘된다면 델피안의 코드는 길어야 하루 아마 몇 시간 안에 매직 크리스털 안에 들어올 것이었다.

14장

나는 매시간마다 확인했다. 스마트 계약은 예상한 대로 매직 크리스털 안으로 들어왔다. 내 설정은 정확했다. 하지만 델피안 코드는 나타나지 않았다.

다이앤이 다음날 문자를 보냈다.

"이게 도움이 될지 모르겠어요. 하지만 당신이 델피안들을 이해하기 위해서는 어떻게 시작해야 할지 깨달았어요."

가상현실 헤드셋을 통해서 메타버스에서 교육하려던 시도가 실패한 뒤, 그녀는 나에게 델피에 대한 전문적 자료를 읽게 하려 했다. 나는 그것들이 호메로스의 아폴론 찬가라고 불리는 시들을 수집한 것으로 생각했다. 그 자료들 위에는 육중한 델피에 대한 학술 서적과 그리스 비극 작가인 아이스킬로스의 작품에 대한 엄청난 양의 서적들이 함께 있었다. 내가 읽을 수 있는 유일한 것은 그 찬가의 첫 번째 몇 줄이었다.

아폴론이 올림푸스를 밟고 섰을 때 신들은 떨고 있었네.

그가 그들의 자리로 다가가면 그들은 벌떡 일어났지.

이 모든 것은, 그가 반짝이는 활을 당길 때라네.

나뿐만 아니라 그의 동료들도 그에게 겁먹었다는 것을 알게 되어서 좋았다.

나는 나 자신을 약간 역덕(역사덕후)이라고 생각했지만, 다이앤의 강의 계획 나머지 부분에 대해서는 견딜 수가 없었다. 너무 길고, 너무 비극적이고 너무 학술적이었다. 내 집중력은 이미 내 은총의 나날들과 함께 줄어들고 있었다. 하지만 다이앤은 헬리오스 갤러리와 메르카터의 금고에서처럼 활기찼다. 그곳에는 그래도 고대의 문헌이 아니라 반짝이는 공예품이 있었다. 나는 그때의 경험이 그녀에게 쇼앤텔[88]을 사용하는 아이디어를 준 것이라고 생각했다.

다이앤은 무엇인가를 가지고 소란을 떨더니 엄지손가락을 들었다. "들어봐요."

나는 음악에 대한 취향이 좁다는 것을 인정한다. 나는 록을 이해하지 못한다. 재즈도 이해하지 못한다. 심지어 현대 클래식도 이해하지 못한다. 나는 '모차르트 피아노 소나타 A단조 2악장' 같은 숭고한 창작물이 있는데, 왜 사람들이 스스로를 지루하고 난해한 경험에 시달리게 만드는지 이해할 수 없었다. 오케스트라가 나 말고 다른 60세 미만 청취자를 끌어들이기 위해 절망적 탐구로부터 윤색한 프로그램에 말이다. 나는 카네기홀에서 바흐와 차이콥스키 사이에서 많은 고통을 받았다.

나는 다이앤이 들려준 음악을 확실히 이해하지 못했다.

멜로디가 없었다. 이것은 섬뜩하고 실험적으로 들리는 음계와 박자였

---

88 Show and Tell. 미국에서는 만 3세가 되면 수업 활동의 하나로 각자 물건을 가져와서 다른 사람 앞에서 발표한다.

다. 무슨 월드 뮤직, 아마 전통적 동양 음악과 좀 비슷했지만, 더 간결하고 원시적이었다. 나는 일종의 정교함을 느꼈고, 이해할 수 없는 복잡한 구조를 느낄 수 있었다. 소규모 남성 합창단이 이해할 수 없는 언어로 노래를 불렀다. 아마 그리스어일 것이다. 현악기는 음절이나 단어를 표시하기 위해서 튕겼고, 드럼은 또한 음절마다 두들기면서 구체화했다. 그러고 나서 가수가 리드미컬하게 외쳤다. 반은 노래를 하고 반은 말하는 오페라 부분이 떠올랐다. 하지만 뭔가 빠져 있었다. 감정적 내용과 분위기가 있어야 했다. 이것은 결국 음악이었다. 하지만 비극인가? 우울한가? 즐거운가? 명상적인가? 화가 났나? 나는 말할 수 없었다. 나는 음악적 공감 능력이 없었다.

노래가 끝났을 때, 다이앤은 자랑스러운 미소를 지었다. "이것이 가상 현실보다 더 나아요. 이제 당신은 델피에서 행해지는 종교적 관습에 대한 진정한 개념을 알게 된 거예요."

"정말 이상한 음악인데, 만약 그게 우리의 현대판 델피안들이 실행하는 것이라면."

"그리고 합리적이고 복잡하고 아름답죠."

나는 얼굴을 찡그렸다.

"나는 당신의 적들을 칭찬하려는 것이 아니에요. 하지만 우리는 그들을 이해할 필요가 있죠. 아폴론은 이성과 지성의 신이에요. 그러니까 우리가 알지 못하는 아름다움이 있어요…."

"그래서 고고학자들이 그리스 록밴드에 대한 고대 기록을 발굴했다는 것인가요?"

"이것은 아폴론께 바치는 첫 번째 델피 찬가예요. 이 노래는 우리가 작곡가를 알고 있는 세계에서 가장 오래된 음악이죠. 아테나이오스라는 작곡가예요. 이 곡의 음표와 가사는 델피에 있는 아테네의 보물창고 벽에 적혀 있었어요."

"가사는 곡만큼 이상한가요?"

"별로 이상하지 않아요. 뮤즈를 소환하는…" 그녀는 그 찬가 전체를 내 목구멍으로 쑤셔 넣는 데 더 알맞은 방법이 생각난 듯 보였다. "당신을 위해 더 짧은 버전을 가져올게요." '황금빛 머리의 아폴론이 그의 산에 있는 오라클을 방문하는 것을 축하하기 위해 노래와 함께 오다.'

그녀는 풍성한 배경 이야기를 묘사하려고 노력했다. 아니나 다를까 나는 금방 세부적인 것에 관심이 생겼다. "금빛 머리라고요? 아폴론은 금발이었나요? 그리스인의 금발은 어떤 종류인 것이죠?"

그녀는 웃으면서 고개를 갸웃댔다. "당신이 그것을 추측하지 못할 것으로 생각했어요. 하지만 그리스의 신과 영웅들은 금발이었어요. 아폴론의 여동생인 아르테미스 여신도 금발이었죠. 아프로디테와 아테나도 그렇고요. 그리고 아킬레우스와 헬렌도…."

"그것은 생소하네요."

*

나는 아폴론과 델피 항목의 뉴스에 대한 구글 알람을 설정했다.

무작위로 수많은 것들이 나왔다. 아폴론이나 델피를 상품 이름에 쓰는 회사에 대한 뉴스, 아폴론 13호 영화에 대한 리뷰, 아폴론이라는 이름의 고양이에 대한 지역 신문사의 프로필.

이런 잡다한 항목 중에서도 분명히 명확하지는 않지만 중요성을 가지는 항목들이 있었고, 신뢰성의 변두리에서 애매한 우연의 일치가 있었다.

암호화폐 가격이 지난주에 급등했다. 특이한 것은 아니지만 최근 변동성은 너무 극심했다. 인기 있는 암호화폐 거래에 대한 잡지인 코인 데스크의 기사에서는 델피안의 거래가 이런 상황을 초래했다고 추정했다. 내가 그 기사에서 차트를 봤을 때, 전에는 놓치고 있었던 무엇인가를 알아차렸다. 이더의 큰 폭락은 우리가 연방 수사국(FBI)에서 비가노 교수의 죽음을 알게 된 그 시간에 시작됐다. 그의 죽음은 몇 시간 후에야 공개되었다. 검시관이나 연방 수사국(FBI)에 의해서 정보가 유출된 것인가? 델피안들이 그들 내부 정보를 이용한 것인가? 아니면 우연인가? 단정짓는 것은 불가능했다.

또 다른 뉴스는 그리스에 있는 아테네 국립 고고학 박물관에서 게티 박물관으로 대여 중이던 아폴론의 청동상이 지난밤 작은 지진으로 넘어졌다는 것이다. 다른 작품들은 영향을 받지 않았다. 「LA 타임스」 기사에서 게티의 지진 피해는 거의 들어본 적이 없다고 지적했다. 사실 게티는 지질학적으로 안정적인 산이었다.

「뉴욕 타임스」에는 시칠리아에 있던 고대 그리스 도시에서 나온 커다란 은화가 취리히의 한 경매에 특별한 상품으로 갑자기 등장했다고 보도했다. '현존하는 동전 중 가장 권위 있고 중요한 것일 듯하다.' 이것은 아크라가스[89] 데카드라크마[90]라고 불리는 현재 12개만 남아 있는 동전 중 하나였다. 앞면에는 아폴론의 태양신 형태인 헬리오스가 4마리의 말이 끄는 전차를 타고 하늘을 날고 있었다. 말의 눈에서는 불이 나오고 있었고, 말들의 머리는 심하게 흔들리고 4개의 두꺼운 다리로 공기를 박차고 나가는 것이 묘사되어 있었다. 신은 그의 거대한 몸을 육상 선수처럼 구부리고, 손에는 고삐를 잡고 전차를 채찍질하면서 놀란 독수리를 지나쳐 간다. 이것은 작은 은 원반에 압축되어 조각된 것이었다. 권위적이었다. 적어도 나는 그렇게 생각했다. 다이앤은 동의하지 않았지만.

이 특별한 주화는 2012년 스위스의 한 경매에서 마지막으로 나타났고 270만 달러 이상의 가격으로 팔렸다. 소문에 따르면 돈이 지급되지 않아

---

89 시칠리아섬 남서부에 있던 고대 그리스의 도시국가.

90 10드라크마에 해당하는 고대 그리스 은화.

서 주화 역시 전달되지 않았다.

이번에는 고대 주화로는 가장 큰 금액인 1,170만 달러에 팔렸다.

*

오후에 브리지에서 매직 크리스털을 모니터링하는 코드를 위해 열심히 노력하고 있는데, 노란색이 옆을 지나가는 것을 언뜻 보았다. 루카스의 셔츠였다. 나와 눈이 마주친 후 바닥을 힐끗 내려다보고서는 성큼성큼 걸어왔다. 그는 내가 운동선수라고 부르는 종류의 사람이 아니었기 때문에 그가 서둘러 오는 것은 나쁜 소식이라는 것을 의미했다. 처음에는 그가 매직 크리스털에 대해서 눈치챘을까 봐 걱정했다.

"그들이 가이아X를 해킹했습니다."

"언제요?"

"그러고 나서 그들은 백만 달러 이상을 태워 버렸습니다. 훔칠 수도 있지만 파괴해 버렸습니다."

"언제냐고요?"

"이제 방금 들었습니다. 가이아X의 개발자가 새로운 계약으로 업그레이드하는 데 몇 초밖에 걸리지 않았습니다." 업그레이드는 일반적으로 위험한 버그를 수정하기 위해 블록체인상에서 스마트 계약을 업데이트한다는 뜻이다. 그러면 공격을 막을 수도 있다.

"몇 초라구요? 가이아X는 그들이 한 일을 공개했나요?"

"아니요. 하지만 그 망할 델피안들은 어떻게든 업그레이드 트랜젝션[91]을 가로채서는, 즉시 역으로 따라가며 분석하여 수정중인 버그를 찾아내고 프론트러닝[92]을 바로 실행했습니다. 모르겠습니다. 누가 신경 쓰겠습니까. 상황은 악화되겠죠. 동시에 델피안들은 더 큰 해킹인 '예언'을 발

91 데이터베이스의 상태를 변화시켜서 수행하는 작업의 단위를 뜻한다.

92 블록체인에서 프론트 러닝은 거래 성립 전에 보다 유리한 거래를 행하는 것을 말한다.

표하기까지 했습니다. 어쨌든…" 그는 화가 나서 숨을 헐떡였다. "잘 들어요. 내가 이 문제로 당신을 귀찮게 해도 될까요? 지금 당신도 너무나 안 좋죠. 나는 당신에게 부담을 더 주고 싶지 않지만…."

"왜 안 되겠어요? 단서가 될 수도 있죠. 나는 지금 얻을 수 있는 모든 것을 모을 겁니다."

루카스는 재빨리 숨을 들이쉬었다, "고맙습니다. 이제 그들은 거의 5,000만 달러를 파괴할 수 있습니다. 훔치지도 않았습니다. 그들은 14개의 리스트에 있는 계약 중 하나를 해킹할 수 있는 증거를 공표했습니다. 딱 하나지만, 그들은 무엇인지 말하지는 않았습니다. 그들은 우리를 가지고 놀고 있는 중인 것입니다."

"가지고 노는 것이 아니죠, 루카스. 전략화입니다. 어떤 계약이든 실제 대상이 될 가능성은 거의 없어요. 그렇지만 어떤 특정한 계약의 배후에 있는 사람들이 긴급 조치를 취하도록 하는 것이 어려울 것입니다. 이것은 단지 5,000만 달러이고, 해킹 당할 확률은 1/14, 약 7% 정도죠. 사람들이 행동하게 동기를 부여하는 것은 방어자에게는 좋지 않습니다."

나는 델피안들이 그들의 공격을 얼마나 능숙하게 조정하고 있는지에 대해서 다시 한 번 놀랐다. 그들은 언론과 소셜미디어의 엄청난 관심을 끌 만큼 충분한 피해를 입혔지만 대규모 반발을 일으킬 만큼은 아니었다.

"방어자에게 나쁜 것은 우리에게 나쁘다는 것을 의미합니다. 그 계약들 중 8개는 우리 생텀 시스템에 있는 것들입니다. 무려 8개나 됩니다. 그들은 우리가 무엇인가를 하길 원합니다." 그는 눈을 비볐다. "제 뜻은 당신이 아니라 우리입니다. 저는 우리 고객들이 계약서의 버그가 우리 잘못이 아니라는 것을 이해해 준다고 생각하지 않습니다. 제가 바라는 것은…."

"당신은 내가 그들의 분노를 사지 않길 바라겠죠."

"우리가 생텀을 출시하지 말아야 했지만 이제는 되돌릴 수 없습니다. 그들은 도대체 왜 이러는 것입니까? 빌어먹을 놈의 이더리움 공매도 때문입니까?"

"우리는 그 가설은 이미 기각했잖아요. 그리고 나는 거대 금융기관이 관여했다고 생각하지 않습니다. 이미 확인했습니다."

"그렇군요. 당신도 알겠지만, 우리 할머니는 이런 잡다한 것을 온라인에서 팔로우하고 계십니다. 할머니는 델피와 관련된 어떤 것도 사지 않으십니다. 그분은 어떤 사악한 컴퓨터 천재가 그의 우월함을 세상에 알리기 위해서 광고하는 것이라고 생각하십니다. 보통 할머니가 옳습니다."

"당신 할머니요? 할머니께서 웹서핑을 하신다고요? 연세가 얼마신데요?"

"아흔다섯이시죠."

"와우!"

"할머니의 수명을 깎아 가며 회사를 운영하고 있는 것은 아닙니다." 루카스가 말했다.

"하지만 지금 내게는 그렇습니다."

"할머니는 다른 미친 짓을 겪으며 사셨습니다. 더 나쁜 것들, 이를테면 세계대전 같은 것들 말입니다. 할머니 남자 가족 가운데 절반이 동부전선에서 스탈린과 히틀러 사이에서 일어난 충돌로 돌아가셨습니다. 그들은 당신의 적인 델피안들보다 더 나쁜 미치광이 친구 사이였습니다." 루카스가 나를 격려하려고 한 말이었다.

그는 내 투명 합성수지 안의 코인을 잡으려 했다. 그는 그것을 장난감으로 사용하는 대신 눈높이에 두고서는 자세히 관찰했다. 나는 루카스가 동전을 이렇게 자세히 보는 것을 전에는 본 적이 없었다.

"제가 도와줄 수 있는 것이 있을까요?" 그는 여전히 동전들을 보면서 물었다. 지금 그는 내 조언이 필요했지만, 내 상황 때문에 미안해서 차마 부탁하지 못한다고 느꼈다.

"없어요. 하지만 내가 당신을 도울 수 있을 듯하네요." 나는 아폴론이 대지의 여신인 가이아를 대체했다는 다이앤의 언급을 떠올렸다. "가이아 X는 아폴론과 신화적 연관성이 있다는 것이 알려져 있죠. 만약 당신이 원한다면, 새로운 목표를 찾아서 다른 신화적 X표가 그려진 곳이 있는지 알아보도록 할게요. 어쨌든 나도 궁금하군요."

"고마워요. 당신이 편할 때 하세요. 저는 이제 당신을 그만 괴롭혀야겠습니다." 그는 한숨 쉬고는 떠나기 위해서 몸을 돌렸다.

"루카스, 동전요."

"아, 그렇지. 미안합니다." 루카스는 내 책상 위에 되돌려 놓기 전에 그것을 한 번 더 봤다. 그는 동전을 넣어둔 합성수지판을 내 책상의 뒤쪽 가장자리에 정확히 맞춰 놓고서 고개를 흔들며 다시 걸어 나갔다.

*

델피안의 칼이 내 머리 위에 걸려 있는 동안 모든 부류의 사람들이 나에게 이메일을 보냈다. 이상한 사람, 사기꾼, 미친 사람, 친구 혹은 내 인생에서 지나간 사람들, 내 먼 친척들 중 나와 소원하지 않은 두 사람, 생명 보험 판매 사원–농담이 아니다–, 영적 조언자, 나에 대한 에세이를 쓰는 초등학교 학생–"무섭나요?"–, 나에 대해서 학술적 논문을 쓰는 대학원생–"두려움이 1부터 10까지이고 1이 가장 낮다고 할 때, 당신이 느끼는 두려움 정도는 몇입니까?"–. 나는 이 모든 이메일을 휴지통으로 보내 버렸다.

나는 또한 CNN, MSNBC, 폭스뉴스 같은 모든 텔레비전 뉴스 프로그램에 섭외를 받았다. 나는 모두 거절했다. 메이저 뉴스들을 좋아하지 않았고, 내 얼굴을 팔고 싶지도 않았다. 심지어 내가 가끔씩 듣는 내셔널

퍼블릭 라디오도 거절했다.

내가 유일하게 출연하기로 한 곳은 〈래틀링 더 체인rattling the chain〉이라고 불리는 블록체인 관련 인기 팟캐스트였다. 진행자인 몰리 액소이는 고민과 분노로-암호화폐 이데올로기를 달콤하게 부풀어 오르게 하는-밀크셰이크를 매주 제공하는, 비판적인 벤처 투자가였다. 그녀의 여정은 전형적인 암호화폐의 여행이었다. 2008년 그녀는 엘리트 대학을 졸업하고 금융 세계에서 터무니없이 높은 연봉을 받는 전문직으로 시작할 준비가 되어 있었다. 그러다 대폭락장이 왔다. 투자회사들의 달콤한 일자리는 고갈되었고, 구제 금융의 달러가 대형은행으로 흘러들어 갔다. 그녀는 월가라는 악마의 거래에 눈을 떴다. 비트코인이 하늘에서 떨어졌을 때, 그녀는 암호화폐 세계의 분노를 대변하는 신랄한 사도가 되었다.

그녀의 팟캐스트는 기술적이기보다는 문화적이고 금융적이긴 하지만, 매우 지적이고 중독성 있었다. 일부 최고 블록체인 개발자들이 누리는 작은 죄악이다. 나는 그녀의 쇼를 좋아했기에 게스트로 참석하는 데 동의했다. 더불어 그녀의 숭배자들 중에서 천재적인 구세주가 존재하길 원했다. 숲에서 나와서 델피안과 싸우거나 적어도 애디튼이 설정한 중화 계약의 엄청난 보상금을 노릴만한 사람들 말이다.

몰리는 항상 그렇듯이 그녀의 팟캐스트를 시작하면서 목을 열심히 풀기 시작했다. "래틀링 더 체인에 오신 것을 환영합니다~." 섹시하고 멋진 음악이 육중한 비트로 나왔다. 우리는 절규하거나 옷 가게에 있는 것처럼 소리쳐야 했다. 남자의 경고 목소리가 나왔다. "쇼의 내용은 투자 조언에 해당되지 않으며, 몰리는 게스트와 함께 토론한 많은 암호자산에 개인적으로 투자하고 있다는 것을 알려드립니다."

몰리 저와 함께해 주셔서 고맙습니다. 저는 전부터 당신을 쇼에 초대하고 싶었습니다. 끔찍한 상황에 놓여 계신데, 여기까지 오도록 해서 죄송합니다.

나 신의 뜻이죠.

몰리 네, 신이죠, 어떤 신. 청취자들이 공감할 수 있도록 잠시 안내 말씀을 드립니다. 아폴론은 고대 그리스 신으로 활쏘기, 치유와 질병, 음악, 시, 춤, 예언의 신입니다. 제가 뭐 빼먹은 것이 있나요?

나 진리요.

몰리 맞습니다, 진리. 작은 것 중 하나죠. 아폴론은 또한 델피에 있는 오라클의 수호신이기도 합니다. 당신은 애디튼의 주요 개발자 중 한 명입니다. 또 다른 종류의 오라클인 스마트 계약의 오라클을 작동시키죠. 이제 자신들을 '델피안'이라고 부르는 사람들이 있습니다. 아폴론 숭배자로 추정되는데 그들은 당신을 죽이는 데 보상금을 제공하는 스마트 계약을 시작했습니다.

나 적절한 요약이군요.

몰리 저도 몇 개의 미친 에피소드에 휘말렸지만, 이것은 가장 미친 짓입니다. 여기서 기술적인 몇 가지를 알아볼까 합니다만, 사실 제가 알기를 원하는 것은 한 가지입니다. 일어난 모든 것을 고려해 볼 때, 당신은… 이것을 말해야 할까요? 미친 질문처럼 보이지만, 당신은 아폴론을 믿습니까?

나 솔직히 말하자면 잘 모르겠습니다. 하지만 아마 믿는 것 같기도 합니다.

몰리 좋은 대답이네요. 그럼 당신은 델피안이 누구라고 생각하십니까? 진짜 숭배자일까요? 아니면 다른 것들을 하기 위한 누군가일까요?

만약 당신이 수사관 역할을 해서 돈을 따라간다면 무슨 일이 일어날까요?

나 시도해 봤습니다. 그 돈은 내 무덤으로 통하죠. 땅속 6피트 아래, 막다른 곳이죠.

몰리 (코웃음 치면서) 당신 뜻은 당신이 사라지는 것으로 이득 볼 사람을 모른다는 것인가요?

나 예, 나는 특별히 중요한 사람이 아닙니다. 그 계약은 내가 불경스러워서 표적이 되었다고 말합니다. 나는 그게 무슨 뜻인지 모르지만, 아마 그것 때문에, 그러니까, 자, 여기 사실이 있습니다. 약간 단순화했습니다. 계약에서는 3주마다 하나씩 새 목표가 밝혀집니다. 그 계약의 첫 번째 목표는 고고학 교수였습니다. 그는 죽었죠. 하지만 우리는 그가 살해당한 것인지 알지 못합니다. 나는 중화 계약으로 그를 살리려 했습니다. 이 계약은 델피안의 계약을 해킹하는 데 보상을 제공하는 것입니다.

몰리 효과가 없었군요.

나 (매직 크리스털을 보기 위해서 잠시 중단) 효과는 없었지만 그것이 내가 목표가 된 이유일 수는 있습니다.

몰리 비극적 아이러니가 여기 있는 것이군요. 당신은 수년간 진실의 결정적 원천이 되어야 하는 플랫폼을 구축하기 위해서 시간을 보냈습니다. 그런데 지금 그것이 당신을 죽이려 하네요. 당신은 정말, 정말로 당신의 오라클이 거짓말을 하길 원해야겠군요. 그래야 당신 목숨을 구할 수 있을 테니까요.

나 오라클이 거짓말을 하는 것을 보는 것 역시 나한테는 죽음과 같죠. 이것은 테크놀로지스트[93]로서 내 인생이 실패했다는 것을 의미하니까요.

93 고도의 전문적 지식과 숙련된 기술을 겸비한 전문가.

몰리 그러면 이제 어떻게 하나요? 당신은 진실의 무게와 거짓말의 끔찍함 속에서 찌그러져야 합니까?

나 오라클을 전복시키지 않고 계약을 멈추는 방법은 두 가지밖에 없습니다. 계약의 오프 스위치를 얻는 것입니다. 어떻게든 스위치를 돌리거나 아니면 계약을 해킹하든가 말입니다. 나는 사람들이 델피안의 코드를 해킹하는 것을 권하기 위해서 당신 팟캐스트에 왔습니다.

몰리 하지만 그렇게 되더라도 계약은 다시 시작되고 당신은 또 처음부터 다시 해야 합니다. 공개된 스마트 계약은 단지 나쁜 생각일까요? 너무 위험한가요?

나 네, 차, 부엌칼, 발코니, 사다리, 계단, 수영장 같은 것이죠. 바다는 언급하지 않겠습니다. 우리는 이 모든 것들을 없애 버려야만 합니다.

몰리 아니면 이것을 사용하는 사람들에게 전문 자격을 확인해야 하죠. 애들은 멀리 있게 하고요. 개인적으로 옹호하는 것은 아닙니다만, 스마트 계약을 대기업에게 넘겨줘야 할 수도 있습니다. 몇몇 사람들은 이미 그러고 있죠.

나 나도 압니다. 그리고 그 유혹을 이해하는 사람이 있다면 바로 나겠죠. 하지만 아직도 그렇게 하는 것은 나쁜 생각이라고 여깁니다.

몰리 삶과 죽음. 자유와 범죄, 중앙 집중화와 분산화, 문명은 줄다리기 줄 위에만 존재하는 것 같습니다. 그렇지 않나요?

*

그날 저녁 늦게 나는 델피안의 코드가 매직 크리스털 안에 들어가길 기다리면서 브리지 위에 홀로 있었다. 만약 그런 일이 일어나려 한다면 몇 시간 정도만 남아 있었다.

나는 희망이 모래시계를 통해서 사라지는 것을 보았다. 새벽 2시에 포기하고 집으로 걸어갔다.

내가 아파트 건물의 프런트 데스크를 지나갈 때, 재젤이 작은 꾸러미를 들고 있었다. 나는 고개를 저었고-지금은 아니야-20층에 있는 집까지 꾸역꾸역 올라갔다. 그리고 소파에 몸을 던져 내 얼굴을 묻었다.

*

소파에 반쯤 몸을 묻고서 불안한 밤을 보냈고, 내 기준으로도 늦은 11시에 일어났다. 나는 정오가 다 되어서 애디튼으로 갔다.

나는 땅을 보고 걸으면서, 델피안들이 진정한 올림푸스급의 대단한 힘을 가지지 않고도 매직 크리스털을 피할 수 있었을까에 대해서 알아내려고 노력하고 있었다. 건물 입구에서 몇 야드 떨어졌을 때, 그제야 나는 공사장에서 주변 보행자를 보호하려고 설치한 듯한 나무 통로를 알아차렸다. 이것은 밤사이에 세워진 것이었다. 나는 망설였지만, 밝은 노란색 조끼를 입은 인부가 짜증내면서 나에게 손을 흔들었다.

어두운 통로에 몇 발자국 들어갔을 때, 나는 양쪽에서 잡혔다. 그들의 발을 밟고 내 몸무게로 떨쳐 버리려 했지만 그들은 빠르고 힘이 셌다. 그들은 내 재킷을 내리고 팔에 재빨리 바늘을 꽂았다.

정신을 잃기 전 두 가지를 생각했다.

콜링카드 : '납치'

멍청이.

Part III

아폴론으로부터, 이상적인 젊은 남성에 대한 최고의 이미지 개념이 탄생했다. 그는 완벽한 나이대의 힘과 가장 아름다운 청춘의 봄이 가지는 부드러운 형태를 겸비하고 있었다. …아폴론은 신들 중 가장 아름다웠다.

- 요한 요하임 빙켈만, 『고대 예술사』

15장

나는 이번 주에 처음으로 깊이 들었던 잠에서 화들짝 깨어났다. 트럭 뒤편의 이동용 침대에 묶여 있었다. 내 팔다리를 조이는 끈을 좀 느슨하게 하려 했지만 소용이 없었다.

"아이쿠야, 미안해요. 너무 꽉 조이죠?" 앞쪽에서 흘러나온 말이 내 머리로 쏟아졌다. 한 소녀였다. 젊은 여성이 아니라 어린 여자아이라는 뜻이다.

"당신 생각에 … 것인가?" 나는 말했다. 아니 말했다고 생각했다. 내 입은 말랐고 혀는 제대로 돌아가지 않았다. 나는 차멀미를 했다. 아니 트럭 멀미인가. 아니면 아마 약에 취해서 토할 것 같은 것일 수도 있었다. 등 아래쪽에서 경련이 일어났다. 나는 항상 내 트레이너가 말해 주던 대로 엉덩이를 꼬았고, 0.5% 만큼 더 좋아지는 것을 느꼈다.

트럭은 고속도로를 질주하면서 작은 구덩이들이나 울퉁불퉁한 곳을 지나면서 덜컹거렸다. 이 끔찍한 도로는 우리가 코네티컷주를 제외한 인접 3개 주 어디라도 갈 수 있다는 것을 의미했다.

소녀는 이동용 침대를 돌보는 임무를 맡은 것처럼 보였다. 그녀는 밝은 갈색 피부에 예쁜 외모였지만, 금발머리 아래 어울리지 않는 커다란 올빼미 같은 안경을 쓰고 있었다. 내 평생 이런 안경이 있을 것이라고는 생각하지도 못했다. 금으로 된 작은 십자가 목걸이가 그녀의 목에서 흔들렸다. 열여섯, 열일곱 살 정도인 듯했다. 그녀는 끈을 좀 느슨하게 해주려 노력했지만, 여전히 내 팔을 꽉 조이고 있었다.

"좀 낫나요? 나쁜가?" 그녀가 내뱉는 뉴저지 지방의 사투리는 트럭이 덜컹대는 소리보다 더 거슬렸다.

"나는 당신을 좀 더 느슨하게 해주고 싶지만 당신이 떨어질까 봐 걱정이에요."

"도오마아아?"

"뭐라고요?"

"도오마아앙?"

"당신은 도망칠 수 없어요. 저기 2명이 더 있어요." 그녀는 트럭 앞쪽을 가리키다가 헛디뎌서 트럭 벽 쪽으로 쓰러졌다. "어쨌든 우리는 거의 다 왔어요."

"아, 너희…."

"우리는 거의 다 왔다고요." 그녀는 편하게 내 가슴에 한 손을 올렸다. 그러다 다시 균형을 잃고는 내 가슴을 압박하고 말았다. 역시나 심한 사투리로 미안하다고 하고는, 균형을 되찾은 뒤 트럭 앞쪽으로 갔다.

트럭은 윙윙대는 소리가 더 커졌고 방향을 틀어서 내가 뉴저지로 추정한 지점의 고속도로에서 빠져나갔다. 나는 다시 잠들었고, 멈추기 전까지 얼마나 더 갔는지 몰랐다.

2명이 내 머리 뒤쪽에서 나타나 차 뒷문을 열었다. 그들은 경사로를 설치하고 이동식 침대를 밀어서 나를 내렸다. 나는 이동식 침대에 누워 땅은 볼 수 없었고 오직 천장과 박스로 가득 찬 선반만을 볼 수 있었다. 창고로 추측되었다. 나는 창고 안에 있는 모듈식 사무실로 옮겨졌다. 희고 평평한 지붕에 리본을 단 창문이 있는 오두막 같은 곳이었다. 소녀는 남자들이 나를 이동식 침대에서 내려서 의자에 앉히는 것을 구경했다. 그녀는 내 손을 등 뒤로 돌려서 수갑을 채웠고, 발목에는 긴 사슬이 달린 다리 수갑을 채웠다. 이동식 침대에 누워 있을 때, 팔이 줄에 쓸려서 부어 있었다. 나는 내 속에서부터 올라오는 점액과 술이 섞인 듯한 냄새를 맡았다.

나는 재킷 안쪽에 있던 핸드폰을 찾기 위해서 팔 안쪽을 더듬어 봤다. 거기에는 없었다. 반대쪽에 넣어 둔 돌고래 브로치는 그대로 있었다. 맥가이버라면 그 브로치의 두껍고 긴 핀을 이용해서 수갑을 따고, 회로를 끊고 전기를 나가게 하고, 창고 뒤의 도난당한 트럭에 시동을 걸 수 있을 것이다. 그러나 나에게는 그저 위안만 주는 액세서리일 뿐이었다.

두 남자 중 키가 큰 쪽은 검은 눈과 검은색 머리였다. 그의 찌푸린 얼굴은 고통스러운 삶, 인정받지 못한 재능이나 짝사랑에 대한 고통을 말하는 것 같았다. 아니면 그가 가학적으로 잡아당겨 묶은 포니테일 머리 때문에 그렇게 보일 것이다. 그는 내 백팩을 책상에 던져서 뒤졌다. 그는 오븐 트레이를 꺼냈고, 손가락으로 그것을 두드렸다.

“이 망할 것은 뭐지?”

“오븐 트레이.”

나는 ‘챙!’ 소리를 듣고 움찔했다. 그는 아래쪽 금속 캐비닛에 있는 열린 공구 상자에서 스크류 드라이버를 꺼내 들고 그 손잡이로 오븐 트레이를 두들겼다. 즉흥적으로 신들린 듯한 연주를 하듯이 머리와 몸을 흔들었다. 그는 계속해서 내 가방을 뒤졌다. 아마노 마다가스카르 초콜릿 바와 클뤼젤 헤이즐넛 바를 끄집어냈다. 아마노에 붙은 가격표를 비웃으며 포장을 뜯었다. 작게 모양이 잡힌 시식용 사각 모양을 떼어내는 대신 그 바를 통째로 씹고는 인상을 썼다. 의심스러운 듯 곁눈질하며 계속 씹었다.

"우웩, 설탕이 더 들어가야지."

이런 상황에서 경멸하는 반응에 나는 공포로 얼어붙었다. 하마터면 "넵, 미식가들은 M&M 초콜릿을 더 좋아하죠."라고 말할 뻔했다.

두 번째 남자가 미소를 지으면서 그에게 손가락을 흔들었다. 둘 중 키가 작은 쪽이었는데 빛나는 이마 뒤에 수도사들처럼 가운데 머리가 없었다. 그의 돼지코는 그를 장난기 많은 사람처럼 보이게 했다. 새끼 돼지, 피글렛처럼 말이다. 하지만 그는 나를 잡아둔 2명 중 하나였기에 매우 강한 피글렛일 것이다.

'피글렛'이 핸드폰을 만지작대는 동안, 오븐 트레이로 리듬을 만들던 낭만파 시인 '바이런 경'은 방을 나갔다. 소녀는 책상에 앉아서 노트북을 꺼냈다.

"물 좀 줄 수 있나요?" 나는 입안이 바싹 말라서 겨우 소리를 내뱉었다.

그들은 서로를 바라보았다. 피글렛이 나에게 따뜻한 수돗물 한 컵을 가져다줬다. 나는 족쇄를 차고 간신히 마실 수 있었다. 청정수와는 거리가 먼 뉴저지주 수돗물에서 추출한 가장 강력한 회복약이었다. 그 축복받은 액체로 내 목을 적셨다.

그들은 수갑은 풀어 줬지만, 족쇄는 남겨 두었다. 나는 납치범들이 누구인지에 대한 단서를 찾기 위해 사무실을 둘러봤지만 그냥 평범했다. 구석에 있는 L자 형태의 책상에는 2피트 정도 되는 '진주'라고 적힌 나무상자를 제외하고는 아무것도 없었다. 깨끗한 게시판, 공구함이 맨 위에 있는 낮은 철제 캐비닛, 2개의 의자와 작은 원형 테이블, 창고 밖에는 골

판지 상자로 가득 찬 선반들이 줄지어 있었다.

"저는 어디 있는 거죠? 원하는 것이 뭔가요?" 피글렛에게 물었다.

그는 피식 웃었다. "넌 황금 거위야. 우리가 네게 뭘 원할 것 같아?"

"이봐요, 저는…."

"진정해. 곧 알게 될 거야."

그들은 내가 누구인지 알고 있었다. 하지만 그들이 누구든 간에 나를 납치한 것은 말이 안 된다. 그들은 어째서 나에 대한 계약이 활성화될 때까지 계속 약을 먹여 묶어 두고 죽이지 않는 것일까? 그리고 도대체 왜 10대 소녀에게 나를 돌보게 한 것일까?

나는 그저 기다릴 수밖에 없었다.

*

금속이 희미하게 딸그락거리는 소리는 누군가 창고로 들어왔다는 것을 알려 주었다. 피글렛은 전화기를 보다가 머리를 홱 돌렸다. 조금 후 멀리서 두 개의 날카로운 딱딱거리는 소리가 들렸다. 피글렛은 책상에서 나무 상자를 집어서 바닥에 두고서는 그 위에 앉았다. 그는 리드미컬하고 즐거운 듯한 손바닥 두드리는 소리를 냈다. 그의 타악 소리는 창고에서 흘러나오는 노래와 잘 맞았다. 그 노래는 점점 더 커졌고 박스의 두드림은 그 가수가 우리에게 가까이 올 때까지 계속됐다. 피글렛은 광적으로 두들겨 대다가 마침내 침묵으로 음악의 끝을 맺었다.

한 남자가 문간에 나타났다. 그는 파란색 블레이저와 가죽조끼를 입고 있었다. 그의 붉은색 크라바트[94]에는 마치 등대의 불빛처럼 반짝이는 거대한 다이아몬드가 달려 있었다. 그는 여든 살 정도였고, 중절모를 쓰고 지팡이를 짚고 있었으며, 자부심 강한 듯 꼿꼿한 모습이었다. 그는 세

94 신사들의 정장에 어울리는 넥타이 형태의 스카프 액세서리.

피아색을 입었다면 더 편안해 보였을 것이다. 다른 두 남자가 창고에서 그의 뒤를 따라와서 높다란 금속 선반 앞에 서 있었다.

"이 사람이야?" 그는 지팡이로 나를 가리키며 물었다. 나는 그의 억양을 잘 판단할 수 없었다. 아마 지중해 출신의 뉴저지 쪽 사람일 것이다. "나는 그가 뇌가 있는 것처럼 보일 것이라고 생각했는데, 너희가 저 사람 안경을 잃어버린 거야?"

사실 나는 다시 안경에서 렌즈로 바꿨었다. 그리고 프로펠러 달린 모자가 지금 내 머리 위에 없는 것이 분명했다.

"그 곡조는 뭔가요?" 나는 물었다. "셰이브 앤 헤어컷[95]에서 크게 발전했네요." 보안과 관련된 일을 하는 사람으로, 나는 그들의 음악적 패스워드 시스템에 감탄했다. 이것이 진짜라면 말이다. 침입자들은 복제하기 어려울 것이었다. 두려움 속에서 나를 잡아둔 사람들을 기쁘게 해주고 싶은 것도 있었다.

그는 자부심 가득했고, 그의 지팡이와 왼쪽 발로 다른 리듬을 두드리면서 짧은 노래를 들려주었다. "플라멩코지." 그가 말했다. "내 사랑이야." 그는 다이아몬드 등대 불빛을 소녀 쪽으로 돌렸다. "내 다른 사랑은 줄리아지." 후하. 그녀는 그에게 사랑스러운 미소를 지었다. '손녀일 거야.' 나는 두 사람이 이상한 관계가 아니기를 희망했다.

"당신이 보스인가요?"

그는 나를 쳐다보면서 눈을 깜빡였다.

"만약 당신이 보스라면," 나는 말했다. "단지 분명히 하려는 것인데, 당신 투자에 조언을 하자면, 당신도 저를 엿새 동안은 죽일 수 없다는 것을 알고 있겠죠. 맞나요?"

---

95 Shave and a Haircut. 음악 공연이 끝날 때 일반적으로 코미디 효과를 위해 널리 사용된다. 리드미컬하게 '빵빠르르 빠빰' 하고 연주된다.

그는 지팡이에 기대서 걸어왔고 끔찍한 설탕향이 풍기는 숨결과 평생 동안 썩어 들어간 듯한 이를 내 얼굴에 들이댔다. '탄수화물 중독자군.' 그는 내 뺨을 톡톡 쳤다. "너를 죽여? 나는 너를 죽이지 않을 거야. 넌 투자 상품이야. 누가 투자 상품을 죽여?"

"다행이네요. 하지만 저는…."

"내가 널 살려 두는 것에 대해서 줄리아에게 감사해야 해."

"당신 말은 저를 풀어 준다는 것인가요?"

그의 얼굴은 중절모에 가려져 있었지만 말할 때마다 다이아몬드가 반짝거렸다. "넌 내게 빚을 졌어. 70만 달러지. 큰돈이고, 이자도 많아."

"저를 가게 해준다면, 드릴 수 있는…."

"줄리아 말로는 너는 비트코인 천재라서 돈을 쉽게 벌 수 있다고 했어."

"그렇지 않…."

그는 지팡이로 바닥을 내려쳤다. "너한테 걸린 현상금이 70만 달러니까, 네가 그 돈을 갚든가 아니면 빌린 셈이니 이자를 내든가 해. 이해했나?"

"넵." 내 목구멍은 다시 오그라들었다. "이해했습니다."

"내일부터 시작하지. 더 할말 있나?"

"당신이 요구한 것을 하기 위해서는 저는 핸드폰과 컴퓨터가 필요합니다."

그는 고개를 가로저으며 웃었다. "이 늙은이를 바보로 아는 거야? 좋지 않아. 넌 줄리아를 통해서 뭐든 할 수 있어. 줄리아는 내 비트코인 천재지. 너만큼 똑똑하고. 어쩌면 더 똑똑할걸. 더 예쁜 것은 분명하고."

나는 그녀를 보았고 그녀는 으쓱하면서 자신의 잘못이 아니라는 얼굴을 했다.

그래서 나는 디지털 캐시카우가 되었다. 젖 짜는 예쁜 아가씨가 젖이 말라 버릴 정도로 우유를 다 짜내면, 나는 햄버거가 될 것이다.

*

보스는 피글렛과 떠났다. 바이런은 오븐 트레이를 보여 줬을 때의 그 부드러움으로 나를 줄리아 곁에 있는 의자로 밀었다. 그는 책상 모서리에 앉아서 내 다른 초코바를 씹고 있었는데 그것이 더 마음에 드는 것 같았다.

줄리아는 내가 이용할 수 있도록 암호화폐 거래를 실행하고, 내가 외부에 도움을 요청하려는 것인지 아닌지를 확인했다.

나는 이 말도 안 되는 갱단 혹은, 마피아 혹은 비전문 투자 회사 아니면 하여튼 그들을 어떻게 부르든 간에 그들이 요구하는 엄청난 암호화폐를 구할 방법이 떠오르지 않았다. 내가 할 수 없는 것을 알아서 나를 죽이기 전까지 쥐어짜려는 것인지, 아니면 내가 정말 원하는 것을 가져다줄 것이라고 실제로 믿는지는 확실치 않았다. 아니, 어쩌면 그들은 내가 죽든지 살든지 간에 확실한 수익을 낼 수 있을 것이라고 생각해서 나를 납치했을 수도 있었다.

물론, 나는 생텀을 출시할 때 생각했던 새로운 형태의 도박에 대해서 약간 보여 줄 수 있었다. 공정한 온라인 블랙잭 게임[96]으로 시작할 수 있다. 수많은 온라인 블랙잭 게임이 있지만, 도박장에서는 당신을 속일 수 있다. 생텀을 이용한다면, 나는 아마도 공정한 블랙잭 게임을 만들 수 있을 것이다. 기본적으로 이 게임은 스마트 계약으로는 할 수 없는데, 카드패를 숨길 수가 없기 때문이다. 어쨌든 블록체인은 투명하게 설계되어 있다. 하지만 나는 생텀에서 할 수 있는 블랙잭을 하루 만에 코딩할 수 있으

96 세계의 카지노에서 가장 널리 행해지는 플레잉카드 게임.

며, 그것이 인기 있을 것이라고 확신했다. 물론 이런 계획은 불법성과 사회적 가치 없음을 제외해도 항상 예측하기 어려웠다. 내가 생텀 안에서 게임 사업을 시작해도, 다른 사람들이 눈 깜짝할 사이에 따라 할 것이고 결국 돈은 거의 벌 수 없을 것이다. 내가 바라는 최고의 희망은 10대 소녀를 속여서 자신도 모르는 사이에 SOS 신호를 보낼 수 있게 하는 것이다. 좋았어.

그들은 줄리아를 '비트코인 브레인'[97]라고 불렀다. 나는 그녀가 단순한 암호화폐를 훨씬 뛰어넘는 스마트 계약의 전문가는 아니라고 생각했다. 그녀의 도움으로 스마트 계약을 코딩하는 것은 단지 0과 1 키만 사용할 수 있는 2진법 키보드로 펀치를 뚫는 것 처럼 효율적일 것이다. 하지만 그녀가 미숙할수록 내가 비밀 조난 신호를 보내는 데 유리하게 작용할 것이다. 나는 이 상황이 영화 〈스타워즈〉에서 레아 공주가 R2D2 메모리에 그녀의 메시지를 숨겨서 구조 신호를 보낸 것보다 나쁘지 않다고 생각했다. 레아 공주는 탈출선 안에 R2D2를 넣어 제국군을 벗어나게 했고, 결국 순조롭게 일이 잘 진행되었다.

첫번째 계획은 매우 간단했다. 나는 테스트에 자주 사용했던 이더리움 주소로 거래를 보낼 것이다. 코린과 함께 작업할 때 이 주소를 사용한 적이 있었다. 만약 그녀가 블록체인에서 그것을 발견한다면, 법 집행기관에 알릴 기회를 얻는다는 것이다. 만약 이 갱단이 그들의 암호화폐를 현금으로 교환하기 위해서 거래소에 간다면 그들의 거래에 소환장을 발부하고 그들을 체포할 수 있을 것이다.

"백팩 안에 하드웨어 암호화폐 지갑이 있어요. 거기 주소들에는 코인이 많지는 않지만, 이것은 시작이죠." 아마 하루치 '이자'를 내기에는 충

---

97 2019년에 출시된 트레이딩 로봇. 최신 기술을 사용하여 코인 시장을 분석해 낸다.

분할 것이다.

그녀는 마치 오디션에 참가한 작은 새처럼 긴장한 표정을 짓고는 말했다. "이런 식으로 일을 일으키려는 것은 아니었어요."

"당신 보스의 뜻이라고 확신해요."

"그들은 그저 당신을 죽이려고만 했어요. 나는 그들에게 이렇게 하라고 설득했죠. 나는 당신이 누군지 알고 있어요. 당신 블로그를 읽었는데…."

바이런은 책상을 쳤다. "빨리해, 줄리아!"

"짜게 굴 필요 없잖아." 그녀는 투덜댔다.

"넌 일을 힘들게 하고 있어. 너도 그 사람과 친해져서는 안 된다는 것을 알잖아." 줄리아는 약간 위협적 표정과 반항적 눈빛으로 바이런을 보았다. 나는 그들이 싸우면 보스가 누구 편을 들지 짐작할 수 있었다.

"내 하드웨어 지갑을 원하는 거 아닌가요?" 나는 그녀에게 물었다. 나는 그녀에게 내 가방 어디서 찾을 수 있는지 알려 주었다. 그것은 민트 틴 안에 숨겨져 있었다. 나는 차근차근 그녀에게 그것을 사용하는 방법을 알려 주었다. 그녀는 사랑스럽고, 영리했는데 뭔가 말하고 싶은 것처럼 나를 쳐다보았다. 이 사실을 바이런도 눈치채고 있었다.

"나는 몇 개의 다른 주소에 이더를 더 가지고 있죠. 우리는 그중 하나에서 시작할 거예요." 나는 스크린을 가리켰다. "0x0d, 이것이에요. 이더리움의 주소가 포함되는 형식이죠."

나는 그녀가 탭을 열고 그 거래 내역을 추적했을 때, 놀라기도 하고 적지 않게 실망하면서 지켜보았다. "나는 당신을 지켜봤고, 그래서 당신 PIN을 알고 있어요. 나는 이 자금을 옮길 거예요. 당신의 암호화폐를 섞을 수 없어요. 그리고 법 집행기관은 당신이 가지고 있는 것들을 분명 알고 있을 거예요. 아마도 지금 당신 주소를 감시하고 있을 테고, 나는 그들이 우릴 추적하는 것을 원치 않아요."

내가 원래 세운 계획의 대부분에 해당하는 내용이었다.

"어떻게… 넌 어디서 이런 것을 배운 거지?" 내가 물었다.

"암호화폐에 대해서요?"

"그래. 학교에서?"

"학교?" 그녀는 킥킥댔다. "절대 아니죠. 선생님들은 때려죽여도 암호화폐에 대해서 알지 못해요. 내 친구들은 그저 성가시거나 돈을 위한 것이라는 것 정도만 알죠. 나는 아이작으로부터 배웠어요." 아이-자크. 그의 이름을 입 밖으로 꺼내며 소녀는 환하게 웃었다. "내 아버지의 해커죠. 그는 우리 모두의 …" 그녀는 바이런의 화가 난 듯한 눈길을 알아차렸다. "그리고 독학으로 많이 익혔고요."

생텀이 포함되는 플랜B를 할 시간이었다. 나는 블랙잭 게임을 코딩해서 돈을 벌 수 있는 도박장을 차리자고 제안했다. 나는 애디튼에 있는 생텀의 노드 중 하나에 연결해야 했다. 생텀에서 신뢰할 수 있는 난수 생성 기능[98]을 이용해서 카드를 숨기고 섞을 수 있는데, 이것은 아직 공개되지 않은 기술이었다. 블랙잭 게임에서 누군가 그런 기능이 존재한다는 것을 알아차리기 전에, 코린에게 비밀 신호를 보낼 수 있을 것이다. 그러면 코린은 법 집행기관에게 알려서 내 트래픽을 추적하게 할 것이다.

"멋진 생각이군요! 나는 진정한 고급 스마트 계약 코딩법을 배우고 싶었어요. 온라인에서 많은 것을 배울 수 있지만, 누군가와 대화하는 것이 더 낫죠. 그러니까 선생님…" 그러고 나서는 바이런의 위협을 무시했다. "나는 당신 블로그를 읽었어요. 정말 대단했어요. 나는 당신 같은 최고의 개발자를 항상 만나고 싶었어요." 그녀가 나를 높게 평가한다는 것을 조

98 시스템적으로 임의의 수를 만들어 적용하는 기준.

금은 느낄 수 있었다. 이 소녀에게 매료되지 않기는 힘든 일이었다.

"운 좋군요. 당신의 애완 개발자는 지금 묶여 있습니다." 나는 족쇄를 찬 발을 흔들었다.

"코드를 작성하기 시작할게요." 그녀는 말했다. 그녀는 자신의 노트북 USB 포트에 내 하드웨어 지갑을 꽂았다. 그녀는 특별히 걱정하지 않는 듯한 바이런으로부터 화면을 멀리한 뒤 키보드를 치기 시작했다.

나는 원치 않지만 그들은 당신을 죽일 거예요. 내가 도울 수 있는 일을 하겠지만, 내 가족을 위험에 빠뜨릴 수는 없어요. 알겠죠?

"당신 코드를 이해했어요. 매우 깔끔하네요." 그녀가 메시지를 지우는 동안 나는 말했다.

그녀가 죄책을 느끼고, 어찌할 바를 모르고 망설인다는 사실이 내 생존 본능마저 누를 수 있다는 것은 놀라운 일이었다. 그녀를 속이고 이곳을 살아서 빠져나가는 것이 명백하게 올바른 행동이었다. 하지만 그녀가 코린에게 구조 신호를 보내려는 내 전략을 파괴했을 때, 웬일인지 당혹감이 깃든 약간의 안도감을 느꼈다.

"우리는 토르를 사용해서 생텀에 연결할 거예요." 그녀가 말했다. "하지만 연방 기관이 이런 노드들을 많이 가지고 있다고 들었어요. 정말인가요? 나는 나만의 추가 프록시 서버[99]를 설정했어요. 당신은 클라우드

99 웹 서퍼(사용자)와 당신이 연결하려는 서버 사이에 있는 서버. 프록시는 모든 사용자 요청을 전달하고 서버 응답을 사용자에게 다시 전달한다.

서버를 빌리고 암호화폐로 결제할 수 있죠. 정말 멋지지 않나요?" 정말 멋졌다. 밝은 미소와 함께 그녀는 나의 두 번째 조난 신호를 해저로 보내 버렸다.

줄리아는 비트코인 브레인이 아니었다. 그녀는 비트코인 다음 세대 그 무엇인가였다. 나는 17살의 '암호화폐 천재이자 갱스터인 소녀'를 상대하고 있었다.

*

우리는 오후 늦게까지 블랙잭 게임을 작업했다. 줄리아는 먼저 자신이 스스로 코딩해 놓은 기본적인 스마트 계약을 나에게 보여 주었다. 신입이 저지르는 실수들이 있었지만 많지는 않았다. 그녀는 초보들이 저지르는 실수를 거의 피해 나갔다. '프라이빗' 기능을 비밀로 하거나, 가스비를 최적화하지 않거나 아니면 애송이들이 놓치는 기타 등등을 말이다. 어떤 것들이 본능적이고 어떤 것들이 신중하게 공부한 것인지 알 수는 없었지만, 나는 깊은 인상을 받았다.

생텀은 완전히 새로운 수준의 절차상 복잡성을 가지고 있었다. 그러나 그녀는 '트러스티드 하드웨어', '개인 보호 계산 모델' 그리고 '난수 생성 보안' 같은 나의 어수선한 튜토리얼[100]을 내가 되고 싶었던 버클리 대학원 박사과정 학생처럼 흡수했다. 그녀는 스폰지처럼 자연스럽게 습득했다. 그녀는 자신의 능력이 얼마나 놀라운지 알지 못했기에 가식적이지 않았다. 그들과 함께 경험했던 초현실적인 것 중 하나일 뿐이긴 했다.

돈을 더 빨리 벌 수 있을 것이라고 바이런을 설득해서, 나는 줄리아의

---

100 소프트웨어나 하드웨어를 움직이는 데 필요한 사용 지침 따위의 정보를 알려 주는 시스템.

감독하에 키보드를 치는 것을 허락받았다. 나는 가상의 버그 코드[101] 를 재빨리 쓰기 시작했다. 이 위장을 통해서 나는 그녀에게 계속 비밀 질문을 입력했다. 그녀는 내 아이디어를 이해했고, 코드 입력과 대화를 번갈아가며 타이핑했다. 뇌를 뒤틀리게 하는 운동이었다.

나 줄리아, 왜 이런 일을 하죠?
줄리아 그래서 당신이 아직 살아있죠.

나 내 말은, 그들은 누구죠? 왜 당신은 여기 엮여 있나요?
줄리아 그들은 내 가족이에요.

나 누구
줄리아 (내가 타이핑을 끝내기 전에 나를 밀어냈다.) 나도 싫지만 그들은 내 가족이죠.

나 지금 여기 있는 남자요?
줄리아 전에 있던 사람이요. 내 아버지죠.

그녀의 아버지? 피글렛인가? 그 노인은 확실히 아닐 것이다.

나 어느 쪽?
줄리아 당신이 '보스'라고 불렀죠.

101 해당 하드웨어와 소프트웨어를 구성하고 있는 프로그램의 내용 중에 잘못된 코드가 들어 있다는 의미이다.

*

바이런은 내 저녁 식사에 이상하게도 관심이 많았다. 아마도 인질을 멋지게 먹이는 것은 그가 속한 폭력배들 사이에 명예일 수 있었다. 마치 영국인들이 손님들에게 차를 대접하거나 아랍인들이 호화로운 식사를 대접하는 것과 같은 방식으로 말이다.

"우리는 포장 음식을 먹을 거야. 뭘 원해? 그리스식? 이탈리아식? 타파스식? 일식? 네가 결정해도 돼. 나는 작지만 멋진 일본 식당을 알고 있는데 거기 장어가 정말 맛있어. 입안에서 살살 녹지. 소스도 너무 과하지 않고." 그가 말했다.

일식은 글루텐과 다른 독을 피하기 가장 쉬운 방법이었고, 그의 열정적 태도로 볼 때 친구가 되기 가장 좋은 방법일 듯했다.

"일식이 좋아 보이는데…" 아이디어가 떠올랐다. "이봐요. 만약 당신이 일식을 좋아한다면, 맨해튼 첼시 마켓에 있는 한 곳을 아는데 거기 생선이 믿을 수 없을 만큼 신선하죠."

만약 그가 내가 던진 미끼를 덥썩 문다면, 배달 시간에 따라서 우리가 맨해튼에서 얼마나 떨어져 있는지 알 수도 있었다. 만약 내가 생각하고 있는 곳에 그가 주문한다면-정말 엉뚱한 생각이다-나는 매우 특별한 주문을 할 생각이었다. 나는 그 가게 단골이고, 다른 사람들이 절대 주문하지 않는 메뉴를 주문했었다. 고등어와 생 메추리알. 메추리알과 물고기를 균형 잡히게 놓을 방법이 없었기에 그들은 특별한 김으로 만든 랩을 나를 위해서 고안했고, 요리사들의 농담거리가 되었다. "초밥 엔지니어링!" 내가 납치되었다는 사실이 이미 알려져 있다면, 만약에 아폴론이 다른 방향을 보고 있다면, 누군가는 메추리알 고등어를 주문한 사람에 대해서 궁금해할 것이었다.

바이런은 그에 대해서 생각했다. "장어가 좋아?"

"대단하죠. 가격이 비싸지만…."

"그럼 별로. 난 비싼 것 안 좋아해. 내가 아는 가게는 좋고 저렴하기까지 해."

그는 전화를 걸면서 사무실을 나갔다. 그가 주문한 음식을 가지러 가면, 나는 줄리아와 대화할 시간을 어느 정도 얻을 수 있을 것이다. 아마도, 내가 적절한 보상을 약속하고, 줄리아가 내 족쇄의 열쇠를 가져올 방법을 안다면, 줄리아는 내가 탈출할 수 있게 해줄 수도 있다. 어쩌면 말이다.

30분 후, 바이런은 문자를 받고 다시 떠났다. 그가 떠난 상황에서는 줄리아가 대화를 할 것이라고 기대했지만, 그녀는 타이핑만 했다.

"우리에게 시간이 얼마나 있죠?" 나는 속삭였다.

그녀는 긴장한 듯 살짝 소리를 내고 말했다. "그는 문 앞에서 누군가 만나고 있어요. 우리 저녁을 가져오고 있죠."

"그럼 빨리요. 여기가 어디죠?"

"나는…." 그녀는 망설였다. 그녀는 순식간에 자신이 대답하면 어떤 결과를 가져올지 머릿속으로 계산했다. 만약 내가 외부 세계와 소통하면서 경찰을 이 창고로 오게 한다면, 그녀의 가족을 위험에 빠뜨리는 것이었다. "말해 주면 안 될 것 같네요." 그녀는 내 손등을 만졌다. "죄송해요."

우리는 작은 테이블에서 저녁을 먹었다. 바이런은 심지어 피부가 벗겨진 내 발목을 풀어 줬다. 그는 몸을 구부리고 싶지 않아서 열쇠를 탁자 너머 나에게 들이밀었다. 그는 나나 줄리아의 말을 특별히 귀담아듣지 않았다. "이것은 일본산 콩이야. 너도 깨물고 빨아봐, 이렇게…" 그는 책상 서랍에서 사케 한 병을 꺼내서 내게 얼마간 따라 주었는데, 나는 이를 거절하는 것은 현명하지 않다고 생각했다. "넌 술은 거의 마시지 않았네." 그는 내 절제에 대해서 탐탁지 않아 하며 말했다. 엄청 좋은 술이야."

나는 더 이상 먹을 배가 없었다.

나는 바이런과 줄리아가 저녁을 먹고 떠날 것이라 생각했지만, 바이런은 먹고 남은 것들을 비닐에 묶어서 사무실 문 앞에 던져 놓고 내 초코바 나머지를 디저트로 먹기 시작했다. 그는 친절하게도 베어 문 자국이 있는 남아 있는 작은 조각을 주겠다고 제안했다. 줄리아는 자신의 노트북을 가지고 자리를 잡았다. 오후 내내 샘텀에 대해서 가르치며 시간을 보냈기에, 우리는 그제야 블랙잭에 대한 작업을 시작할 수 있었다. 카드 거래를 위한 기본적 스마트 계약으로 시작했다. 딜러의 카드를 비밀로 유지하는 샘텀 부분은 나중에 나오는 것이었다. 바이런이 내게 키보드를 치는 것을 허락했지만, 속도는 내 생사가 달린 중요한 문제였고, 나는 줄리아에게 방향 키를 맡겼다. 내 절망적 상황을 고려해 볼 때 줄리아의 호의는 속도 이상의 의미가 있었다.

바이런이 저녁을 먹으면서 긴장을 풀어서인지 아니면 쥐꼬리만큼의 사케를 마셔서인지 알 수 없었지만, 나도 경계를 늦췄다.

"너도 알겠지만 성공할 것 같지 않지." 나는 몰래 비밀을 나누는 것처럼 보이지 않기 위해서 줄리아에게 부드러운 톤으로 대화했다. 그래서 바이런은 내 말을 알아듣지 못했다. "그러나 어쩌면 모두를 살아남을 수 있게 할 수 있을 거야."

그녀는 불행한 미소를 지었다. 바이런은 자신의 핸드폰을 들여다보고 있었다.

"만약 내가 풀려난다면," 나는 계속했다. "막 생각했는데, 너를 애디튼의 인턴으로 보내줄게."

"정말요?" 그녀는 눈을 크게 떴다. "진심인가요?"

"왜 안 되겠어? 너는…."

한 번의 부드러운 동작으로, 바이런은 소녀를 지나쳐 내 옷깃을 잡고

칼을 내 턱에 가져다 댔다.

"줄리아를 꼬드기고 있네." 그가 으르렁댔다. "그러면 나는 네 얼굴을 그어버릴 거야." 그는 칼날의 끝을 느끼게 해주었다.

"저는 그저…."

"널 며칠간은 살려둬야 한다고 말했지만, 누구도 네 망할 두 뺨이 멀쩡하게 있어야 한다고 이야기한 사람은 없어."

"며칠이라고? 무슨 뜻이야?" 줄리아가 외쳤다.

그는 그녀를 무시하고는 계속했다. "알아듣겠어?"

줄리아는 비명을 질렀다. "그 거지 같은 말이 무슨 뜻이냐고?"

"아이작이 이어받을 때까지라는 거야." 바이런은 칼을 집어넣고 책상 위의 원래 위치로 돌아갔다. "그게 계획이야."

그녀는 펄쩍 뛰었다. "아니야. 저 사람을 죽이는 것과 아이작은 관계가 없잖아. 누가 며칠이래? 아이작이랑 연락해 봐, 안토니오. 그리고…."

"그는 며칠보다 더 오래 낼 돈이 없을 거야. 이게 내 말 뜻이야." 그는 눈을 가늘게 떴다.

조금 전까지는 낭만파 예술가 바이런이었던, 사람 얼굴을 캔버스로 쓰는 안토니오가 내 반대편에 서서 줄리아를 마주 봤다.

"아빠한테 전화할래."라고 소리친 그녀는 전화기를 들고 방 안을 성큼성큼 빠져나갔다.

바이런은-내 마음속에서 아직도 바이런이었다-신경 쓰지 않고 다시 책상의 모서리 부분으로 갔다. 그는 걸터앉아 핸드폰을 꺼내 익숙한 듯 전화기를 두드렸다. 아마 마피아 챗 게시판에 답글을 달거나 줄리아와 내가 일하는 동안 했던 무엇인가를 계속하는 듯했다. 줄리아의 애처로운 목소리가 창고에서 흘러나왔다. 그녀는 돌아와서 아무 말 없이 그녀의 노트북을 가방에 넣고는 젖은 뺨을 소매로 닦았다.

"내일 보러 올게요." 그녀는 분명히 말했다.

먼저, 그녀는 나를 위해서 물 두 컵을 떠다 주었다. 바이런은 침낭과 양동이를 가져다줬다. 그는 책상 서랍에서 무선 비디오 캠을 꺼내서 전원을 꽂았다. 사무실에 불을 켜 놓은 채, 내 발목에 있는 족쇄를 확인하고는 내 오른손을 바닥에 볼트로 고정된 책상다리에 묶어 놓았다. 그는 양손에 수갑을 채우고 책상다리에 체인을 감아두려 했다. 하지만 줄리아가 그렇게까지 하면 내가 잠을 잘 수 없다고 막아 주었다. 그는 떠날 때 공구함을 가지고 갔다.

조금 있다 다시 돌아온 그는, 내 백팩까지 낚아채 갔다.

16장

멀리서 창고의 금속 문이 닫히는 소리가 들리자, 나는 벌떡 일어나서 움직이기 시작했다. 바이런은 카메라를 내가 묶인 책상다리 끝 반대편에 L자로 들어간 곳에 설치했다. 그는 거리를 잘못 판단했거나 신경 쓰지 않았던 듯한데, 내가 도달할 수 있을 정도로 가까웠다.

나는 내 몸 전체를 바닥에서 들어 올릴 수는 없었다. 나는 다리를 책상 위로 올려서 그 위에 있는 물건을 끌어내리려 했다. 자유롭게 움직일 수 있다면 쉬웠을 테지만, 사슬이 내 다리에 묶여 있었고, 족쇄 때문에 발을 움직이는 것이 쉽지 않았다. 몇 번이고 내 발을 책상 위로 걸어 올리려 했지만 미끄러져서 '쿡' 하는 소리와 함께 사슬이 떨어졌다. 마지막으로 극도의 노력을 기울여서 내 발을 책상 서랍 손잡이에 걸었고, 긴장감으로 관자놀이가 터질 것 같았다. 내 등의 일부분은 땅에 붙어 있어서, 반듯이 누운 채 일종의 널빤지같이 행동하고 있었다. 내 발을 카메라로 향해서 밀었지만, 거의 닿지 않았다. 내 위치에서는 꼭대기만 보였다.

내가 발로 툭툭 치는 동안, 보이지 않던 전선의 장력 때문에 카메라가 잘못된 방향 그러니까 내 머리 쪽으로 회전했다. 그러더니 내게서 멀어져서 책상 뒤편으로 밀려났다. 기회가 한 번만 남은, 힘이 점점 빠지는 절망적인 상황에서, 간신히 앞쪽 가장자리를 향해 발을 찼다. 제대로 찬 덕분에 카메라는 내가 원하던 곳에 떨어졌고, 내가 원했던 머리 주변의 사각지대를 만들었다. 하지만 내 몸도 '쾅' 하고 부딪혔고, 고통스러운 신음소리와 함께 폐에서 바람이 나왔다.

나는 카메라를 책상 뒤로 완전히 차 넘기지는 않았다. 왜냐하면 내가 완전히 시야에서 벗어나면, 바이런이나 감시 임무를 맡은 다른 누군가가 창고로 와서 고치려 할 것이었다. 나는 그들이 원격으로 나를 감시하기 전 카메라를 살짝만 돌리기를 원했다. 그러면 바이런이 단순히 앵글을 잘못 잡았다고 짜증을 내겠지만, 고칠 필요는 없다고 생각할 것이었다.

다음으로 나는 도구를 찾아야 했다. 바이런은 아마추어 같았지만 그는 공구함을 가지고 가는 것을 잊지 않았다. 나는 브로치가 있었지만 청동 핀은 약해서 부러지기 쉬웠다. 나는 가장 가까이 있는 책상 서랍을 열었다. 내가 만약 웅크린다면 안을 볼 수 있을 테지만 너무나도 아팠다. 그래서 나는 자유로운 손으로 이리저리 뒤져서 여러 가구의 부품을 꺼냈다. 2개의 의자 다리 바퀴, 커다란 검은색 플라스틱 고리 그리고 볼트 여러 개였다. 렌치도 찾아내긴 했지만 운 나쁘게도 직각 모양의 알렌 렌치였다. 이것은 책상 바닥을 고정하는 견고한 볼트 나사를 푸는 데는 쓸모가 없었다.

만약 바이런이 원격 카메라로 나를 확인하려 한다면, 돌아가자마자 바로 할 것이라고 생각했다. 내 다리만 보이면 바이런은 내가 수갑과 씨름하느라 다리를 잡아당기고 있는 것이 아닐까 의심할 수 있었다. 그래서 가장 좋은 방법은 한밤중까지 기다렸다 시도하는 것이었다. 어쨌든 나는 너무나 피곤했다. 그 렌치들도 내 눈꺼풀을 들어 올리는 데는 충분하지 않을 것이다. 나는 침낭 안에서 카메라 시야를 가로질러 길게 뻗었다. 잠들기 전, 나는 시계가 SOS 신호를 보낼 수 있게 페어링할 만한 주변 장치가 있는지 확인했다. 이것은 성공하지 못한 또 다른 아이디어였다.

오후 9시가 막 넘은 시간이었다. 나는 오전 2시에 알람을 맞췄다. 내 다리는 아직까지 충격과 공포와 책상을 이용한 체조로 인해서 떨리고 있었다. 나는 침낭에 들어갔고 재킷과 침낭 꼭대기를 베개로 만들어서 머리를 뉘었다.

*

장난기 많은 돌고래 한 마리가 내 손과 발목을 계속해서 물어뜯었고, 내가 수영하는 동안 계속해서 재잘거렸다. 팔은 너무나 무거웠고 다리는 감각이 없었고 해안은 점점 멀어져 갔다. 나는 팔젓기를 할 때마다 팔을 휘둘러 그 이상한 노란색 생명체를 피하려고 노력했다. 돌고래는 잠시 멀리 갔다가 가까운 거리로 다시 와서 헤엄치면서 빙빙 돌았다. 다시 뒤로 미끄러져갔고 여전히 재잘댔다. 이 돌고래가 나를 구하려고 지느러미를 잡거나 등에 오르라고 재촉하고 있다는 것을 곧 깨달았다. 하지만 나는 힘이 부족했다.

나는 시계 진동이 울릴 때까지 얼마나 오래도록 이 꿈을 꾸고 있었는지 알지 못했다. 혼미한 상태에서 더듬대면서 겨우 알람을 껐다. '아니야.' 벌렁대는 심장에게 말했다. '그들은 듣지 못했어. 단지 진동만 울렸어.'

나는 단지 책상에 묶인 손을 풀기만 하면 됐다. 발목에 있는 족쇄 사슬은 길어서 충분히 걸을 수 있었다. 나는 이미 낮에 바이런이 개구리 걸음을 시켜서, 사무실 밖에 있는 화장실로 가봤었다. 어떻게 창고에서 탈출할 수 있을지는 나도 알지 못했다. 문은 잠겨 있을 것이다. 하지만 억지로 여는 것은 내가 책상에서 벗어나는 것보다는 쉬울 것이다.

나는 렌치의 손잡이를 수갑의 사슬 안에 밀어 넣고, 책상다리의 바닥에 있는 금속판 가장자리 끝에 고정했다. 나는 책상에서 렌치를 떨어지게 해서 수갑의 사슬을 벌리기 위해서 노력했다. 자유로운 한 손만으로 금속을 내 손바닥에 놓고 밀었지만, 나는 힘을 낼 수가 없었다.

나는 누군가 머리핀 하나로 수갑을 여는 것을 본 적이 있었다. 내가 기억하는 모든 것은, 그가 그저 열쇠구멍으로 머리핀을 넣었다는 것뿐이었다. 작은 렌치는 지름이 1mm 미만이었고, 내가 가진 것 중 가장 머리핀에 가까운 것이었다. 나는 그것을 열쇠구멍에 밀어 넣고는 가장자리를 더듬으면서 금속 조각이 움직이는지를 느껴보려 했다. 나는 내가 무엇을 하는지 전혀 몰랐다. 열쇠의 톱니처럼 만들기 위해서 렌치를 구부렸지만 전혀 비틀리지 않았다. 심지어 내가 틈새 사이에서 위아래로 흔들었을 때도 그대로였다. 나는 무슨 효과가 있길 기대하면서 구멍 주변을 긁었다. 긁고 또 긁고 몇 번이나 시도하면서 노력했다. 결국 내가 바랄 수 있는 최선은 이 자물쇠를 부수지 않고 책상에 결박된 채 운명의 마지막 며칠을 보내는 것이었다.

제대로 된 도구와 약간의 훈련만 된다면, 나는 그것이 가능했을 것이라고 확신했다. 그것이 아날로그 장치가 아니라 디지털 장치였다면 나는 분명히 성공했을 것이다.

나는 렌치들을 책상 서랍에 되돌려 놓고 침낭에 내 몸을 쑤셔 넣었다. 며칠 지나지 않아서 나는 무능력함 때문에 지구에서 도태되는 상황을 맞이할 것이다. 무기력함과 절망의 구렁텅이에 빠져서 머리를 뉘고 다정한 돌고래를 찾아 떠났다.

*

"네 꼴을 봐. 너를 무슨 대단한 천재라고." 바이런은 내 위에 서서 싱긋이 웃고 있었다.

아마 줄리아의 학교 수업이 오후 늦게 끝났기 때문인지, 둘은 오후 늦게 돌아왔다. 바이런은 카메라 영상과, 내 어색한 모습을 보고서는, 내가 무엇을 하려 했는지 알아차렸다. 그는 흐뭇한 듯 쳐다봤지만, 줄리아가 거기 있었기 때문인지 나를 바로 때리지는 않았다.

나는 전날 저녁을 거의 먹지 못해, 아침이 되자 배가 무척 고팠다. 하지만 그들이 음식을 남겨 두고 가지 않아, 자다 깨다를 반복하며 배고픔을 견뎠다. 바이런은 내 손을 묶은 수갑을 풀고, 훈제 연어와 크림치즈가 든 베이글 샌드위치와 바나나와 작은 요구르트 용기가 든 종이봉투를 쥐여 주었다. 나는 줄리아가 보내는 슬픈 시선 아래서 그것들을 게걸스럽게 먹었다.

"당신 암호화폐 지갑에서 돈을 꺼냈어요. 이것은 3일치 이자는 돼요. 우리는 그때까지 계약을 완성할 수 있을 거예요." 그 지갑 안에는 내가 기억하는 것보다 돈이 많았다. 그래도 시간을 그리 많이 벌지는 못할 것이다.

그녀와 나는 어제부터 하던 프로그래밍을 계속했다. 주로 그녀가 키보드를 쳤고 나는 감독했다. 나는 지금이 여름이고, 그녀가 내 약속대로 인턴십을 하고 있다고 상상하려고 노력했다. 우리는 애디튼의 브리지 위에 있는 것으로 말이다.

줄리아가 화장실 갔을 때, 바이런은 악의에 찬 미소를 지으며 나에게 다가왔다. 나는 내 몸을 보호하기 위한 각도를 유지하면서 그를 올려다보았다. 그는 주머니에 핸드폰을 넣고는 태연히 팔을 휘둘러서 내 뺨을 때렸다.

"후디니[102]인가, 응?"

나는 이렇게 뺨을 세게 맞아본 적이 없었다. 그렇게 아프지는 않았지

---

102 Houdini. 탈출 예술가나 기발한 사람을 뜻한다. 미국 탈출 전문가 Erich Weiss(1874-1926)의 예명인 'Harry Houdini'에서 유래했다.

만, 충격이나 수치심이 훨씬 심했다.

"오늘 밤 네가 어떻게 두 손을 조이고 잠을 잘 수 있는지 지켜볼 거야." 그는 말했다. "고통을 계속 받으면 멍청이들은 자기 목을 조를 수 있다고 들었는데, 진짜 그런지 궁금하거든." 그는 험상궂은 표정을 지었다. "하지만 난 알아내진 못할 거야. 왜냐하면 넌 그만큼 오래 살지는 못할 테니까."

*

줄리아는 낙관적이었지만, 이틀 안에 블랙잭 게임을 출시하지 못할 것이 분명해 보였다. 내가 맡아서 할 수 있었다면, 어떻게든 했을 수도 있다. 나는 그들에게 창고의 와이파이를 끄고 노트북을 주고 가라고 했지만, 줄리아조차도 그 생각을 좋아하지 않았다. 이유도 말해 주지 않았다. 내 생각으로는 우리가 다른 와이파이 신호 범위 안에 있는 것 같았고, 만약 그렇다면 근처에 다른 건물이 있다는 것을 의미했다. 도움 되는 추측이긴 했지만 놀라운 일은 아니었다. 줄리아는 노트북에 있는 와이파이 카드를 제거하자는 내 다음 제안에 동의했다. 그녀와 바이런은 이에 대해서 논의했고 중재를 위해서 그 유명한 아이작에게 문자를 보냈다. 그는 이것을 없었던 일로 만들었다.

우리가 저녁을 주문할 때, 바이런은 이상하게도 식사에 또 신경 썼다. 이번에는 영리하게 침묵했다. 그러나 그가 또 다른 마스터 클래스를 강의하는 것을 막지는 못했다. 저녁은 피자였다. 그의 독백으로 그들 패거리가 누구인지에 대한 단서를 잡을 수 있었다. 그는 마피아가 뉴저지에 있는 피자 가게들에게 특정 브랜드의 모차렐라 치즈를 사도록 강요했던 것에 대해서 이야기했다. 그리고 마피아의 손아귀가 느슨해진 때조차도 계속 그 특정 브랜드를 쓰고 있다고 이야기했다.

"이것도 좋아, 좋은 치즈야. 내가 좋지 않다고 하는 것이 아니야." 그는 한 조각을 손에 들고 그의 종이 접시 위에 떨어뜨렸다. 그러면서 다른 한 손으로 손짓을 했다. "하지만 우리는 그 빌어먹을 마피아에 대해서 이야기하고 있는 거야. 만약 그들이 일을 제대로 했다면 말이야…" 그는 말했다. "버팔로 모차렐라를 골랐어야지. 산 마르자노 토마토처럼 최고거든." 그는 한입 베어 물고 씹으면서 말했다. "그 놈들이 사라진 이유는, 자존심도 없고 품질에 대한 감각도 없어서야." 그는 입술을 핥았다. "그래서 우리가 더 많은 영역을 차지한 거고."

피자는 꽤나 맛있었고, 또 여전히 나는 배가 고팠다. 나는 글루텐과 다른 어떤 나머지 독소에 대해서 적어도 지금은 문제는 아니라고 생각했다.

줄리아와 나는 저녁 식사 후에도 전날처럼 계속해서 일을 했다. 우리는 다시 타이핑한 메시지를 교환했다.

나	여기 있는 당신 친구가 오늘 밤에 나쁜 일이 있을 거라고 위협하고 있는데, 그가 떠날 때까지 남아 줄 수 있나요?
줄리아	그는 보통 이렇게 나쁘지 않아요. 전에 흥분했던 내 탓이에요. 그는 당신이 나를 속이려 한다고 생각하거든요.
나	당신 잘못이 아니죠.
줄리아	머무를게요. 하지만 그는 나중에 다시 올 수 있어요. 나도 생각이 있긴 해요.
나	고마워요!

그들이 떠날 준비를 하고 있을 때, 바이런은 전화를 받았다. 욕을 하면

서 시끄럽게 사무실을 나갔다.

"나는 안토니오가 떠날 때까지 있을 거예요." 줄리아가 속삭였다. "그리고 돌아오지 않게 할 계획이 있어요. 외부에서 감시 카메라에 접속할 수 있게 하고, 방법을 알려 줄 거예요."

그는 조용히 사무실로 돌아왔다. "우리는 이 사람을 옮겨야 해. 서둘러. 아이작이 이어받을 거야."

"누가 그래?" 줄리아가 물었다.

"잘 들어, 얘야. 우리는 시간이 없어…."

"'얘'라고 하지 마. 누가 그런 거냐니까?"

바이런은 내 팔을 잡고 벌떡 일으켰다. 그가 내 팔을 등 뒤로 당겨서 수갑을 채웠을 때, 줄리아는 내 어깨를 잡고서 그와 씨름을 했다. 바이런이 나한테서 그녀를 떼어낼 때, 발에 있던 사슬이 꼬이는 바람에 나는 넘어졌다. 나는 두 손으로 넘어지는 것을 막을 수가 없었고, 머리가 부딪히는 것을 피하기 위해서 공중에서 몸을 비틀었다.

그들이 나를 앉혔을 때 고통을 느꼈다. 내 옆에 웅크리고 앉았던 줄리아가 처음으로 피가 흐른다는 것을 알아차렸다.

"맙소사!" 그녀는 피 묻은 손가락을 들고 바이런을 노려보면서 외쳤다. 바이런은 무고하다는 듯이 두 손을 들었다.

나는 내 브로치가 핀이 열린 채 바닥에서 반짝이는 것을 보았다. 내가 넘어졌을 때 그 큰 핀이-친절한 돌고래가 말이다-나를 찔렀던 것이다.

"구급상자를 찾아야 해." 줄리아는 서둘러 일어났다.

"시간이 없어." 바이런은 몸을 굽혀서 나를 향해 다가왔다. 나는 그가 무엇을 할지 알 수 없었지만, 나는 옆구리를 움켜쥐고 엄살을 피울 필요도 없이 고통 때문에 울부짖었다. 기다리면서 줄리아가 해결하도록 하는 편이 더 나았다.

"구급상자 어디 있냐고?" 줄리아는 사무실을 뒤졌다. 바이런은 내 어깨 밑으로 손을 넣어서 나를 들어 올렸다. 나는 혼신의 힘을 다해서 고통의 신음을 내뱉었다.

"만약 여기서 나가고 싶으면, 구급상자부터 찾으라고." 줄리아는 바이런에게 소리쳤다.

"젠장." 그는 침을 뱉고는 빠른 걸음으로 사무실을 떠났고 그녀는 따라갔다.

돌이켜보면, 나는 바이런이 줄리아를 믿지 못했기에 아지트가 노출되었다는 진실을 말하지 않았다는 생각이 들었다. 거기다 바닥에서 비명을 지르고 있는 나를 끌고 가지 않았다는 것은 그가 위급 상황에 우선순위를 제대로 정하지 못하는 아마추어 갱단이라는 사실을 말해 주고 있었다. 줄리아는 그가 돌아오기 전에 손에 구급상자를 가지고 돌아왔다.

"많이 안 좋나요? 상처가 깊어 보이는데 팔을 좀 벌려 봐요." 그녀는 거즈 패드를 뜯었다. 내가 수갑을 찬 손을 들어 올리려 했을 때 그녀는 말했다. "이 수갑은 전혀 쓸모가 없군요." 그녀는 내 셔츠를 들어 올려서 상처 부위를 거즈 패드로 부드럽게 눌렀다. 그녀는 날카로운 고통이 잦아들 때까지 조금씩 압력을 높였다. "출혈을 멈춰야 해요."

바이런이 다른 구급상자를 가져왔을 때, 그녀는 그에게 수갑을 풀라고 요구했다. 그녀는 알코올 솜으로 내 상처를 닦고, 내 몸통을 거즈로 감은 뒤 새 패드를 붙였다. 바이런은 발뒤꿈치로 책상을 짜증스럽게 치면서 초조하게 상황을 지켜보았다.

"저건 뭐죠? 머리핀 같은데 금인가요?" 줄리아의 물음에 바이런은 귀를 쫑긋 세웠다.

"청동이에요." 나는 말했다.

"좋아. 충분해. 이놈은 멀쩡하고 이제 갈 시간이야." 그는 내 어깨를 잡았다.

“설 수 있나요?” 줄리아가 물었다.

우리는 창고 안 금속문에서 터져 나오는 ‘쾅’ 소리를 들었다. 어쩐지 뭔가 이상했다. 줄리아는 얼어붙은 듯한 바이런을 보았다. 우리는 그 소리를 듣고만 있었다. 심지어 나조차도 두목의 등장을 알리는 플라멩코 음악이 듣고 싶었는데 지금은 무슨 일이 일어나고 있는지 상상할 수 없었기 때문이었다. 느리고 조용하게 바이런은 어깨의 권총집에서 권총을 빼들었다.

그는 벽에 몸을 붙이고 밖을 응시하면서 문 쪽으로 살금살금 다가갔다. 그는 험악한 시선으로 우리 둘을 힐끗 보았다. 꾸물댄 우리 잘못이었다. 나는 문 밖에 있는 사람들이 구급 대원인지, 아니면 줄리아가 도망칠 방법을 제공한 것인지 궁금했다. 하지만 모두 아니었다. 줄리아의 얼굴에 나타난 놀라움과 공포는 진짜였다.

바이런이 창고에서 뛰어나가기 위해서 육상 선수처럼 웅크린 자세를 취하고 있을 때, 검은 물체가 시야에 들어왔다. 지면 위 높은 곳, 강철 지붕 골조의 바로 아래, 두 줄 선반 사이에 드론 한 대가 공중제비를 하면서 좌우로 이동하고 있었다.

바이런은 드론을 향해 두 발을 쐈지만 맞히지 못했다. 보이지 않는 한 무리의 사람들이 우리에게 달려오는 듯한 발자국 소리가 울려 퍼졌다. 높은 선반 뒤에서 명령이 떨어졌다. 바이런은 욕을 했고 나는 첫마디를 놓쳤다.

“… 총 버려! 바닥에 엎드리고 손을 머리 위로 해! 당장!”

바이런은 궁지에 몰린 짐승처럼 머리를 마구 돌렸다. 창고는 포위되었고, 유일한 출구는 문이었다. 줄리아는 바닥에 엎드려서 그녀의 목에 손을 얹고는 중얼거렸다. “엄마야, 어떻게 해.” 나는 상처가 고통스러웠지만,

바닥에 배를 댔다.

“바닥에 붙어! 나는 다시 말하지 않아! 3초 주겠다. 3,2,1⋯. ”

바이런은 무릎을 꿇고 총을 던져 버렸다. 그리고 두 손을 머리 뒤로했다.

나는 옆구리를 문 쪽으로 돌리고는 겨우 머리를 들어 올려서 그들을 보았다. 군복과 방탄복을 입은 6명의 사람들이 각종 전술장비를 갖추고, 고글이 있는 헬멧을 쓰고 장총을 들고서 우리를 향해서 돌진해 왔다.

17장

“당신은 엄청나게 골치 아픈, 망할 문제들에 직면해 있습니다.” 워커는 은색 연필로 나를 가리키며 말했다. 나는 그의 초저음 목소리에 테이블이 진동하는 것을 느낄 수 있었다. “당신이 처해 있다고 생각했던 것과는 전혀 다른 문제들이지만, 여전히 망할 문제이긴 합니다.”

나는 이미 요원들에게 3시간 동안 보고해야 했다. 하지만 납치당해서 감금당한 후였기에, 그것은 마치 낮에 즐기는 스파처럼 느껴졌다. 내가 저지른 연방 범죄를 알리는 워커의 목소리는 마치 다독임 같을 정도였다.

“납치되는 것과 암살되는 것 사이에 생긴 일종의 작은 휴식이죠.”

“당신이 절박한 것은 알고 있습니다. 하지만 도대체 무슨 망할 생각을 한 겁니까?” 그는 회의실 테이블 위에 있는 공책을 탁탁 쳤다. 나는 움찔했지만, 여전히 들뜬 안도의 고통이었다.

“당신이 내 처지였다면 같은 행동을 하지 않았을까요?”

“나도 바보 같은 망할 짓을 하겠지만, 이 정도는 아닐 겁니다. 만약 우리가 둘 다 암호화 보안 업계 사람이라면 말입니다. 하지만 나는 신뢰는 사람들에 대한 것이라는 것도 알고 있습니다."

"무슨 뜻인가요?"

"기술적으로 볼 때, 당신이 한 일은 이해할 만합니다. 시스템을 해킹하고 적을 감시하는 것 말입니다." 그는 매직 크리스털을 언급하고 있었다. "우리도 늘 그렇게 합니다. 하지만 당신은 모크 루푸가 당신을 정말 속이지 않으리라고 심각하게 고려해 본 것입니까?"

"당신은 잊고 있군요. 아직까지도 그가 나를 속였는지에 대해서 모릅니다."

워커는 머리를 들고 나서 고개를 끄덕였고, 내 뒤에 있는 복도에 있는 누군가를 향해 손가락을 구부렸다.

다이앤은 마치 병실 침대 주변을 걷는 것처럼 살금살금 들어왔다. 그녀는 두꺼운 안경을 통해서 나를 들여다봤고, 위아래로 살펴보았다. "정말 안돼 보이네요." 그녀는 스카프를 잡아당겼다. 마치 동정심을 어떻게 표현해야 할지 모르는 것처럼 말이다. 그녀는 괴로운 표정을 지었다. "당신, 괜찮나요?"

나는 소매를 걷어서 수갑을 찼던 왼쪽 손목 주변이 일곱 무지개 색깔들로 멍이 든 것을 보여 주었다. "그렇게 나쁜 것은 아니죠." 내 옆구리에 난 흉측한 구멍을 보여 줄까도 생각했다. 그 상처는 남자다움의 상징이었지만, 내 뱃살도 함께 노출시켜야 했다. 그건 절대 안 되는 일이었다. "그저 가벼운 찰과상이죠."

그 멍을 보고 그녀는 진저리 쳤다. 워커조차도 놀랐다. "가벼운? 당신은 늑대에게 잡아먹힌 다음에 절벽에 싸놓은 똥처럼 보입니다만."

보이는 것은 느끼는 것보다 더 나빠 보인다. 나는 소매를 내리고는 건강하게 보이려고 노력했다. 워커와 다이앤은 어떻게 해야 할지 확신하지 못한 채 서로를 쳐다보고 있었다.

워커는 예전처럼 정상 상태로 회복하는 것을 선택했다. "좋습니다. 이제 우리는 같은 팀이 되었으니, 생텀에 대해서 이야기해 봅시다. 나는 다이앤의 일을 포함해야 할지 확실히 하고 싶어요."

"기다려 줄 수는 없나요? 먼저 치료부터 받아야 하지 않을까요? 심리 상담은요?" 다이앤이 말했다.

"어젯밤에 신체적 치료는 받았어요. 그리고 심리 상담도 받았어요. 괜찮아요. 다이앤."

"누가 당신에게 이런 거죠?" 그녀가 물었다.

"나도 몰라요. 나는 보고를 받은 것이 아니라 보고를 한 것이라서요. 그러나 델피안과 전혀 관련이 없어 보이긴 해요. 단지 현상금을 노리는 범죄자일 뿐이죠. 확실히 아마추어 범죄자들이에요. 10대 소녀와 어릿광대 같은 깡패들이죠."

"누구에게 책임이 있는지 말해 주겠습니다." 워커가 이어서 말했다. "빈 라덴입니다."

다이앤은 눈썹을 치켜올렸다.

"이것은 마피아와 관련 있습니다. 사람들은 이 사실을 알아차리지 못합니다. 또는 기억하지 못합니다. 마피아는 우리 삶에서 여전히 위험하고 강력합니다. 80년대 후반 뉴욕에 있는 5개의 패밀리들을 잡아넣기 시작하기 전까지, 우리는 그들을 통제하지 못했습니다. 90년대를 거치면서 우리는 진전을 이루었고, 마피아는 무너지고 있었습니다." 그는 몸을 앞으로 내밀며 말을 이어갔다.

"그런데 9.11 테러가 일어났습니다. 우리 조직의 대 마피아 인력들은 이제 대 테러리즘을 위해 일하게 되었습니다. 우리는 많은 기반을 잃었고, 조직범죄는 잡초처럼 다시 싹을 틔웠습니다. 이들은 옛날 사람들과 같지 않습니다. 예전의 마피아가 아닌 것입니다. 다양한 민족으로 구성되고,

더 세련되고, 인지도는 더 낮고, 덜 폭력적입니다. 이들은 새로운 집단 중 하나입니다. 그 갱들은 납치를 많이 해보지 않았을 것입니다. 아마 한 번도 없었을지도요. 그래서 그들이 그렇게 일을 망친 것이고, 우리는 일을 쉽게 마무리했습니다."

"하지만 그들은 습격에 대해서 미리 알고 있었어요." 내가 말하자 워커가 눈을 가늘게 떴다. "그들이 연방 수사국(FBI)에 잠입해 있는 건가요?"

"설마요. 우리는 지역 경찰과 공동으로 작전을 수행합니다. 정보가 새어 나갔다면 아마 거기 일 것입니다. 아니면 그냥 전술적 실수일 수도 있습니다. 곧 알게 될 것입니다."

"그는 여전히 안전하지 않습니다. 그 악성 계약이 활성화되어 있는 한, 다른 사람들도 여전히 그를 죽이려 할 것입니다. 맞죠?" 다이앤이 말했다.

"그래서 우리가 하던 일로 다시 돌아가야 할 필요가 있습니다. 저는 생텀과 관련된 이야기를 설명하려 합니다." 워커가 나와 다이앤에게 말했다.

"좋습니다. 워커." 다이앤은 의자 등받이에 손을 얹으며 말했다. "하지만 기억하세요. 저는 기술적인 것에 익숙한 사람이 아닙니다." 그는 고개를 끄덕이고 의자를 향해 손짓했다. "그냥 서 있을게요." 그녀는 다시 내 얼굴을 들여다보며 말했다.

"이 모든 것이 시작되었을 때, 그러니까 악성 계약 말입니다. 정보 커뮤니티는 애디튼의 시스템에 대해 외부에서 주의 깊게 살펴보고 있었습니다. 우리는 심각한 위협 행위를 하는 트래픽을 보았습니다. 저는 국가들에 대해서 말하고 있습니다."

"어떤 종류의 트래픽이죠? C&C 서버 커뮤니케이션[103]인가요?" 내가 물었다.

다이앤은 팔짱을 꼈다. "Aeì koloiòs parà koloiôi hizánei."

"음?"

"고대 그리스어죠. 컴퓨터 전문가들은 새처럼 무리 짓는다는 뜻입니다." 그녀가 말했다.

"알겠어요. 어려운 용어를 써서 미안합니다." 워커는 달래는 듯 저음으로 말했다. "내 말은 적국이 애디튼의 컴퓨터 시스템을 손상시키려 했다는 것입니다. 그리고 우리가 지켜본 바로는 두어 개는 성공한 것처럼 보입니다."

"이런…" 나는 말했다. "나는 우리가 잘 해내고 있다고 생각했습니다. 나는 우리 CSO[104]와 엄청나게 열심히 일했습니다. 그러나 어쩌면 정보기관들이 잘못된 생각을 했을 수 있죠. 왜냐하면 그들은 우리가 어떤 대책을 세우고 있는지 알지 못했기 때문입니다. 우리는 이런 것들을 위한 덫인 허니팟[105]을 만들었습니다. 우리는 완전 병렬 소프트웨어 개발 환경을 가지고…." 나는 다이앤에게 수줍게 미소 지었다. "우리는 강력한 방어력을 가지고 있습니다."

"어쨌든 그 악성 계약과 함께 모든 것이 너무 이상했고, 나는 당신들이 그 레벨에 있는지 확신할 수 없었습니다." 워커가 말했다.

"당신은 내가 다이앤과 일하는 동안, 그 악성 계약을 실행했다고 생각한 것입니까?"

---

103 Command & Control 서버는 명령 및 제어, C2 또는 C&C으로 불리며 공격자가 초기 침투에 성공한 장치와의 통신을 유지하는 데 사용하는 도구 및 기술 집합.

104 Chief Security Officer. 최고보안책임자.

105 컴퓨터 프로그램의 침입자를 속이는 최신 침입탐지기법.

“아닙니다. 하지만 뭔가 잘못됐었습니다. 진실은 내가 당신 동료들을 인터뷰했을 때 밝혀졌습니다.”

“당신이 애디튼에서 코린과 함께 있는 것을 봤습니다.”

“그녀가 왜 그녀가 왜 모크 루푸를 차 버렸는지 알고 있습니까?” 워커가 내게 물었다.

“코린은 그러지 않았습니다. 그가 찬 것이죠.”

“그것은 그녀가 사람들에게 말한 것일 뿐입니다. 어쨌든 그녀는 그 남자가 복수할 것을 두려워했습니다.”

이것은 모욕이었다. 내 인생에는 그리 많은 사람이 있지 않았고, 코린은 그들 가운데 한 명이었다. 나는 그녀가 나에게 모든 것을 털어놓을 것이라고 예상했었다. 하지만 나 역시 그녀에 완벽하게 솔직하지는 못했다고 생각했다.

“그녀는 루푸를 찼습니다.” 워커는 계속했다. “왜냐하면, 그녀의 노트북을 무단으로 쓰는 것을 잡았기 때문이었습니다. 그 개자식은 비밀번호를 가지고 있었고, 그녀가 가진 여분의 하드웨어 보안 키를 훔쳤습니다. 당신 회사의 데이터를 암시장에 팔았다는 것도 인정했습니다. 심지어 그녀를 협박하려고 했습니다.”

“그 말은….”

“그래서 당신이 그를 만났다는 것을 알았을 때….”

“그와 내가 한 통속이라는 결론을 내렸겠죠. 하지만 내가 그의 내부 첩자라면 굳이 왜 코린한테서 데이터를 훔쳤을까요?”

“그는 들켰습니다. 아마도 들키고 싶었을 것입니다. 또 어쩌면 그는 내부 직원이 외부 첩자와 결탁해서 정보를 빼낸다는 이야기를 만들고 싶었을 것입니다. 당신 말입니다.”

“하지만 왜 악성 계약을 실행한 것이죠?”

"당신을 협박하는 방법일 것입니다. 아니면 당신을 망쳐서 상사들이 당신을 쫓아내게 했을 수도 있습니다. 그들은 21세기에 맞게 음모론과 악성루머을 이용하기로 결정했을 것입니다. 홍차에 노비촉[106]을 쓰기보다는 덜 지저분한 것을 사용한 것이겠죠. 그 교수는 미끼였고 부수적 피해였을 것입니다."

"당연하죠. 나에 대한 초현실적 음모론이 통하는데 왜 교수의 죽음에 대해 이런 간단한 설명이 안 통할까요?"

"이에 대한 간단한 설명은 없습니다. 사람, 아폴론, 악성 계약, 협박 같은 모든 미치광이를 위한 것들 말입니다. 그리고 배경을 생각해 볼 필요가 있습니다. 사이버 공간에서는 그 빌어먹을 전쟁이 일어나고 있습니다. 우리 대 중국과 러시아의 전쟁이 수년간 지속되고 있는 것은 당신도 알겁니다. 당신은 이런 엿 같은 일이 일어나고 있다는 것을 믿고 싶지 않을겁니다. 프록시 전쟁, 백도어에 백도어로, 사이버 물리적 공격, 비디오 게임의 비밀 채널, 딥 페이크, 전자무기 같은 것들 말입니다. 그래서 제 일은 편집증적이 되고, 때때로 저는 일을 너무나 잘 합니다."

"왜 지금은 나를 믿게 되었죠?? 납치가 당신의 이론을 부정하게 만들었나요?" 내가 물었다.

"납치 때문이 아닙니다. 당신은 모크 루푸를 만난 후 코린에게 거짓말을 했습니다. 그녀는 거짓말이라는 것을 알아차렸지만, 당신이 무엇을 하고 있는지 알지 못했습니다. 우리는 눈을 떼지 말라고 했고, 그녀는 당신의 서버가 작동하는 것을 봤습니다." 매직 크리스털을 의미하는 것이었다. "하드웨어 등록에 대한 뭔가 이상한 일들을 그녀가 알아차렸고 우리

---

106 Novichok. 러시아어로 새로운 자를 뜻한다. 2020년 8월 20일, 톰스크 공항 카페에서 홍차를 마신 푸틴 대통령의 정적 알렉세이 나발니가 갑자기 혼수 상태에 빠졌다. 혈액검사로 노비촉 중독이 증명되었지만, 러시아는 이 사실을 부인했다.

에게 보고했습니다. 그녀는 아마 당신과 루프가 만난 것과 연결된다고 설명했습니다. 위험 신호가 울렸고, 우리는 당신을 감시했습니다. 당신이 그 남자에게 돈을 지불했다는 것과 또 다른 것들도 알고 있습니다. 결국 당신은 그와 일하지 않았습니다."

"또 다른 것은 뭐죠?"

"루푸가 준 그 키로 당신이 서버에 매직 크리스털을 설치하자, 그의 투자가 돋보이게 되었습니다. 그는 시장에 팔려고 했던 백도어를 가지고 있었습니다. 7이더?" 워커는 입술을 오므렸다. "허, 그 키 중 하나만 해도 100비트코인은 받습니다. 적어도 수백만 달러 가치입니다. 그 망할 놈은 전혀 신뢰할 수 없는 종류입니다. 그는 적어도 3개의 정보기관에 그의 백도어를 '독점적'으로 팔기 위해서 협상하고 있었습니다. 이봐요. 당신은 적어도 수수료를 받을 자격이 있습니다."

"워커, 나는 델피안들을 잡기 위해서 생텀에 있는 서버에 덫을 설치했지만 실패했어요. 당신도 알고 있다고 생각합니다. 델피안들이 그것에 대해서 어떻게 알았는지 이해가 안 됩니다. 그들도 루프로부터 키를 산 것일까요? 아니면 아폴론은 실제로 존재하는 것일까요? 나는 그들이 어떻게 했는지 알 수가…."

"생각해 보십시오. 그들은 어떤 것도 살 필요가 없었습니다. 만약 그들이 암시장 깊숙한 곳에 있다면-아마도 그들은 전직 요원일 것입니다-그들은 생텀의 키를 파는 것을 봤을 것입니다. 그들은 어딘가 덫이 있다는 것을 알았을 것입니다. 만약 일단 빠지면 헤어나올 수 없는 모래 지역, 퀵샌드가 주변 어디에 있는지 모른다면 당신을 무엇을 하겠습니까? 그 자리에 그대로 있어야 합니다. 그것으로 충분할 것입니다. 결국 그들은 코드를 어떤 서버로도 이동하지 않도록 했을 것입니다. 당신 덫에 빠지지 않은 것입니다."

“그렇군요.” 매직 크리스털 이전 단계만큼 위험해졌다는 것을 알게 되었다. 어쩌면 더 나쁜 상황이었다. 내가 가장 신뢰하는 동료인 코린은 나에세 진실을 말하지 않았다. 그리고 그녀는 옳은 일을 했다.

워커와 이야기하는 동안, 나는 점차 더 동요했다. 나는 손이 떨리는 것을 알아차렸다. “물 좀 주겠어요?”

다이앤은 서둘러 방을 나섰다. 나는 눈을 감고 고개를 숙였다. 그녀는 증류한 미네랄워터가 든 작은 플라스틱 병을 가지고 돌아왔다. 끔찍한 것이었지만, 불평하지 않았다. 그것을 한 번에 다 마시고 소매로 입을 닦았다.

“내가 납치당한 뒤 당신이 나를 빨리 찾아낸 것은 감시했기 때문이라고 생각되네요.” 나는 기침을 했다. 너무 빨리 마신 것이었다.

“으흠, 그 사람들이 당신을 데리고 있을 때는 어릿광대 같았겠지만, 당신을 납치할 때는 프로였습니다. 그들 중 한 명은 당신 사무실로 와서 당신 핸드폰을 책상 뒤에 던져 놓았습니다.” 그는 블레이저 안에 손을 넣어서 핸드폰을 꺼내서 내게 넘겨주었다. “당신을 감시하지 않았다면 아마 어려웠을 수도 있습니다. 우리는 몇 분 후에 바로 알아차렸습니다. 당신이 이동 침대에 실려서 구급차로 가는 영상도 가지고 있습니다. 그들이 트럭으로 바꾸기 전에 말입니다. 나머지는 발품 파는 일이었습니다. 법원에 영장을 받고 급습을 준비하느라 그렇게 오래 걸린 것입니다.”

“그래서 결국, 모크 탓에 의심을 샀고, 덕분에 내 목숨을 구했네요.” 워커는 농담하냐는 듯한 표정을 지어 보였다. “사고는 일어나죠. 그가 애디튼에 무슨 명백한 피해를 입혔나요?”

“코린 말로는 델피안들은 아마도 당신들이 출시하기 전에 생텀의 코드를 얻었을 것이라고 말했습니다. 맞습니까?”

“그럴수도 있습니다. 그래서 그들이 모크로부터 그것을 산 것입니까?”

"누가 알겠습니까? 제가 아는 것은 이제 당신 친구는 오랫동안 아무것도 팔지 못할 것이라는 정도입니다." 워커의 연필은 평소와 다르게 멈춰 있었고, 나를 가리켰다.

"알다시피, 모든 것이 사람들에게 달려 있습니다. 내가 당신들이 블록체인 기술을 이용해 쏟아내는 신용보증 없이 믿고 거래할 수 있다고 광고하는 쓰레기 같은 상품을 사지 않는 이유이기도 합니다. 이 세상에 '신뢰가 필요 없는' 것은 없습니다. 만약 블록체인 시스템에 문제가 생길 때마다 개발자들이 겁먹은 원숭이처럼 재잘거리고 서두르고 난리 치지 않는다면, 모든 것은 붕괴되어 버릴 것입니다."

"블록체인의 트러스트리스trustless라는 속성이 없었다면, 나는 저지[107]에 있는 창고에서 꽁꽁 묶인 상품으로 끝나지 않았을 것입니다."

"오오오…" 워커는 턱을 세우고 입술을 동그랗게 말했다. "예에에… 이제 그것은 스마트 계약에 대한 대단한 광고죠." 그는 갑자기 깨달은 척하면서 눈을 부릅떴다.

"'신뢰가 필요 없는trustless'이라는 건 어떤 뜻이죠?" 다이앤이 물었다.

"블록체인 기술을 설명하기 위해서 그 단어를 사용하죠." 내가 말했다. "이것은 다른 모든 것들처럼 블록체인의 신비화입니다. 트러스트리스trustless는 짐작되는 의미와 반대의 뜻을 가지고 있습니다. 블록체인 시스템에서는 개인, 회사, 정부의 신뢰가 필요하지 않습니다. 그저 블록체인에 대한 믿음만이 필요하죠."

"종교처럼 들리네요." 그녀가 말했다.

"넵! 나는 아프리카 감리교 성공회 신자로 자라났습니다. 저는 종교에 대해서 잘 알고 있습니다. 아폴론, 비트코인, 블록체인. 모두 종교와 성격

---

107 미국 뉴저지 주의 도시. 뉴저지에서 두 번째로 인구가 많은 도시.

이 같죠." 워커가 말했다.

"당신은 내가 엄청난 곤경에 처했다고 말했지만, 우리는 함께 일하고 있다고도 했습니다. 어느 쪽입니까?" 내가 물었다.

"둘 다입니다."

"그래서 이제 가도 되나요?"

다이앤은 워커를 보며 물었다.

"가도 됩니다." 그는 마치 영리한 아이를 꾸짖는 아버지 같은 미소를 억눌렀다. "당신은 충분히 힘들었습니다. 앞으로는 당신을 감시하지 않을 것입니다. 당신 회사에서 보호 조치를 취했습니다."

"그게 뭐죠?"

"경호원입니다."

"좋아요." 그때까지 약간 어지러웠지만 말했다. "하지만 당신이 도와줘서 고마웠습니다. 연방 수사국(FBI) 서비스에도 만족하고요. 나는 당신네에 대해서 옐프[108] 리뷰를 쓸 계획입니다. '블록체인 서비스'나 '납치' 중 어느 항목에 써야 할까요?"

워커는 눈을 굴렸다. "'베이비시팅'[109]에 쓰십시오." 그는 손을 뻗어서 내 어깨를 감싸 쥐었다. "좀 쉬어요, 친구. 당신이 준비되면 우리는 다시 함께 일할 겁니다."

나는 사무실을 지나 엘리베이터로 가다가 멈췄고 손으로 머리로 친 뒤 돌아섰다.

"잊어버릴 뻔했네요." 나는 워커의 사무실로 돌아가서 내 머리를 들이밀며 말했다. "부탁이 있습니다. 나를 가둔 창고 안에 고등학생 소녀가 있

---

108 Yelp. 캘리포니아주 샌프란시스코에 본사를 둔 미국의 다국적 기업에 의해 지원되는 지역 검색 서비스.

109 babysitting. 일시적으로 아이를 돌보는 것.

었습니다. 줄리아라고. 나는 그녀의 성은 모릅니다. 그녀는 나를 도우려 했죠. 누군가 그녀를 돌봐줄 수 있나요?"

"줄리아…. 좋아요. 우리가 처리할게요." 워커와 그의 작은 노란색 노트패드로 뭔가를 보고 있던 다이앤이 말했다.

"그녀는 특별한 사람이죠. 그리고 그들은 그녀의 가족입니다." 나는 중얼거렸다.

"알았어요." 워커가 대답했다. 그러고 나서 "어서 집에 가요."라며 투덜댔다.

*

누군가 내 핸드폰을 충전해 놨다. 화면에는 여사제의 비서로부터 온 일련의 문자 메시지와 음성 메시지가 떠 있었다. 내 '실질적 보호자'가 아래층에서 나를 기다릴 것이었다. 나는 엘리베이터를 떠나서 건물 입구의 파빌리온의 계단으로 올라갔다. 밝고 높은 천장이 있는 공간에서 사람들이 연례 건강검진처럼 줄을 서서 보안 검색을 기다리고 있었다. 나는 선글라스와 이어폰을 끼고 전직 라인배커[110] 같은 건장한 체격의 검은색 정장을 입은 사람을 찾았다. 나와 시선을 마주치고 나에게 걸어온 사람은 청바지를 입고 어깨 뽕이 들어간 갈색 가죽 재킷을 입고 있는 사람이었다. 강인해 보이는 슈퍼페더급 체격이었다. 나는 그가 최고의 명사수이거나 아니면 브루스 리의 사촌이길 원했다.

브라질에서 온 브루스 리의 사촌 같군. 나는 그의 생김새를 자세히 들여다보며 생각했다. 그는 나에게 삐뚤어진 미소를 날렸다. 아는 척인지, 교활한 것인지 어색한 것인지는 알 수 없었지만 마음에 들지 않았다. 그는 손을 내밀었다.

---

110 LineBacker. 미식축구의 포지션. 디펜시브 라인맨의 뒤에 서서 공을 들고 있는 공격수들을 직접적으로 차단하는 포지션.

“제 이름은 레이입니다. 제가 당신을 여기서 기다린다는 사실을 알고 있으셨죠, 선생님?”

만약 여사제가 어떤 식으로든 그를 고용하는 데 관여했다면, 어쨌든 그는 최고일 것이다. 아마 그는 글록[111]으로 위협하거나 50보 앞에서 귓불을 날리면서 경고할 수도 있을 것이다.

“연락받았습니다. 만나서 반가워요.” 나는 그와 악수했다.

레이는 분홍색과 흰색의 돌과 대리석판이 깔린 광장을 빠른 속도로 가로질러, 관목과 나무 장식이 있는 공공 공원과 보호 기둥들이 줄지어 있는 라파예트 거리를 지나서 기다리고 있던 차로 나를 인도했다.

“당신을 집에 모셔다 드려야 합니다. 그러고 나서 당신이 어디서 숨을지 생각해 봅시다.” 내가 안전벨트를 매고 있었을 때, 그는 이미 차 반대편에 미끄러져 들어와 있었다.

“나는 애디튼으로 갈 겁니다.”

“저는 그렇게 생각….”

“레이, 당신을 기분 나쁘게 하고 싶지 않지만, 여기서 행동수칙을 이해할 필요가 있다고 느껴지네요. 누가 결정을 내리나요. 당신을 고용한 사람들인가요? 당신인가요? 나인가요?”

“당신입니다. 저는 당신이 어떻게 해야 할지에 대한 제 생각을 말할 필요가 있습니다. 그리고 우리는 뉴욕 밖으로 가야만 합니다. 하지만 최종 결정은 당신이 합니다.”

그는 운전사에게 서쪽으로 가라고 말했다. 자신의 공유차량 앱에 내 주소를 기록해서 업데이트했다.

차가 교통 체증에 빠졌다. 서쪽 몇 블록에서는 보행자와 속도가 비슷

---

111 글록사가 생산하는 권총.

했다. 그러다가 출퇴근 시간이면 늘상 겪는 느릿느릿한 교통 흐름을 따라 강의 북쪽으로 갔다. 레이는 그의 전화기에 있는 평면도를 샅샅이 뒤졌다. 정확히 말할 수 없지만 아마 회사 건물인 듯했다.

운전자가 있는 차 안에서 묻지 말아야 했지만, 너무나 피곤해서인지 나는 충동을 억누를 수가 없었다.

"그냥 궁금해서 그러는데 당신은 가지고 다니나요?"

"총 말씀입니까? 아닙니다."

"총은 전혀 없나요?"

"제 직업은 관찰하고, 계획하고 재빨리 생각해서 당신을 위험에서 벗어나게 하는 것입니다. 만약 총이 필요하다면 이미 실패한 것입니다."

"선제적 방어라," 나는 고개를 끄덕이며 말했다. "영리하네요."

나의 적절한 단어에는 회의감이 배여 있었다. 레이는 낙담한 듯한 미소를 살짝 보였다. "이해합니다. 당신은 저를 보고 이렇게 생각하겠죠. '여기 어린 시절 매일 학교에서 고개도 들지 못하던 녀석이 출세했네. 총도 없이 나를 보호해 줄 수 있겠어?'"

"나는…."

"모두가 그렇게 생각합니다. 괜찮습니다." 그는 피식 웃었다. "학창 시절 다른 친구들이 제 머리 위에 앉아 있던 덕택에 제가 이 일을 하게 된 것입니다. 저는 정말 열심히 훈련했고 더 이상 누구도 제 머리 위에 앉아 있지 않을 것입니다. 저는 맨손 전투, 무기 훈련, 감시, 전력 질주 심지어 파쿠르[112]까지 규칙적으로 합니다. 그래서 누구도 제 고객을 건드리지 못합니다. 그것이 제일 중요한 것입니다."

나는 그의 미소가 좀 덜 싫어졌다.

---

112 맨몸으로 건물이나 다리, 벽 , 철봉 등의 지형 및 사물을 효율적으로 이용하여 이동하는 것을 일컫는다.

우리는 내 사무실 건물 뒤편에 내렸다. 사람들로 붐비는 인도를 건너려 했을 때, 레이는 마치 분신술을 하듯 내 양쪽을 처절하게 마크했다. 내가 그에게 손님용 출입증을 얻어 주려고 프론트 데스크로 갔을 때, 그가 이미 등록되어 있다는 것을 알았다. 여사제나 여사제의 비서는 내가 고집불통이라서 사무실로 올 거라고 예측했다.

레이는 이미 건물에 대해서 알고 있다는 듯이 구불구불한 길로 안내했다. 우리가 애디튼의 사무실 사이를 걸어갈 때 그는 사람들과 사무실에 있는 것들을 대강 훑어보았는데 특히 대형 샌드위치 쿠키 모형 풍선에 시선을 두었다. 사람들은 그들의 생활 공간을 누군가가 초롱초롱한 눈으로 관심을 갖는 것에 익숙하지 않아서인지 책상에 앉아 그를 흘끗흘끗 쳐다보았다.

레이가 그의 백팩을 내 책상 위에 놓고, 마치 새 집으로 간 테리어처럼 브리지 주변을 돌아다니고 있는 것을 발견했다. 레이는 내 책상 뒤쪽을 들쑤시고, 창문에서 거리를 들여다보기 위해서 발끝으로 서서 핸드폰으로 사진을 찍었다. 사무실 반대편, 브리지 끝에 있는 폐쇄된 문을 조사했다. 코린은 엄지로 그를 가리키면서 눈썹을 치켜 올렸다.

"코린," 그가 우리 쪽으로 걸어오는 동안 나는 말했다. "여기는 레이야. 내…."

"'경호원'이라고 말하면 됩니다." 그는 핸드폰을 치우고 코린과 악수했다. "여기 창문을 덮거나 당신 자리를 옮길 필요가 있습니다. 지금 당장은 아닙니다. 며칠 안이면 됩니다." 누군가 그에게 계약이 어떻게 진행되는지 알려 주었다. 내가 다시 멍청하게 오판하지 않는 한 거의 유일한 걱정은 납치당하거나 누군가 시한폭탄을 설치하는 것이었다. "저는 사무실의 나머지 부분과 다른 지역을 확인한 다음에, 뭐 좀 먹겠습니다. 만약 당신이 이 사무실을 떠나려 하거나 무슨 일이 생긴다면 제게 문자를 보내세요. 아시겠습니까?"

"알았어요. 내게…." 내 핸드폰이 울렸다.

"넵. 보냈습니다. 당신도 내 연락처를 핸드폰에 저장해야만 합니다. 혹시 모르니까요." 그는 재킷 안에서 명함을 꺼내서 코린에게 쥐여 주었다.

코린과 나는 창문 쪽으로 무작정 갔다. 우리는 브리지 아래서 차들이 윙윙대고, 마켓 아래쪽에서 사람들이 쏟아져 나오는 것을 지켜봤다.

"나는…." 우리는 동시에 시작했다.

그녀는 아래를 보았고 나는 입술을 씹었다.

"당신은 옳은 일을 했어요." 나는 말했다.

"나는 괴로웠어요." 그녀는 여전히 바닥을 보았다. "정말 괴로웠어요. 먼저 당신에게 가야 하나 생각했어요. 하지만 당신은 내게 진실을 말하는 것을 그만뒀죠. 당신이 자제력을 잃고 있다는 것을 알고 있었어요. 연방 수사국(FBI)은 당신에게 아무것도 하지 않겠다고 약속했어요."

그녀는 아직까지 내가 연방 수사국(FBI)과 일하고 있다는 것을 알지 못했다. 그녀에게 말하는 것이 신뢰를 회복하는 일일까? 아니면 더 악화시키는 것일까?

"나는 당신이 연루되는 것을 원치 않았어요. 나는 너무나 위험한 곳으로 들어가고 있었죠." 나는 말했다.

"당신에게 경고하려 했어요."

"들어야 했죠. 하지만 나는 절박했어요. 너무나 절박하죠."

"당신을 다치게 했나요? 그 납치범들요." 그녀가 물었다.

"내가 얼마나 많은 밀가루를 먹어야 했는지, 추악한 것들을 얼마나 많이 알게 되었는지 말할 수 없어요. 알고 보니 피자는 정말 맛있더라고요."

그녀는 웃었다.

"이 다음에 뭘 해야 할지 모르겠네요. 내가 당신을 끌어들여야 하는지 모르겠어요. 나는 지옥으로 가는 고속도로에 있고, 당신을 데려가고 싶지는 않아요."

"나는 내가 위험을 감수할 수 있는 사람이라고 생각해요." 코린이 대답했다.

"복수의 신들이 없는 평온한 세상에서는 그럴 테죠. 나는 그런 당신을 존중해요." 나는 다이앤과 워커 그리고 정보기관이 나를 어떻게 약점 잡았는지에 대해서 말하지 않기로 결정했다. 아직은 아니었다. 하지만 무엇인가 할말이 있었다. "코린, 당신에게 말할 수 없는 것들이 있어요. 아직은 그래요. 하지만 나는 내가 할 수 있는 한 정직할 것이라고 약속할게요."

"그래서 다음은 뭔가요?"

"당신과 나, 우리는 머리를 맞대야 해요. 지금은 진짜예요."

18장

우리는 다시 함께 악성 계약의 코드를 뒤졌고, '예언' 시스템의 코드와 생텀의 로그들도 뒤졌다.

레이는 몇 시간 동안 밖에 있었고, 돌아오기 전에 저녁 주문을 위해서 우리에게 문자를 보냈다. 한 손에는 체육관 가방을 들고 다른 쪽 손에는 포장 음식용 가방을 가지고 사무실로 들어온 그는, 멋쩍어서인지 우리와 함께 애디트의 간이 부엌에 들어가는 가기를 주저했다. 우리가 그의 팔을 꽉 잡고 끌고 들어갔다. 나는 차예단[113]과 아보카도가 들어간 커다란 샐러드를 먹었고, 그는 핫소스를 곁들인 수타 베이징 국수 한 그릇을 후루룩 들이켰다. 코린은 초밥을 먹었다. 그녀에게 말하지는 않았지만 나는 이제 초밥에 대한 혐오감이 생겼다. 나는 이 혐오감이 오래가지 않기만을 빌었다.

저녁 식사는 격렬하면서도 성과 없는 일을 하고 있는 나에게 편안한

113 달걀을 간장, 오향분, 찻잎 등과 함께 삶아 만든 중국의 달걀 요리.

휴식이 되어 주지 않았다. 내 옆구리의 통증은 먹는 동안에도 자비를 베풀지 않고 계속되었다.

"나는 저녁을 먹으면서 머리가 빈 느낌이네요. 내 생명을 보전하기 위해서는 서둘러야만 하는데 말입니다."

"당신은 먹어야 해요." 코린이 말했다.

"나는 벽시계들이 가득 찬 벽을 상상 중이죠. 그러니까 베이징, 샌프란시스코, 뉴욕, 런던 같은 전혀 다른 시간대의 시간을 가리키는 벽시계들 말이죠. 내 상상의 벽을 제외하면, 이 시계들은 다른 비율의 똑딱거림으로 움직이고 있죠. 거기에 고대 그리스 시대부터 역사가 흐르는 동안 한 번에 10년 단위로 움직이는 벽시계가 있어요. 그 시계는 델피안을 찾는 내 프로세스를 사용하는 시계죠. 그 시계는 신경질적이고 조심스럽게 움직이는 초침을 가지고 있죠. 그리고 내 삶이 얼마나 남아 있는지를 보여주는 시계도 있어요. 그 시계는 추락하는 제트기의 고도계처럼 마구 돌아가고 있는 중이죠."

레이는 재킷을 입고 밥을 먹었다. 그는 국수를 먹다가 순식간에 앉은 자리에서 0.5인치 정도를 뜨면서 회전할 수 있을 것처럼 보였다. "시간과 돈…" 그는 몇 번 씹고는 바로 삼켰다. "모든 것은 시간과 돈에 연관되어 있습니다. 우리는 시간의 흐름을 바꿀 수는 없지만 돈의 흐름은 바꿀 수 있습니다. 그 누구도 현상금을 청구할 수 없도록 확실히 할 수 있습니다."

"시간과 돈은 우리 세계에서는 이상한 것이죠. 블록체인 세계에서 말입니다." 나는 말했다.

"돈을 빨리 벌 수 있어서입니까?"

"그것 이상이죠. '플래시 론'이 좋은 예입니다."

"무슨 슈퍼 히어로용 돈 같습니다."

"플래시 론은 마법이에요. 멋지죠." 코린이 말했다.

"만약 당신이 은행에 가서 신분증이나 담보 없이 백만 달러를 대출하려 한다고 상상해 보세요." 나는 말했다. "대출 담당자는 책상 밑에 있는 빨간 단추를 누를 겁니다. 맞죠?"

"아마도요."

"하지만 스마트 계약을 사용한다면 그런 미친 짓을 할 수 있어요. 단 한 번의 트랜잭션에서 모든 것을 완료하기만 하면 됩니다. 그래서 플래시 론인 것이죠. 스마트 계약은 돈을 빌리고, 원할 때 사용하고, 사용한 다음 대출을 상환합니다. 딱, 딱, 딱, 순식간에 일어나죠. 만약 대출금을 갚지 않는다면 전체 거래가 중단됩니다. 시간을 되돌려지고 대출은 절대 일어나지 않았던 거죠. 그래서 대출해 준 쪽이 돈을 잃을 수 없어요. 모든 작업이 블록체인에서 일어나고 블록체인 자산에 포함되기 때문이죠."

"당신들은 어떻게 눈 깜짝할 사이에 돈을 얻을 수 있는 거죠?" 레이가 물었다. "그러면 당신들은 한때 백만장자였다고 할 수 있나요? 저도 임시 백만장자가 될 수 있나요? 아니면 세계에서 가장 큰 부자가 될 수 있나요? 왜냐하면 제 키로는 기네스북에 도전하지 못 할 거라서요."

코린과 나는 웃었다. "우린 당신을 백만장자로 만들 수 있어요." 그녀가 말했다.

"저희 엄마는 분명 감동하실 겁니다."

"당신은 단 한 번의 트랜잭션으로 많은 것을 할 수 없다고 생각하고 있죠." 코린이 설명했다. "하지만 스마트 계약에서는 할 수 있어요. 시세 차이를 이용해서 돈을 벌 수 있죠. 그러니까 앨리스가 A거래소에서 2달러로 암호자산을 사고 B거래소에서 3달러에 팔 수 있어요. 그러면 대출금을 갚고도 1달러를 이익 볼 수 있어요. 이것을 차익거래라고 하죠."

"차익 거래는 월가에서는 늘 일어나는 일이죠." 나는 덧붙였다. "하지만 주머니가 두둑한 기업들만이 할 수 있어요. 플래시 론은 이 과정을 모두에게 공평하게 실행할 수 있게 해주는 것이죠. 요즘 사람들이 돈을 버는 데 사용하고 있고요. 자본이 없어도, 코드로 구현된 좋은 아이디어만 있으면 되는 것입니다."

"저는 모든 종류의 아이디어가 있습니다." 레이는 그 특유의 미소를 지으며 말했다. "하지만 1년 정도는 대출해야 합니다."

"미안하지만 우리 것은 몇 초 정도밖에 안 되네요. 우리는 마치 물리학자들이 아원자 입자[114]를 만드는 것과 같습니다. 모든 것이 순식간에 사라지죠. 그리고 블록체인에서만 작동하죠. 우리의 가장 중요한 아이디어는 플래시 론을 단일 거래 이상 확장하는 것입니다. 멀티 블록 플래시 론이라고 부릅니다. 하찮아 보이지만, 대단한 것이기도 합니다. 말했듯이 시간과 돈은 우리 세상에서는 이상한 것이라니까요."

*

저녁 식사 후에도 코린과 나는 델피안의 코드와 생텀에 있는 단서들을 계속 찾아다녔다. 레이가 우리에게 확인해 줄 때까지 얼마나 많은 시간이 흘렀는지 알지 못했다. 거의 자정이었다.

"당신들은 더 있을 것입니까? 서두를 필요는 없습니다. 단지 어떤 계획인지 궁금합니다."

"붙잡고 있어서 미안해요. 우리는 좀 더 일할 거예요. 레이" 나는 경호원이 있다는 것에 대해서 깊게 생각해 보지 않았다. "하지만 당신은 나를 집에 데려다 줘야 하죠, 그렇지 않나요? 그러고 나서는 어떻게 하나요?"

"아이고, 이런." 그는 이마를 짚으며, 멍청하게 웃어 보였다. "제가 말하지 않았네요. 저는 당신과 함께 지낼 것입니다."

114 중성자, 양성자, 전자처럼 원자 구조를 구성하는 입자.

"아 그렇군요. 나는…."

"저는 칫솔과 잠옷을 가지고 있습니다." 그는 체육관 가방을 가리켰다. "그냥 베개와 어디 모퉁이만 있으면 됩니다. 정말 미안합니다. 제가 당신에게 말하는 것을 어떻게 잊어버렸는지 이해가 안 되네요."

"네, 알겠습니다. 괜찮다면 우리는 여기서 두어 시간 더 있을 거예요. 마치고 어디서 만날…."

"알겠습니다. 내버려 둘게요. 준비되면 알려 주세요."

코린과 나는 새벽 1시가 조금 지나서 멈췄다. 레이는 간이 부엌에서 작은 노트북으로 작업하고 있었다. 그는 우리를 아래층으로 데려갔고, 마켓의 두 가게 사이에 있는 빌딩 안 복도를 따라서 내가 이전에 한 번도 사용해 본 적 없는 출구로 갔다. 레이가 유리문을 통해서 거리를 쳐다보는 시선을 따라가자, 자동차 한 대가 보였다. 레이는 우리에게 안에서 기다리라고 손짓했고 밖으로 나가서 차 문을 열고는 나에게 오라고 했다. 나는 코린을 혼자 오게 하는 것이 비신사적이라고 느꼈지만, 레이의 직업은 목표를 보호하는 것이었다.

코린을 몇 블록 떨어진 그녀의 집에 내려 주었다. 주변에 아무도 없었기에 우리는 코린이 야간 담당자가 있는 로비로 들어갈 때까지 기다렸다. 차가 도로 경계선에서 멀어지기 시작할 때, 나는 차 뒷유리를 통해서 그녀가 인도에 다시 나와 있는 것을 보았다. 그녀는 한 손으로 문을 잡고-내가 마치 국제선 비행기를 타러 공항을 향해 가는 것처럼-다른 손을 흔들었다. 나는 느끼고 싶지 않았던 무엇인가가 솟구치는 것을 느꼈다.

우리는 그 블록을 한 바퀴 돌고는 텅 빈 10번가를 따라 내 집으로 갔다. 연속적으로 노란색에서 녹색불로 바뀌는 신호 체계 덕분에 빠르게 내달렸다. 보통 나는 이른 아침 시간에 맨해튼으로 가서 텅 빈 거리를-드문드문 다른 외로운 여행자들이 있어 세상에 종말이 온 것 같은 느낌은 들지 않는-만끽하는 것을 좋아한다. 게다가 보통 나는 지그재그로 운전하는 사람의 차 뒷좌석 앉아 흔들리기보다는, 걸어서 집에 가기를 선호했다. 레이는 아무렇지도 않은 듯 창밖을 내다보았다. 그의 머리가 약간씩 움직이는 것은 그가 그 길을 머릿속에 기억하고 있다고 추측할 수 있게 했다.

우리는 내가 사는 건물 입구 먼 곳에서 내렸다. 그쪽에 있는 도어센서는 늘 나를 잘 감지하지 못했다. 몇 번이나 앞뒤로 왔다 갔다 한 뒤에야 작동해서, 굴욕감을 느끼게 했다. 나와 레이는 연이어 내렸는데, 그 문은 정중한 환영의 뜻을 알리며 레이를 향해서 바로 활짝 열렸다. 어쩌면 우리 둘이 거기에 있어서 일 수 있고, 아니면 레이가 동시에 존재할 수 있는 양자적 트릭을 썼을 수도 있다.

우리가 프런트 데스크를 지날 때 원색의 줄무늬를 지나쳤다. 재젤은 밝은 새 헤어 리본을 하고 있었다. 레이는 그녀에게 엄지를 치켜세웠다.

"하이, 레이" 그녀가 말했다. 그러고는 우리의 멀어져 가는 등에 대고 말했다. "잘 자요, 여러분."

"그녀를 알고 있나요?"

"당신들이 일하는 동안 왔었습니다. 누군가 주변을 이리저리 찔러보고 있으면, 그녀가 무엇을 해야 하는지 숙지하고 있는가를 확인하고 싶었습니다."

"그녀는 알고 있었나요?"

"예, 걱정 마세요. 그녀는 당신을 좋아하고, 지지합니다."

레이는 소파에 자라는 내 제안을 거절하고 바닥을 고집했다. 등이 긴장 상태에 놓여 있는 것이 좋다고 그는 말했다. 그리고 또한 '기본적' 이라고 했다. 이것은 정확히 내 트레이너가 한 말로, 그녀는 진화가 내게 아무런 도움이 되지 않았다는 것을 보여 주기 위해서 내가 지칠 때까지 체육관 바닥을 기어가게 하면서 쓴 말이었다. 레이는 베개와 수건은 받아 들였다. 나는 가까운 거리에 있는 소파 위에 만약의 경우에 대비해 담요를 두었다.

"당신이 일어나기 전에 모두 준비해 둘 것입니다." 그가 말했다.

"냉장고에 있는 어떤 것이든 드세요."

"고맙습니다만 제 가방 안에 아침이 있습니다."

내가 양치질을 하고 난 뒤 화장실에서 나왔을 때, 그는 창밖을 응시하고 있었다. 들쑥날쑥한 빛이 가득한 맨해튼 야경 위에 비친 우리는 서로 고개를 끄덕였다.

내 목에 걸린 계약이 활성화되기까지 3일도 남지 않았다. 나는 누워서 오래도록 잠을 자지 못했고, 머릿속으로 계속 델피안 코드의 모델을 가지고 놀았다. 나는 무엇인가를 놓치고 있었다. 어느 부분에서일까? 모델의 어딘가는 얇고 너무나 얇고 유약했다. 나는 그것을 회전시키고 누르고 회전시키고 눌렀다. 하지만 실상은 코드의 논리 아래, 의식 아래 있는 비논리적인 영역, 그러니까 꿈과 같은 공간–만화경 같은–으로 내 마음을 누르고 있는 것을 알게 되었다.

*

다음날 아침, 코린은 모니터를 응시하고 있었다.

"그들은 아슬아슬한 짓을 하고 있어요. 누군가는 속도와 위험을 좋아하죠. 사실 아름다움의 일종이기도 하죠."

그녀는 얼굴을 위로 젖혔고 입술이 벌어져 있었다. 만약 그녀의 머리에 보라색 브리지가 없다면, 천상으로부터 내려오는 황금빛 햇살에 키스를 받는 오래된 그림 속의 성인이나 성모 마리아와 닮아 보였을 것이다.

그녀는 델피안의 코드에 대해서 이야기하면서 그들의 대담한 미니멀리즘에 감탄했다. 엎친 데 덮친 격으로, 이제 아폴론은 내가 아는 여성들에게 매력을 발산하는 것처럼 보였다. 그들은 좀 더 미묘한 방식으로 숭배에 가까워지고 있었다. 다이앤이 먼저였고, 코린의 흥분한 얼굴을 보면서는 이제 코린 차례라고 생각했다. 다이앤에 따르면, 그리스인들은 아폴론이 올림포스 신들 중 가장 아름다운 신이라고 여겼다. 나는 보지 못했지만, 코린과 다이앤은 그의 작품을 통해서 그가 발산하는 아름다움을 보는 것 같았다. 다이앤에게 그 아름다움은 신의 귀환을 일깨우는 고대 그리스의 예술과 문화였다. 코린에게는 델피안의 코드였다.

"이상하지만 아름다워요." 코린은 화면을 계속 응시하면서 말했다.

그리고 세 번째 여성이 있었다. 절대 매혹되지 않았고, 오직 매혹적이었다. 신의 매력에 면역되어 있었다. 그녀가 나이가 많아서? 여사제여서? 그러고 나서 어떤 기억이 떠올랐다. 그녀는 나에게 무엇인가를 물었었다. 뭐였지? 아마 생텀의 무기화였던 것 같다. 흥미로운 생각이었다. 아니 흥미로운 생각 이상이었다.

"코린!"

그녀는 멍한 눈으로 나를 보았다.

"스크롤을 올려요. 올려 봐요. 올려요. 아니, 거기 말고, 그래요, 제일 위쪽 근처."

커서는 한 변수 선언 위에서 깜빡였다. 이전에는 특별할 것 없던 코드의 라인이었다. "미안하지만, 내가 할게요." 나는 트랙패드[115]를 이용했다. 분산된 코드 조각들을 조사하고, 생텀 기능을 위한 선언을 읽었다.

"그들은 바람을 안고 항해 중이군요." 나는 악마처럼 웃으며 말했다. "그리고 나는 어떻게 폭풍우를 일으킬지를 알고 있네요."

---

115 터치패드 또는 글라이드 패드라고도 하며, 화면에서 커서를 이동하고 웹사이트 및 애플리케이션과 상호 작용하기 위해 손가락의 위치와 동작(왼쪽, 오른쪽, 위, 아래)을 변환하는 장치이다.

나는 10억 달러가 필요했고, 어디서 구할지 알고 있었다.

경제성을 보여 주는 것을 추구하면서, 델피안들은 그들의 계약에서 데이터 저장 공간을 절대적으로 최소화했다. 가변 길이를 대부분 일반적으로 설정하는 32바이트가 아닌, 단지 4바이트 즉 32비트로 설정했다. 그들은 가정을 세웠다. 현상금 펀드가 40억 달러 이상이 되는 일은 절대 있을 수 없다. 더 괴짜식 표현을 쓰자면 2^{32}달러, 그러니까 32비트로 표현할 수 있는 상한 금액이 2의 32승 달러라는 것이다. 두어 달 전이었다면 이런 종류의 엄청난 돈을 얻을 수 있는 유일한 방법은 플래시 론이었을 것이다. 플래시 론은 델피안의 계약에는 맞지 않았다. 암살 현상금이 영원히 청구되지 않은 채 방치되는 것을 막기 위해서 현상금 예치자는 '락업 기간'이라고 불리는 지연 기간을 설정할 수 있고 그 후에 예치하는 돈을 인출할 수 있다. 이 기간은 몇 초에서부터-아마 클라우드 펀딩을 테스트할 수 있었을 것이다-수년까지 설정할 수 있다. 델피안들의 지급금처럼 영원할 수도 있다. 하지만 플래시 론은 즉각적으로 상환해야 했다. 다시 말해서, 델피안의 계약은 플래시 론의 '플래시' 파트가 호환되지 않았다.

'예언의 신' 아폴론은 생텀에서 '멀티 블록 플래시 론'이 등장할 것이라는 것은 예측하지 못했다. 멀티 블록 플래시 론은 플래시 론보다 훨씬 더 오래 지속된다. 이름에서 알 수 있듯이, 블록체인에서 멀티 블록을 생성해서 지속시간을 늘리는 것이다. 일반적인 벽시계에서 흐르는 몇 초가 컴퓨터 안에서는 영원일 수 있다. 멀티 블록 플래시 론은 델피안의 계약에서 지원하는 가장 짧은 락업 기간을 견딜 수 있을 만큼 지속할 수 있다. 그 뜻은 내가 그것들을 무기로 바꿀 수 있다는 것이다.

델피안의 계약에는 현상금 활성화 전에 일종의 클라우드 펀딩 기간이 있다는 것을 기억할 것이다. 미친 사람들이 이미 내 목에 걸린 현상금에 기부하고 있었다. 나도 같은 일을 할 것이다. 내 목에 걸린 현상금에 내가 직접 기부할 것이다. 그것도 매우 엄청난 금액을 말이다. 사실은, 델피안의 계약에 너무나 많은 돈을 때려 넣어서, 핵심을 실패하도록 만들려 하는 것이다. 이 생각은 인위적으로 자동차의 주행거리를 높여서 주행거리가 표시되는 최고 지점을 넘어서서 주행거리 기록이 없는 것처럼 잘못 표시되도록 하는 것과 같다. 내 공격은 델피안의 계약에 기록된 현상금 잔액 한도 범위를 넘어서서 1달러가 되게 할 것이다. 그러고 나서 나는 그 1달러를 찾아서 잔액이 0달러가 되도록 맞출 것이다.

출금으로 인해서 잔액이 0달러로 딱 맞아떨어진다면, 일반적으로 현상금이 청구되거나 금전적 지원이 사라졌다는 것을 의미하게 된다. 그렇게 되면 계약은 현상금 지급이 종료된 것으로 처리하도록 프로그래밍되어 있었다. 나의 공격은 이 점을 이용해서 계약을 속이고 현상금을 영구히 종료시키는 것이다. 더 이상 콜링카드나 암살 주장은 없을 것이고, 내 머리에 붙은 현상금도 없을 것이다.

멀티 블록 플래시 론을 통해서 빌린 돈으로 이 모든 것을 실행시킬 수 있을 것이다. 나는 생텀이 출시되었을 때 함께 나온 멀티 블록 대출 계약을 통해서 동시에 돈을 차입해서, 공격을 하는 데 필요한 약 40억 달러의 돈을 끌어 모을 수 있도록 작업했다. 현상금이 종료된 후에, 내 공격 코드는 모든 돈을 인출할 것이었다. 현상금이 나눠졌을 때조차도 대출금을 상환할 수 있었다.

내 엄청난 돈이 내 목에 걸린 현상금만 끝장낼 것이고, 델피안의 계약은 파괴하지 않을 것이다. 델피안들은 새로운 현상금을 생성할 수 있고 심지어 오래된 현상금에 대한 예금을 이전 계약 현상금에 대한 보증금을 거기로 옮길 수도 있다. 하지만 그러면 나는 다시 똑같은 공격을 할 것이다. 그들이 내가 이런 식으로 반복적으로 공격하는 것을 막을 방법은 단 하나였다. 그들의 계약에서 신규 예금을 조정하는 일명 '라이브러리'라고 알려진 부분을 새로 업그레이드하는 것이다. 델피안들은 특별한 트랜잭션을 보내서 이 라이브러리를 수정할 수 있을 것이다. 그렇게 되면 계약은 그들의 예금만 받고, 다른 모든 사람들의 예금은 거부할 수 있을 것이다.

핵심적인 것은 그러니까 이 공격의 핵심 포인트는 만약 델피안들이 계약을 고치기 위해서 트랜잭션을 보낸다면 우리는 그에 대해서 한발 더 나가서 알 수 있다는 것이다. 워커는 만약에, 단지 만약이지만 정보기관이 사전 경고와 함께 추적할 수도 있다고 말했었다. 기껏해야 한 번 정도 시도해 볼 수 있을 것이다. 하지만 그것으로 충분했다.

델피안들이 아무 반응을 보이지 않고 그들의 계약이 파기된 상태로 놔두든, 아니면 그들이 계약을 수정해서 새로운 현상금을 걸든, 심지어 내 머리에 2배의 가격을 지불하든 간에 승리할 수 있다. 나는 그들의 갑옷에 실금이 간 것을 발견했다. 내가 맞는다면, 내 칼은 그들의 치명적인 균열을 뚫고 들어가 피를 흘리게 할 것이다.

이 모든 것이 신에 대해서 무엇을 의미하는지 나는 몰랐다. 아마도 그가 명성을 떨치던 시대로부터 수천 년 후의 머나먼 곳에서, 아폴론은 그의 영향력을 잃었던 것이다. 아니면 아마도 고대 왕에게 그가 전하던 모호한 방식의 예언으로 델피안들을 무너뜨린 것일 수 있었다. 아니면 어쩌면, 아마도 세상은 보이는 것보다 더 제정신이고 아폴론은 결국 존재하지 않는 것일 수도 있었다.

19장

콘퍼런스, 워크숍, 애디튼에서 수십 번을 해왔지만, 나는 여전히 발표를 할 때면, 신경이 곤두섰다. 사람 수가 중요한 것이 아니었다. 만약 내가 실수를 한다면, 최악의 경우 청중 중 일부는 나를 바보라 생각할 것이다. 그리고 이미 그랬다.

워커가 연방 수사국(FBI) 사무실에 있는 보안 화상회의 시설에서 나에게 발표를 시켰다. 이 발표의 성공 여부에 내 생사가 달렸다. 그는 산속의 천둥과 같은 목소리로 발표를 망치면 안 된다고 경고했다. 그곳에는 기술 책임자들, 그러니까 미국 정부 사이버 보안의 어두운 세계에 있는 거물급 또는 적어도 그들의 대리인이 있었다. 계약이 활성화되기까지 며칠밖에 없었고, 우리는 단 몇 시간 내에 그들을 모아야만 했다. 그들만이 내 아이디어에 축복을 내려줄 수 있었다.

내가 긴장감을 느끼지 않은 것은 희한한 일이었다. 델피안을 무찌르고 승리의 산에 깃발을 꽂을 수 있다는 흥분이 모든 것을 바꾸어 놓았다. 손은 떨렸지만, 평소에 느끼던 공황상태가 아니라 간절함 때문이었다. 옆구리 통증을 다스리면서, 나 자신을 통제할 수 있다는 만족감을 느꼈다. 다이앤은 내 옆에 있었고, 그녀에게 이 용감한 쇼를 보여 줄 수 있어서 특별히 행복했다.

우리는 다른 3개의 그룹과 함께 화상회의를 진행했다. 두 그룹은 스크린에 '국방부'라고 쓰여 있었다. 국가안보국(NSA)과 국방부의 셀 수 없는 정보부서 중 하나라고 추측했다. 역시나 내 추측대로, 군사정보기관인 국방정보국(DIA)였다. 세 번째 그룹은 중앙정보국(CIA)이었다. 국방정보국(DIA)에서 나온 두 사람만이 위장복 스타일의 군복을 입었다. 국가안보국(NSA)에서 나온 테크 전문가인 듯한 짧은 소매의 옥스퍼드 셔츠를 입은 두 남자를 제외하고는, 거의 10여 명의 전문가들이 이상한 정장을 입고 있었다. 화상회의 시스템은 정말 좋아서 마치 그들과 한 테이블에 마주하고 있는 것 같았다. 이 유령 같은 무리들이 내 운명을 손에 쥐고 있었다. 손에 내 운명이 놓여 있었다.

워커는 나를 소개해 줬고, 모두에게 내가 보안 허가를 받지 않았다는 것을 상기시켰다. 국방정보국(DIA) 사람들은 풀네임과 직위를 모두 소개했다. 그들 중에는 사이버 분과장도-그는 15분 후에 떠났다-있었다. 중앙정보국(CIA) 사람들은 마치 레스토랑의 웨이터처럼 이름만으로 소개했다. 국가안보국(NSA) 사람들은 소개하지 않았다.

워커의 연필은 보이지 않았고, 다이앤이 스카프를 잡아당기려다 다른 사람들을 의식하고 멈추는 것을 보았다.

나에게는 30분밖에 없었다. 워커의 조언에 따라서 100% 비전문가용 슬라이드를 만들어서 발표했다. 일반인의 용어로 델피안 코드의 구조와 이것이 아주 특이한 예외적인 것임을 설명했다. 오라클, 생텀, 그리고 플래시 론에 대해서도 설명했다. 스마트 계약의 미니 인트로 코스에서부터 악성 계약의 마스터 클래스까지 모든 것을 쥐어짜내야 했다.

나는 딱 두 번만 방해받았다. 첫 번째는 회색 정장을 입은 국가안보국(NSA)의 풍성한 회색 수염이었다. 그는 회의 테이블 끝에 있는 의자에 등을 기대고서 물었다. "당신의 적대적 모델은 무엇입니까?" 기술을 명확하게 이해하기 위한 질문이 아니라, 그가 앉은 테이블 주위의 서열을 정리하기 위한 것이었다. 두 번째는 중앙정보국(CIA) 소속 여성이었다. "이 사람들이 누구인지에 대해서 당신의 이론은 무엇입니까? 테러리스트입니까? 컬트입니까?" 내 추측으로는 명확한 사회·역사적 배경 없이 어리둥절한 비기술적 분석가인 것 같았다. '이런, 우리는 같은 처지군요.'

"여기 뒤메닐 박사는 우리 예술범죄팀(ACT) 소속입니다." 워커가 대답했다. "이쪽 분야에 전문가입니다." 그러고 나서 그는 다이앤에게 속삭였다. "한 놈만 패는 타켓터야."

"우리는 그들이 누구인지 모릅니다." 다이앤이 설명했다. "저는 단지 제 가설을 설명할 수밖에 없습니다." 그 가설은 그녀가 개인적으로 알려 주었던 아폴론 숭배의 흔적이 있었고, 오로지 닫힌 문 뒤에서나 적절한 것이었다. 그녀는 이제 더 냉정해졌다. "우리는 델피로부터 몇몇 유물을 발견했다는 정보를 입수했습니다. 그것이 제가 여기 있는 이유입니다. 어쩌면 컬트일 가능성이 있습니다만…."

"우리가 무엇에 대해서 이야기하고 있는 것입니까? 통일교? 다윗교? 사이언톨로지스트[116]? 큐어넌[117]?"

"고전학자들에게 '컬트'는 그런 의미가 아닙니다. 고대 그리스의 컬트는 성문화된 일종의 관습과 특정 신들에 대한 숭배이지, 관념적으로 이루어진 것은 아닙니다. 델피안들은 그들의 언어를 사용하고, 고대 그리스 신화와 종교 의식을 바탕으로 하는 행동 양식을 보여 줍니다. 그들이 실

116 인간은 영적 존재라고 믿으며, 과학기술을 통한 정신치료와 윤회도 믿고 있는 종교.

117 미국의 극우 음모론의 일종.

제로 무엇을 믿거나 실천하고 있는지 우리는 알지 못합니다."

"그들의 조직은 어떻습니까? 저도 조사를 해봤는데 어떤 것도 찾을 수 없었습니다." 만약 이 화상회의가 장난이 아니라면, 그녀는 나를 노려보는 것 같았다.

"아직까지는 아무것도 없습니다." 다이앤이 말했다.

"소셜미디어에도 없다는 것입니까? 알려진 리더도 없습니까?"

"없습니다." 다이앤은 입을 다시 열려 했지만, 말하는 것이 더 나은지에 대해서 생각했다. 나는 다시 발표를 이어갔다.

내가 발표를 마쳤을 때 본격적으로 물고 뜯기 시작했다. 놀랍게도 국가안보국(NSA)에서 시작된 것은 아니었다. 그들은 아마도 이미 모든 기술적 세부 사항을 파악했을 것이다. 미소 지으면서 회의론을 산더미처럼 쏟아낸 사람은 중앙정보국(CIA)의 '제프'였다. 그의 텅 빈 정수리는 전직 군인임을 증명하듯이 자체발광하고 있었다. 나는 군대에 대해서 잘 모르지만, 제프는 지휘관들이 하급 장교을 두들겨 패기를 기대하는 듯한 천진난만한 표정을 짓고 있었다. 그래서 나는 그가 적어도 대령은 될 것이라고 생각했다.

"설령 당신이 델피안들의 계약을 크랙한다면, 그들이 왜 그것을 고칠 것이라고 생각하십니까?" 그는 친절하면서도 위협적인 미국 남부의 독특한 느린 말투로 물었다.

"기술적 이유는 없습니다." 나는 말했다. "그들은 특별한 능력을 보여주었습니다. 매우 신비한 것을 창조했습니다. 만약 그들이 계약을 포기한다면 그 비범함을 잃는 것입니다."

한 여성이 그의 귀에 무슨 말을 속삭였고, 그는 고개를 끄덕였다. "만약 우리가 그들의 서버 중 하나를 찾는다면 무엇을 할 수 있습니까?"

"당신들에게 달렸습니다. 만약 당신들이 그들의 실체를 밝혀 낼 수 있다면 아마 몇몇 사람들을 구할 수 있을 것입니다."

"만약 우리가 할 수 없거나? 아니면 하지 못한다면?"

"만약 하지 못한다면…, 저는 계획은 없습니다. 단지 직감을 당신들에게 말하고 있는 것입니다. 만약 우리가 델피안들의 비밀을 깨뜨리고 그들 코드에서 버그를 찾는다면, 그 다음에는 친숙한 영역에서 활동할 수 있을 것입니다. 제가 자만하는 것일 수도 있지만, 만약 이것이 일어나기만 한다면, 그들에게 한방 먹일 수 있습니다."

"예감이라, 흠…" 제프는 살짝 웃었다. "저는 아마추어 천문학자입니다. 망원경을 가지고 별들이 머리 위에서 반짝이는 버지니아의 들판으로 갈 때면, 외계 생명체를 만날 것 같은 예감이 듭니다. 하지만 아직까지 그런 일은 일어나지 않았습니다. 우리가 당신의 예감을 믿어야 하는 이유가 있습니까?"

"왜냐하면, 만약 이것이 작동한다면, 물론 만약이라면 말입니다. 그러면 우리는 더 이상 천상에 있는 아폴론을 찾지 않아도 되기 때문입니다. 우리는 지상에 있는 어떤 사람을 찾으면 됩니다. 마치…." 나는 국가안보국(NSA)의 반팔을 입은 두 남자에 대해서 이야기하려 했지만 더 좋은 생각이 떠올랐다. "저 같은 평범한 지상의 테크 전문가들 말입니다."

"평범한 지상의 테크 전문가라." 제프는 미소 지었다. "좋습니다."

"괜찮았어요." 워커는 화면이 어두워지고 나서 말했다. 다이앤은 서둘러 다른 회의를 하러 갔다. "조금 말이 많았지만, 잘 넘어간 것 같군요."

"어쨌든 다행이네요."

"국가안전보장회의(NSC)에서 사이버 보안 조정자를 보내지 않은 것은 행운이었습니다." 그는 조심스러운 눈초리로 스크린을 쳐다보았다. "그녀는 진짜 엄청난 고집불통이고…."

"이 작전이 통과인지 기각인지는 엄지를 올리거나 내리는 것으로 알 수 있나요?"

"그런 제스처로 일하지 않아요."

"그럼 진행 여부를 내가 어떻게 알 수 있나요?"

"당신은 먼저 진행해야 합니다. 만약 그들이 제공할 부분이 있다면, 알아서 준비할 겁니다. 당신은 무엇인가 들을 수 있지만 아닐 수도 있습니다. 어쩌면 포춘쿠키 안에서 IP 주소를 찾거나, 당신 건물 벽에 스프레이로 칠해진 메시지를 볼 수도 있습니다. 황당하게도 당신이 깨어났을 때 이 모든 것이 꿈일 수도 있습니다."

"당신 뜻은 그들이 출처와 방법을 숨길 것이라는 거군요."

"네. 그들의 짓거리는 비밀이어서 심지어 그들이 비밀을 숨기는 것조차도 비밀이죠."

*

레이와 내가 연방 수사국(FBI) 건물을 떠나서 광장을 지날 때, 비가 세차게 오고 있었다. 우리가 길을 건너갈 때, 그는 갑자기 우산을 펼쳐서 내 머리 위에 씌웠다. 이미 나는 경호원이 있는 고위직 역할이 싫증났다. 우산을 들고 있는 레이는 빅토리아 시대 드라마에서 주인의 머리를 보호하기 위해서 말이 끄는 마차에서 장원의 입구까지 이르는 열 계단을 서둘러 가로질러가는 하인과 같이 느껴졌다.

"레이," 나는 말했다. "내가 우산을 들게요."

그는 피식 웃었다. "제 일을 뺏으려는 것입니까?"

"아니요. 내가 경호원처럼 보이고 당신이 목표물처럼 보이는 것이 더 안전할 거예요." 이 말에 그는 당황했다. "게다가…" 나는 말했다. "나는 젖을 머리카락도 없지만 당신은 있죠."

그의 입은 잠시 벌어졌다. 하지만 우리는 엄폐할 만한 것이 없는 건물 입구에 있었기에 그는 행동을 취해야 했다.

"여기서 중요한 점은 우산이 당신 얼굴을 가린다는 것입니다." 그가 말했다.

나는 그 생각을 하지 못했다. 나는 고개를 숙이고 그에게 우산을 들고 있게 했다. 우리는 가는 길에 생긴 새로 생긴 웅덩이를 피해서, 우리를 애디튼으로 데려다 주기 위해 기다리고 있던 차로 갔다.

*

코린과 내가 일을 시작했을 때, 브리지에 있는 창문에 비가 내리치기 시작했다. 비가 거리의 앞쪽에서 회색 장막처럼 뿌리고 있었고, 신호등의 붉은색과 노란색의 택시만이 우울한 분위기를 완화시키고 있었다.

우리는 무엇을 해야 할지 알고 있었고, 침묵 속에서 함께 일을 했다. 나는 코린에게 우리가 델피안의 계약을 망가뜨린다면 그들이 계약을 고치기 위해 보낸 거래를 추적할 친구가 있다고 말했다. 그 친구가 모크가 아니라고 몇 번이고 맹세를 한 후에야 코린은 더 이상 캐묻지 않았다.

1시간 후, 천둥이 치기 시작했다. 이럴 때면 나는, 브리지의 철제 대들보들이 건물 사이에서 팽팽하게 잡아당겨진, 마치 현악기의 현같이 느껴진다. 바닥이 진동했다. 자연의 위험한 조화를 이루는 스릴은 있지만 브리지에 미치는 실질적 위험은 없다고 생각했다.

우리가 코드를 완성했고, 실행하기 전에 먼저 철저히 테스트를 했다. 두 번째 기회를 얻을 수 없을 것이다. 나는 우리가 만든 공격 계약을 준비했다.

브리지에서 나는 이전에 두 번이나 운명의 코드를 실행시켰다. 첫 번째는 내가 중화 계약을 만들었을 때였다. 두 번째는 매직 크리스털을 실행시켰을 때였다. 두 번 모두 엄청난 문제를 일으켰다. 이번에 나는 어떤 문제를 일으키는 것보다 실패하는 것에 대한 걱정이 더 컸다. 나는 주저하면서 한숨을 쉬었다. 코린은 나를 지켜보았다.

"내가 해줄까요?" 그녀가 물었다.

나는 유혹에 빠졌다. 하지만 신의 분노는 내 머리에 있었고, 나한테만 머물러 있어야만 했다. 운명과의 만남은 나 자신의 것이었다. 나는 공격 타이머를 7초로 설정하고 엔터 키를 눌렀다. 나는 브리지를 가로질러 걸어가, 차가운 유리창에 이마를 갖다 대고 눈을 감았다. 창문을 통해서 비가 내리치는 것을 느낄 수 있었다.

나는 심판의 순간을 미루고 싶었다. 나는 중앙정보국(CIA)의 제프가 별 아래에서 외계인과 만날 것 같았다는 이야기를 떠올렸다. 델피안들을 상대로 성공을 거두기 위한 우리의 전략은, 어떤 의미에서는 외계인을 만나는 것과 비슷할 것이다. 불가능을 설명하기 위해 예를 들어야 한다면, 지금 이 상황보다 적절한 것은 없을 테다. 그런데도 만약 지금 내가 실패한다면, 그 다음에는 어떻게 이 난관을 헤쳐나가야 할지에 대해서 상상할 수 없었다. 나는 아이디어와 시간이 부족했다. 가장 좋은 상황은 레이와 함께 남은 생을 룸메이트로 지내는 것이다. 최악의 상황은 내 여생이 한낱 파리 목숨이 되는 것이다.

이전에도 내 인생에서 비현실의 문턱을 넘어선 적이 몇 번 있었다. 내가 첫 번째 직업적 성공을 거뒀을 때였다. 나는 버클리대학교를 떠난 1년 후에 인기 있는 코드를 작성했다. 공격자의 속도를 느리게 하는 계산 퍼즐 생성기였는데, 점차 퍼져 나가서 수백만 명이 방문하는 웹사이트의 보안을 위해서 사용되는 것을 보고 깜짝 놀랐다. 그런 일은 이제는 이혼한, 아내를 만났을 때 일어났었다. 내가 영화 속으로 걸어들어가 미녀 여배우를 만나고 껴안는 듯한 환상에 빠져 있었으니까. (필름이 다 돌아가고 나는 다시 내 외로운 자리에 앉아서 프로젝션 기계가 스크린에 문자를 뿌리는 것을 홀로 보고 있었다는 것에는 신경 쓰지 마세요.) 그리고 또 일어났다. 물론 불쾌한 방법으로, 내 머리 위에 그 악성 계약이 나타났을 때였다. 나는 궁금했다 또 그런 일이 일어날 수 있을지….

"후-우!"

나는 몸을 돌려 코린이 환한 모습으로 나를 바라보는 것을 보았다. "작동했어요!"

"작동했다고요?"

"완전히 쐐기를 박았어요!"

"정말인가요?"

"그럼요! 나도 현상금을 입금하려고 시도했지만 실패했어요!"

그녀는 자신의 손을 올렸다. 나는 약하게 그녀와 하이파이브를 했다. 아직 믿을 수 없었다. 나는 계약의 트랙잭션 기록을 살펴보았다. 이미 내 가슴속에 거의 새기다시피 했지만, 그 코드를 다시 노려보았다. 나는 나 스스로 테스트하기 위해서 코딩하기 시작했다.

"제발요!" 코린이 말했다. "날 못 믿나요? 현상금의 잔액과 상태 플래그를 보여 줄 수 있어요. 비켜 봐요."

그녀는 컨트롤을 빼앗아 내 목에 걸린 현상금의 잔액을 보여 주었다. 0달러였다. 나는 우리가 현상금을 종료했다고 확신했다.

우리가 작업을 더 복잡하게 만들었다고 내가 안전한 것은 아니었다. 델피안들은 언제든지 그들의 계약을 수정할 수 있었다. 하지만 우리는 델피안들이 무시할 수 없을 미끼를 만들어 냈다. 이제 모든 것은 정보기관의 손에 달려 있었다.

나는 고요한 폭풍의 눈 속에 있었다. 만약 그들이 종료된 현상금을 다시 건다면 활성화까지 3일만이 남아 있게 된다. 하지만 나의 시련이 시작된 뒤 처음으로, 나는 생각할 필요도 서두를 필요도 없다는 것을 알아차렸다. 사실상 나는 할 수 있는 것이 없었고, 다른 방법은 없었다. 나는 속수무책이었지만 안심이 되었다.

*

코린은 축하해야 한다고 고집했다. 내 사기를 높이기 위해서 좋다고 말했다. 나는 그럴 기분이 아니었지만, 결국 받아들였다. 우리가 함께하는 마지막 식사가 될 가능성도 있었다. 나는 다이앤과 그녀의 초코 타르트를 생각했다. 다이앤도 초대하고 싶었지만 그러면 너무나 복잡해질 것이었다. 적어도 그녀의 초코 타르트는 우리와 함께할 수 있었다. 나와 코린은 메종 스테른에서 페이스트리를 주문했다.

사람들이 우리가 델피안의 계약에 무슨 일을 했는지 알아차리는 데 오래 걸리지 않았다. 소셜미디어는 곧 이 뉴스로 떠들썩했다. 우리가 이 뭣 같은 사황에 저항한다고 저항한다고 외친 고함 소리 하나가 돌진하여 강으로 흘러들어 가는 것을 보았다. 나는 우리의 공격이 델피안의 보이지 않는 망토를 찢을 것이라고 예상했다. 몇몇 사람들도 그랬다. 하지만 놀랍게도 델피안들에게 동조하는 사람들과 음모론자들이 2배로 늘었다. 그들은 우리가 계약을 공격할 때 사용했던 엄청난 돈은 신과 그의 추종자들을 막기 위한 세계 여러 정부의 필사적 움직임이며, 실패할 것이라고 주장했다. 계약은 여전히 실행되고 있고, 이런 공격을 예상한 델피안들의 계획에 따라 숨겨진 코드가 계약을 고칠 것이며, 공격자들은 신의 복수를 느낄 것이라고 했다

"그 사람들은 제정신이 아니에요." 코린이 말했다.

그녀 말이 맞지만, 뇌가 반밖에 없는 한 무리의 사람들이 내 피를 갈구하면서 물어뜯는 광경을 거부할 수 없었다. 메종 스테른에서부터 배달된 물건만이 나를 겨우 모니터로부터 떼어낼 수 있었다. 간이 부엌에서 나와 코린은 귀중한 페이스트리를 가져온 상자를 분해했고, 메종 스테른에서 데코레이션과 코팅을 보호하기 위해서 만든 흰색 판지 패널을 살짝 열었다. 이제 나는 위험에 너무나 민감해져서, 바깥세상에서 온 것들, 심지어

페이스트리조차도 나를 불안하게 만들었다. 나는 현상금이 활성화되지 않았다는 것을, 심지어 암살 예비자들이 우리가 그 현상금을 끝장 내버렸다는 것을 알지 못하더라도, 내가 이 박스나 초코 타르트에 의해 납치 당할 리 없다는 것을 상기시켜야 했다. 레이는 이미 늘 사용하는 테이블 위에 노트북을 놓고는 앉아 있었다.

"정말 아무것도 필요 없나요, 레이?" 나는 물었다.

"네, 괜찮습니다. 제게는 너무 과합니다. 당신 책상 옆에서 팔 굽혀 펴기를 해도 될까요?"

나는 그가 부엌에서 한 발을 의자에 올리고, 다른 한 발은 천장 쪽을 향해서 올린 자세로 손가락으로만 팔 굽혀 펴기를 했을 때, 사무실에 있는 머리들 위로 눈알이 튀어나오는 것을 보았다. 브리지는 부엌보다 더 외딴곳에 있었다.

"계속해요. 당신이 운동하는 동안, 나는 우주의 밸런스를 맞추기 위해서 여기 앉아서 페이스트리를 게걸스럽게 계속 먹을 겁니다."

레이는 씽긋 웃었다. 나는 절대 그 웃음에 익숙해지지 못할 거라고 생각했다. 그는 가방을 들고 떠났다.

코린과 내가 먹는 동안, 내 핸드폰이 계속 울렸다. 나는 델피안의 계약을 둘러싼 소동에 더 이상 엮이고 싶지 않아서 계속 무시했다.

"다음은 뭐죠?" 코린이 물었다.

내 초코 타르트도 맛있었지만-빛나는 광택과 코코아 닙스로 데코레이션한 작은 원이 있는-코린의 다크 초콜릿 무스 케이크가 더 맛있어 보였다.

"모르겠어요." 나는 말했다. "하지만 델피안들이 우리가 한 일에 대해서 즉시 파악할 것이라는 것은 분명하죠."

나는 근처 책상에 있는 한 개발자로부터 이상한 시선을 받았다. 그녀는 코린과 내가 낮은 목소리로 이야기하는 것을 들었을 리 없었다. 그녀는 신입이었고 아마 나는 그저 신기한 사람일 수 있었다. 나는 무시했다.

코린은 케이크를 집어 들었다. "알다시피, 당신 근처에 있는 모든 사람들에게 이 사태는 심각한 일이에요. 당신은 회사 사람들에게 당신이 생각하는 것 이상이죠. 루카스는 당신을 공동 설립자로 생각한다고 말했어요. 그리고 여사제는…."

또 다른 사람, 또 다른 이상한 시선, 그리고 더 있었다.

"코린, 내게 뿔이나 뭐 다른 것이 솟아났나요? 당신도 알아챘을 텐데…."

노란색 경고 표지가 나타났다. 우리가 익히 아는 셔츠였다. 루카스는 우리에게 버럭 댔다.

"경호원이 지금 여기 있는 거죠, 맞습니까?"

"왜죠?"

그는 우리가 반쯤 먹은 디저트와 내 핸드폰을 보았다.

"당신은 모르는 것 같군요. 사람들이 막 현상금을 청구했습니다."

타르트가 입천장에 붙었다. 코린은 삼켰다. "현상금이라면, 당신 뜻은…."

"내 말은 이제 확실하다는 것입니다. 그 교수는 살해당했습니다!" 루카스는 내 눈을 피해서 코린을 보았다.

레이가 걸어 들어왔다. "무슨 일인지 들었습니다. 우리는 건물을 바로 떠나야 합니다."

나는 그에게 손짓했다. "루카스, 내 경호원 레이예요."

"당신 경호원이 옳습니다." 루카스가 말했다.

"왜죠? 우리는 아직 며칠이 더 남았어요." 나는 반대했다. 현상금을 종료시킨 것이 일시적인 것일 수 있기에 이에 대해서 말할 필요는 없었다.

"나는 그때까지 암살에 대해서 걱정하지 않아요."

"저도 그렇습니다." 레이가 말했다. "적어도 암살자들이 뭘 하려고 할지는 알고 있습니다. 하지만 암살자보다 더 나쁜 사람들이 있습니다. 미친 사람들이지요. 그리고 기자들도 있습니다."

*

비가노 교수의 현상금 결국 청구되었다. 나는 그 현상금이 어떻게 될지 늘 궁금하고, 불안하고. 기다려졌다. 나는 초코 타르트를 입에 가득 문 채 무방비상태에 빠졌다. 이미 활성화되었기에 임시적이라도 그것을 종료할 수 없었던 것을 유감스럽게 생각했다. 하지만 지금 비가노 교수의 살해가 나를 놀라게 한 것이 아니었다. 내가 납치되기 전, 델피안들은 추상적인 것으로 코드에 의해서 창조된 실체가 없는 공포였다. 하지만 내가 뉴저지에서 겪은 시련은 상황을 바꾸었다. 내가 그 악성 계약을 생각할 때면, 내 얼굴에 겨누어졌던 바이런의 칼끝과 멍을 들게 한 수갑, 갈비뼈의 통증을 느꼈다.

누군가 나를 납치할 수도 있다는 것을 알아차리지 못한 것은 너무나 멍청한 일이었다. 가짜 통행로에 속아 넘어간 것은 진짜 바보 같았다. 내 마음은 끊임없이 그 순간으로 되돌아가서 깨어 있는 꿈 같은 어떤 것에 투영하려 했고 다시 쓰려고 노력했다. 만약 이전에 레이를 고용했다면, 우리는 저지에서 온 갱단이 눈치채기 전에 인도를 가로질러서 차에 도착했을 것이다. 만약 내가 닫힌 통로, 합판 상자, 사실상의 관으로 유인되지 않았다면, 나는 나를 잡으려던 사람들을 바로 지나쳐서 걸어갔을 것이다. 그들의 대부는–연방 수사국(FBI)가 그를 잡았던가?–악취 나는 숨결로 바이런을 꾸짖었을 것이다. 만약 내가 여사제를 무시할 만큼 어리석지 않았다면, 이 나라에서 도망쳐서 산토리니의 해변에서 신분을 숨기고 지내고 있었을 것이다. 태양신이 내린 형벌, 껍질 벗김은 최악의 경우 햇볕에 타는 정도일 것이었다.

그러나 비가노 교수의 현상금이 청구되었다는 사실은 다른 이유로 무서웠다.

우리가 델피안의 계약을 해킹한 직후 청구가 일어난 것은 우연이 아니었다. 우리의 공격은 치명적이지 않았다. 델피안들은 그것을 우회할 수 있었다. 그러나 코드에 크랙이 보이기 시작하면, 해커들은 그것을 정밀히 조사한다. 해커들은 그들의 기발한 설비들과 뒤틀린 도구함을 사용한다. 해커들은 미묘한 결함을 발견하고 알아채기 전에 코드를 크랙해서 조각을 남겨 둔다. 나는 델피안의 거의 흠잡을 데 없는 계약에 이런 일이 일어날 것이라고 생각하지 않지만, 절대적인 것은 아닐 것이다. 수백만 달러의 보상이 지급되는 애디튼의 중화 계약은, 더 많은 해커들이 무모한 시도를 할 만한 강력한 동기가 되었다. 그래서 비가노 교수의 암살자들은 현상금을 요구할 수 있을 때 요구하는 것이 현명한 일이었다.

그래서 암살범들이 현금화하는 것 자체는 사실 무서운 것은 아니었다. 오히려 오래 기다렸다는 것이 무서운 것이었다. 왜 그들은 거의 일주일을 기다렸을까? 기술적·재정적 이유는 전혀 없었다. 오직 전략적 이유만이 있었다. 그들은 다음 목표물로부터 그들의 존재를 숨기고 싶었기에 비가노 교수의 살인이 세상에 폭로되는 것을 미루고 있었던 것뿐이었다. 그들은 아마추어 납치범이 아니었다. 비가노 교수의 살인을 매우 교묘하게 계획한 전문가들로, 검시관마저 속였다. 의도하지 않게 나는 그들을 어둠에서 밖으로 쫓아낸 것이었다.

이제 나는 그들이 존재한다는 것을 알았다. 그리고 내게 올 것이라는 것도 알았다.

20장

레이는 나와 함께 브리지로 걸어갔다. 나는 백팩을 메고 사무실로 돌아가려 했다. 그는 머리를 저으면서 내 뒤를 가리켰다.

"다른 길요."

"무슨 다른 길요?"

브리지 반대편의 봉쇄된 쪽을 의미했다. 그쪽에도 문이 있었지만 비상구였다. 경보가 울리는 출구장치로 금속 푸시바가 있어서 출입이 차단되어 있었고, 거기에는 빨간색 경고 문구가 있었다. '밀면 열림, 알람 소리가 남.' 나는 한 번도 이곳으로 가본 적이 없었고 그 너머에 무엇이 있는지 알지 못했다.

"알람을 끌 수 있나요?"

"아뇨, '밀면 열림'이잖아요." 그는 미소 지었다. "우리는 밀지 않을 겁니다."

"그러면…."

"잠시만 기다려요." 그는 실린더 자물쇠와 문 가장자리를 몸으로 가렸고, 지갑에서 무엇인가를 꺼냈다. 내가 파악할 수 없는 무엇인가를 한 뒤, 그 바에 손도 대지 않고도 문을 불쑥 열었다. 알람은 울리지 않았다.

"이거 흥분되네요. 나도 가도 되나요?" 코린이 우리 곁에 나타났다.

레이는 나를 보았다.

"괜찮지 않을까요?" 나는 말했다.

우리가 그 문을 지나갈 때, 나는 영화 〈스타트랙〉에 나오는 'USS 엔터프라이즈'의 새로운 수리품을 보는 것 같은 느낌이 들었다. 우리가 들어간 사무실은 뭔가 친숙한 느낌이 들었고, 왠지 애디튼 같았다. 그러나 사람들, 배치, 시각적인 면에서 차이가 있었다. 창문은 더 컸고, 조명은 더 밝았고, 장식은 더 화려했다. 산업용 천장, 스탠딩 책상들, 이중·삼중 모니터를 2~30대 직원들이 쳐다보고 있는 것으로 봐서 분명 테크 회사였다. (빠르게 움직이는 테크 회사들은 직원들이 40대가 되면 내보낸다.) 모든 곳에 유치한 젊은 손길이 있었다. 원색 천정 패널과 카펫 그리고 실내 장식들, 미로 모양의 소파와 회의용 안락의자, 6피트 높이의 엠파이어 스테이트 빌딩 레고 모형과 책상 위에는 과자들과 잡동사니들이 있었다. 나는 몇 년간 가까운 거리에 있는 거대한 수족관과 해먹이 달린 작은 판자나무집들의 매력을 인식하지 못한 채 다리 위에서 살아왔다는 것을 알았다

우리는 스탠딩 책상 뒤에 있는 비상문을 열었다. 거기에는 마른 체형의 여자가 있었는데, 헤드폰을 쓰고 있어서 소리를 듣지 못했었다. 그래서 우리가 갑자기 어디선가 튀어나와서 성큼성큼 그녀를 지나갈 때 놀라서 펄쩍 뛰었다.

"방해해서 죄송합니다." 발걸음을 옮기던 레이가 몸을 돌려 문을 가리키면서 말했다. "저 문은 소방법 위반입니다." 그는 권위 있는 목소리로

말했다. 나는 그에게 이런 면이 있는 줄 몰랐다.

우리는 출구를 찾기 위해 사무실을 돌아봤는데, 의도적인 것처럼 보이도록 노력했다. 우리는 막다른 길에 도달했다. 나무 패널로 된 도서관으로 보스턴에 있는 19세기 사유지에서 옮겨온 듯했다. 가죽 장정 책만 가득해서, 나는 오히려 이곳이 노트북과 커플 사이인 직원들이 조용히 데이트할 공간이라고 생각했다. 나는 이 회사 직원들이 책을 다루는 방법을 제대로 아는지 궁금했다.

우리는 뒤로 돌아가서 엘리베이터를 찾았고, 1층으로 내려갔다. 그곳에서 나와 레이는 가랑비를 뚫고 대기 중인 차를 향해 달려갔다. 코린은 길을 건너서 애디튼으로 돌아갔다.

거리를 질주하면서, 나는 레이가 옳았다는 것을 알았다. 애디튼 빌딩 입구 앞에는 카메라 팀이 있었고, 그 팀이 왜 그곳에 있는지를 궁금해 하는 구경꾼들이 있었다. 레이는 뒷자석에 나를 앉혔기에 아무도 나를 알아보지 못했다.

"정말 조심해야 할 때입니다." 레이가 말했다. "저는 그 교수에게 일어난 일이 신경 쓰입니다."

"독살당했다고 생각하나요?"

"독에 대해서 많이 알지 못하지만, 아마 그럴 겁니다."

"느리게 작용하는 독이 약효를 드러내는 기간을 알 수 있을까요? 내가 이미 중독되었을 수 있을까요?"

"그렇진 않을 겁니다. 이미 그것에 대해서 조치를 취했습니다." 레이가 말했다. 나는 이제야 왜 메종 스테른 가방에 내가 알지 못한 이름이 적혀 있었는지 이해했다. "암살자들은 일이 엉망이 되는 것을 원하지 않습니다. 만약 만약 암살자들이 동시에 같은 방법으로 두 명을 죽인다면 사람들이 살인이라는 것을 즉각 알게 될 것입니다. 그렇게 되면 그들은 앞으로 중독으로 살인을 계획하기가 어렵게 됩니다. 저는 그 교수가 보호를 받지 않았다고 들었습니다."

"그가 거절했죠." 내가 말했다.

"납치당하기 전에는 당신도 그랬다고 들었습니다."

"나도 어린 시절에는 무모했죠. 아마 아직도 그런 것 같고요. 하지만 지금은 당신이 사무실에서 나를 끌어낸 거죠."

"네. 제가 그랬습니다."

나는 몸을 돌려서 뒤쪽 창문을 통해서 희미하게 보이는 곳을 보았다. 10번가 아래 저 멀리-교통량이 잘 안 보이는 하이 라인 파크의 유리로 된 부분 바로 위쪽-, 나는 사라지고 있는 애디튼 빌딩의 벽돌 모서리 건물을 힐끗 보았다.

돌아갈 수는 있을까? 나는 궁금했다,

*

내 아파트 건물 앞에도 역시나 기자들이 있었다. 그들은 내 아파트 건물이 옆 건물과 체육관, 수영장, 볼링장이 있는 편의 시설이 있는 층을 공유하고 있다는 사실은 몰랐다. 우리는 비밀통로를 통해서 몰래 들어갔다.

델피안들이 우리 해킹에 대해서 반응할 때까지 오래 기다릴 필요는 없었다. 몇 시간도 안 되어 그들은 미끼를 물었다. 그들은 트랜잭션을 통해서 자신들의 예치금 이외의 것들을 차단했고, 우리는 다시 공격할 수 없었다. 그리고 내 목에 걸린 현상금도 새로 복원되었다.

이제 게임은 이미 시작되었다. (만약 정보기관들이 게임을 하기로 했다면 말이다.) 그들이 가지고 있는 것은, 적을 찾고 정찰하기 위한 사이버 무기[118]를 사용하는 것을 포함하는 섬세한 계산이었다. 사이버 무기는

---

118 Cyber weapon. 군의 작전 목적에 따라 사이버 공간에서 해킹, 컴퓨터 바이러스, 논리 폭탄 등과 같은 사이버 기술을 사용한다.

폭탄, 총, 미사일과 같은 대부분의 재래식 무기와는 다르다. 폭탄은 적이 폭탄의 존재를 알게 된다고 하더라도 사라지지 않고 폭발할 것이다. 하지만 사이버 무기는 소프트웨어의 중요한 결함을 악용한다. 결함은 배포되거나 또는 지속적으로 사용된 뒤에야 알려질 수 있으며, 결함을 제거하는 소프트웨어 업데이트를 통해서 무효화될 수 있었다.

정보기관들은 많은 비용을 들여서 사이버 무기들을 어렵게 비축해 뒀다. 그들은 소프트웨어를 조사하고, 기업에 침투하고, 기술 표준에 영향력을 행사하고, 그 외 군비 확장 캠페인에 참여한다. 그들이 사이버 무기를 사용하기 전, 그것이 무효화되거나 파괴될 가능성을 추정해서 그만한 가치가 있는지를 결정한다. 델피안들을 추적할 것인지에 대한 그들의 결정은 천칭에 비유할 수 있다. 천칭의 한쪽은 빛나는 사이버 무기가 담겨 있다. 다른 쪽에는 깃털 같은 수명을 가지고 있는 행색이 초라한 소프트웨어 개발자가 놓여 있다. 다행히도 정보기관들은 국가 안보를 지키는데 관심을 가지고 있었고, 이는 내 쪽에 좀 더 무게를 실어주는 결론을 이끌어냈다.

델피안들도 비슷한 계산을 하고 있었다. 그들이 자신의 컴퓨터와 서버를 숨기기 위해서 자신들의 기술적 무기를 사용했다. 그들이 내 미끼를 물었다는 사실은, 그들이 자신들은 붙잡히지 않을 것이며, 정보기관이 그들을 추적할 수 없다고 생각했다는 것을 의미했다. 왜냐하면 그 번쩍이는 사이버 무기의 가격은 너무나 비싸기 때문이었다.

*

지금으로선 역설적으로 악성계약이 내 머리를 겨누고 있는 총구의 안전장치와도 같았다. 현상금이 활성화되어 암살자가 방아쇠를 당기기에는 사흘 밤이 더 남았다.

나는 문제가 될 만한 제목의 이메일을 읽거나 뉴스 사이트를 보는 것을 피했다. 하지만 간식을 가지러 부엌에 가는 길에 거실에서 레이가 틀어 놓은 저녁 뉴스를 듣지 않을 수 없었다. 화면을 보지는 않았지만, 그 여성 TV 앵커의 쾌활함은 분명했다.

"우리는 SF 영화에서나 봤던 것을 보고 있습니다. 인공지능이 프로그래밍한 악성 계약이 무고한 피해자를 살해하고 있습니다. 지금까지는 영화에서만 일어난 일이었습니다. 하지만 오늘 믿을 수 없는 비극이 일어났습니다. 블록체인이라고 불리는 컴퓨터 기술이 상상할 수 없는 일을 저질러…."

HAL 9000[119], 이동하라!

폭풍우 치는 하루가 나를 지치게 했다. 나는 일찍-나에게 '일찍'은 11시를 말했다-자러 갔다. 나는 이것이 실수라는 것을 알게 되었다. 몇 시간 후 깨어 버렸고, 침대에 누워서 한밤중에 정신이상에 걸릴 뻔했다. 심장이 두근대고 조여 왔다. 납치되었던 기억이 튀어나와서 나에게 스크립트를 다시 쓰라는 조롱을 했고, 이런 일이 다시 일어난다면 이번에는 죽을 것이라고 비명을 질렀다. 나는 침대에서 겨우 일어났고, 공포가 누그러지고 가라앉을 것이라고 계속해서 되뇌었다. 마음을 진정시키기 위해서 몇 번이고 노력했다. 5월 말의 태양이 블라인드에 그림자를 드리웠을 때, 마침내 나는 망각의 늪으로 들어갈 수 있었다.

나는 오전 7시 30분에 벌떡 일어났다. 혹시 하는 마음에 켜놨던 전화기가 울리고 있었다. 알리스태어 르웰린-데이비스였다.

"갑작스럽겠지만," 그가 인사말 없이 말했다. "오늘 만날 수 있을까요?"

"내가 런던에 없다는 것을 알고 있죠? 여기는 아침 7시 30분이에요."

---

119 아서 C. 클라크의 과학소설에 등장하는 인공지능 컴퓨터. 이 소설을 원작으로 하는 스탠리 큐브릭 감독의 〈2001 스페이스 오디세이〉에도 나온다.

나는 세게 눈을 깜빡였다. "나를 만나겠다고 했나요?"

"나는 공교롭게도 뉴욕에 있습니다. 우리가 직접 만날 수 있을 거라고 생각했습니다."

"미안하지만…."

"우리 은행에서 생텀에 대해서 몇 가지 테스트를 하고 있었습니다. 당신이 알아야만 하는 작은 문제가 있습니다."

"어제 뉴스를 봤는지 모르겠지만, 나는 생텀에 대해서 많이 생각하지 않고 있습니다. 당신이 이야기해야 한다면…."

"내 생각으로는 당신은 이것을 듣고 싶어 할 것 같습니다."

*

레이는 알리스태어와의 대면을 허락했지만, 대신에 내가 살고 있는 건물에 머물러야 한다고 주장했다. 나는 몇 시간 후에 스트래토라운지에서 만나기로 했다.

하이 라인 파크를 통한 출퇴근할 수 있다는 장점과 더불어, 스트래토라운지는 내가 애디튼 근처에 가능한 다른 여러 건물을 제치고 이 아파트를 주거지로 선택한 이유였다. 이곳은 60층에 있었는데, 지상에서 수백 피트 위에 있었고 심지어 내 아파트보다 더 높이 있었다. 그리고 바닥에서 천장까지 높다란 창이 있었다. 중력은 그곳에서 좀 약해질 정도다. 직사각형의 석순들이 있는 도시 풍경, 특히 원 월드 트레이드 센터, 엠파이어 스테이트 빌딩, 금빛 피라미드인 뉴욕 라이프 빌딩 같은 영광의 정점에 있는 거대한 빌딩들이 발아래서 맴돌고 있었다. 해질녘이 되면서, 이기적인 뉴요커들이 하급 천사라도 되기 위해서 악취 나는 인도에서 레스토랑과 상점으로 사라졌고, 멀리 있는 빌딩들의 불빛만이 빛났다. 습하고 무더운 날에도 쾌적한 통풍 덕에 공기는 거의 알프스처럼 상쾌하고, 깨끗하고, 신선했다. 저 멀리 빛나는 허드슨강 너머로 아름다운 배후지인

숲들이 펼쳐져 있었다.

물론, 나는 대부분의 시간을 애디튼에서 보냈기 때문에 이곳에 와본 적이 거의 없었다.

알리스테어는 그 전망에 대해서 한 번만 눈길을 줬다. 그는 라운지에 있는 당구대에 관심이 많았는데 꽤나 좋은 것이라고 말했다. 우리는 엠파이어 스테이트 빌딩이 잘 보이는 창문 옆에서 마주 보고 있었다.

꼬은 다리의 무릎을 잡고서 알리스테어는 물었다. "그래서 괜찮습니까?"

그의 세련된 억양과 강철 덫 같은 기억력은 간단한 질문에도 많은 층을 부여하는 것 같았다. 그의 목소리에는 내 주변 사람들이 사용하는 위로의 어조가 결여되어 있었다. 알리스테어와 있을 때면 늘 그렇듯이, 나는 위트나 세련되게 반응할 수 없었다. 침을 삼키면서 뻔한 대답을 했다.

"좋아요. 모든 것을 고려하면 말입니다."

"당신은 고려해야 할 것이 많습니다." 그가 말했고 나는 고개를 끄덕였다. "하지만 아마 우리가 도울 수 있을 것입니다. 말했다시피, 우리는 은행에서 생텀을 가지고 실험을 했었습니다."

"그리고 무엇인가를 발견했군요?"

"네." 그는 일어나서 창문 쪽으로 몸을 돌렸다. 그는 엠파이어 스테이트 빌딩을 응시했다. 그의 청바지와 녹색 블레이저가 그의 골격에 느슨하게 걸려 있었다. 추레하지 않고 자연스러웠다. "저 빌딩!" 그는 그곳을 향해 손짓했다. "나는 대중의 집착을 이해할 수 없습니다. 크라이슬러 빌딩이 더 흥미롭지 않습니까? 높이 솟은 아르 데코[120] 양식이고, 한 세기가 지나도 여전히 세계에서 가장 높은 벽돌 건물입니다." 그는 앉았다. "런던

120 Art Déco. 시각예술 디자인 양식으로 주로 풍부한 색감과 두터운 기하학적 문양, 그리고 호화로운 장식성으로 대표된다.

에는 거킨 빌딩이 있긴 합니다만."

"알리스태어, 뭘 발견한 거죠?"

그는 다시 다리를 꼬고 발목을 잡았다. "우리 쪽 사람들이 샌텀 개발 환경을 설치했습니다. 나는 그것이 백도어에 감염된 것인지, 아니면 우리가 입수한 시스템이 손상된 것인지 알 수 없습니다만, 얼마 지나지 않아서 우리 서버가 멀웨어[121]에 감염되었다는 것을 알게 되었습니다."

"그것은 일어나면 안 되는 일입니다. 미안합니다. 애디튼에 알리겠습니다."

"해를 입지 않았습니다. 우리는 예방 조치를 취했습니다. 우리의 보안운영센터는 공격적입니다. C&C 서버를 추적했습니다." C&C는 명령과 통제의 약자이다. C&C 서버는 해커의 소프트웨어가 데이터를 중계하고 지시를 받기 위해 호출하는–작업의 중심체가 되는–모선(母船)이었다.

"당국에 신고해야만 합니다."

"나는 당신의 손에 쥐어 주는 것이 예의를 표하는 것이라고 생각했습니다."

"내게 예의를 표하다니요? 무슨 뜻이죠?"

"그 서버는 로그 파일 분석 툴이 실행되고 있었습니다. 당신도 알겠죠."

"놀라운 일이 아닙니다. 하지만 당신들은 어떻게 알았죠?"

"누군가 설정을 잘못했습니다. 분명히 공개적으로 접속할 수 있었습니다. 그래서 우리 쪽 사람들은 서버에 대한 트래픽 기록을 수집했습니다. 덕분에 같은 네트워크에 있는 다른 서버로 연결되었습니다. 이런 서버들 중 하나에도 역시 같은 환경 설정 에러가 있었습니다. 그리고 우리쪽 프

121 Malware. 악성 소프트웨어의 줄임말로 컴퓨터 시스템이나 사용자에게 해를 끼치기 위해 의도적으로 작성된 소프트웨어 코드 또는 컴퓨터 프로그램이다.

로그래머 중 누군가 거기에 'BelosTouApollona.sol.'이라는 파일을 포함해서 흥미로운 파일들에 대한 요청이 있다는 것을 알았습니다." 그는 파일 이름을 매우 천천히 발음했지만, 나는 이전에 본 적은 있지만 들어본 적은 없었기에, '.sol'이라는 파일의 확장자를 말할 때까지 그 이름을 파악하지 못했었다.

"그 악성 계약 코드의 카피입니까?"

"그렇습니다."

"흥미롭네요." 나는 말했다. "하지만 소스 코드는 이미 공개되어 있습니다." 나는 알리스태어가 이것을 알아차리지 못한 것에 놀랐지만, 그의 기술적 지식이 얼마나 깊은지는 몰랐다. "당신이 본 것은 아마 원본이 아닐 것입니다. 복사본일 것입니다."

"아니요. 나는 그렇게 생각하지 않습니다." 그는 냉정히 말했다. "우리가 본 계약의 코드의 요청은 계약이 활성화되기 4일 전에 이루어진 것입니다."

오직 델피안들만이 나머지 세계가 보기 4일 전에 그 악성 계약을 처리할 수 있었다. 알리스테어는 내가 그들을 붙잡을 수 있게 해주려는 것이다.

이것을 발견한 것이 알리스태어라는 것은 우연의 일치일 수 있다. 하지만 다른 가능성도 있다. 나는 워커가 정보기관이 어떻게 나와 소통할지에 대해서 말한 것을 기억하고 있었다.

어쩌면 포춘쿠키 안에서 IP 주소를 찾을 수 있습니다. 어쩌면 당신 건물에 스프레이로 칠해진 메시지를 볼 수도 있습니다.

내 머릿속에서 갑자기 가설들이 떠올랐다. 알리스태어는 영국이나 미국의 정보기관에서 직접 일하거나 아니면 그들의 수하일 수 있었다. 국가안보국(NSA)는 알리스태어를 이용해서 내게 정보를 전달하는 방법을 찾아냈을 수도 있다. 국가안보국(NSA)는 알리스태어와 내가 친한 사이라는 것을 알고 멀웨어를 은행에 넣었으며, 델피안의 서버에 설정 에러를 만들었을 수 있다. 아니면 C&C 서버 자체가 국가안보국(NSA)의 조작이었을 수도 있다. 즉, 보이지 않는 손으로 델피안들을 가리키고 있었던 것일 수 있다. 아니면 알리스태어의 발견은 진짜 우연일 수 있었는데, 이 생각은 나의 비밀과 음모로 가득한 가설들에 의문을 품게 할 그럴듯한 것이었다.

내가 진짜 뒷이야기에 대해서 알지 못하지만, 나는 적어도 물어볼 수는 있을 것이다. 알리스태어는 내가 그의 진짜 정체를 모른다고 생각할 수도 있지만, 그가 대답해 준다면 그걸로 됐다. 레이는 엘리베이터 옆에서 있었는데 너무 멀어 들을 수 없었다.

"알리스태어, 이것은 정보기관으로부터 얻은 것인가요?"

그는 웃었다. "왜 미국 친구들은 내가 제임스 본드가 되길 바라는 것입니까? 당신을 실망시켜서 미안합니다. 나는 MI6[122]을 위해서 일하지 않습니다. 나는 그저 가난한 공무원일 뿐입니다." 그가 MI6나 영국식 국가안보국(NSA)인 GCHQ[123]에서 일하든지 안 하든지, 내가 예상한 식으로 정확히 그는 말했다.

그는 종이 한 장을 건네주었다. 거기에는 2개의 IP 주소가 쓰여 있었다.

"그 악성 계약 코드가 포함된 서버 주소입니다." 그는 말했다. "그리고 그것을 요청한 사람의 주소입니다." 그는 우리가 시작하는 데 필요한 다

122 영국 비밀정보국.

123 영국 정부통신본부.

른 세부 사항에 대해서 이야기했다. "미안합니다만, 당신에게 C&C 서버를 알려 줄 수는 없습니다. 우리는 그것이 지금은 오염되지 않았기를 원합니다. 우리가 당국에 신고하기 전에 조사할 시간이 하루 정도 있습니다. 그들이 네트워크의 다른 부분을 해체하는 것으로 마무리 할 수 있기에 당신은 서둘러야 합니다."

"고마워요. 알리스태어. 누가 알겠어요? 이것이 내 생명을 구할지 말이에요. 만약 그렇게 된다면 당신한테 빚지게 되는 것이죠. 만약 그렇지 않다고 해도 좋은 시도고요. 다음 생에 당신을 위한 자리라도 하나 마련할게요."

그는 마치 내가 다음 생으로 갈지 아니면, 그곳에서도 나를 만나고 싶은 건지 확신이 없는 듯 억지로 미소를 지었다.

*

코린은 오후에 아파트 주방 카운터에서 열성적으로 일에 합류했다. 그 악성 계약을 담고 있는 서버, 그러니까 우리가 추정하기에는 델피안들이 통제하고 있는 그 서버에서 우리는 알리스태어가 언급했던 설정 에러를 발견했다. 그 덕분에 우리는 가능성이 있는 다른 델피안의 서버들 사이의 상호 연결을 매핑[124]할 수 있었다.

이 서버들 중 하나에서-동일한 오류 덕분에-중요한 발견을 했다. 비정상적 파일 요청은 '타르볼'이라 부르는 snapshot.tar.bz2. 파일로 우리를 이끌었다. 이것은 우리가 액세스할 수 있는 소프트웨어 백업 파일이었다. 대부분은 보일러 플레이트[125] 같은 것들이었지만, 약간 감질나는 것들 역시 있었다. 블록체인 소프트웨어를 의미하는 Web3 코드, 생텀 확

124 Mapping. 일반적 의미에서 매핑이란 어떤 값을 다른 값에 대응시키는 과정을 총칭한다.

125 보일러 플레이트 코드는 컴퓨터 프로그래밍에서 반복되는 작업이나 패턴에 대한 일종의 표준화된 코드이다.

장자 파일(.sctm), 델피안과 연관된 것 같은 단어가 들어간 이름의 파일들-lyre, Helios, Adyton, Pythia.에 있던 어떤 코드 작성 방식에 대해서 특이한 점을 발견하지 못했고, 스마트 계약을 다듬은 특별히 놀랄 만한 증거도 없었다. 하지만 우리는 자세히 살펴보지 않았던 것이다. 왜냐하면 우리는 시스템이 제대로 작동하는지에 대해서 체크하는 작은 프로그램인 모니터 스크립트들을 발견했기 때문이었다. 그리고 스크립트들에서 단서들 그러니까 순금으로 판명된 단서들이 있었다.

스크립트들 중 하나는 시스템 장애 경고를 시스템 관리자에게 속한 4개의 전화번호 리스트에 있는 번호로 문자 메시지를 보내는 것이었다. 모든 전화번호 +7로 시작했다. +79는 러시아의 국제전화 코드이다. 아폴론이 아니었다. 러시아 전화번호들이었다.

우리는 또한 스크립트들 안에서 유닉스 유저 네임도 발견했다. theyov, pinkyclyde, meRelyt, dedshell, lechamois. 이 이름들은 소스 코드와 파일 소유권을 변경하는 명령어에 포함되어 있었고, 이것은 그들이 이 서버를 제어할 수 있다는 것을 의미했다. 이것들은 해커의 핸들이 거의 분명했고, 이 이름들은 델피안들이 사이버 공간에서 사용하는 이름이었다. 이것들은 전화번호보다 더 유용했는데, 왜냐하면 해커들은 전화기는 바꾸기도 하지만, 해커들 간의 신뢰를 쌓기 위해서 한동안 그들의 핸들을 유지한다.

나는 워커에게 가려고 했지만, 코린은 이미 관리자 전화번호들을 구글에서 검색하고 있었다.

그녀는 그 번호들 중 하나를 어느 광고에서 발견했다. 스핑크스 고양이 한 쌍, 검은색 수컷과 분홍색 암컷을 광고하고 있었다. ('순종, 접종 완료, 장난을 좋아하고 재미있음') 연락처 정보에는 단지 전화번호뿐만 아니라 다른 것도 포함하고 있었다. (이메일: thelyov@yandex.com, 도시:

상트페테르부르크, 이름 : 이고르)

그 광고는 핸들 thelyov의 이름, 도시, 이메일 주소 그리고 그 전화번호 중 하나를 우리에게 알려 주었다. 좋은 출발이지만, 우리가 그들의 진짜 신분을 알아내기에는 충분하지 않았다.

다음으로 우리는 델피안 해커들의 핸들을 소셜미디어에서 찾아봤다. 우리는 처음 4개의 핸들에 대해서 몇 개의 비디오 공유 사이트와 러시아판 페이스북인 'VK' 계정에서 찾았다. 하지만 그 해커들은 그들의 프로필을 비공개로 할 만큼 충분히 조심스러웠다. 우리가 얻은 것은 한 무더기의 공개 이미지와 블라드, 안톤, 키릴이라는 3개의 이름뿐이었다. 너무나 평범해서 쓸모가 없었다.

이고르는 매우 흥미로운 사진 세트를 가지고 있었다. 많은 사진에서 그는 빛바랜 금발에 고전적 슬라브 얼굴인 넓고 광대뼈가 높은 여성과 함께 나타났다. 그녀는 특유의 어두운 태닝과 눈 화장 스타일을 가지고 있어서 사진에서 그녀를 매우 쉽게 알아볼 수 있었다. 우리는 이고르의 파트너라고 생각했다. 처음에 우리는 그 커플이 크로아티아, 아말피 해변, 스위스의 산들 그리고 적어도 내가 가본 적 없는 12개의 다른 지역을 자주 방문했다는 것을 제외하고는 알아낸 것이 거의 없었다. 블라드, 안톤, 키릴의 사이트에 있는 사진들과 교차 비교를 해봤을 때 그들은 함께 여행하면서 사교활동을 했다는 것을 알 수 있었다.

돌파구는 한 콘퍼런스에서 찍은 이고르의 프로필 사진이었다. 이고르나 그의 여자친구는 또 다른 인터넷 사업을 하고 있었다. 그 콘퍼런스는 프라하에서 열린 '성인 웹마스터'(일명 온라인 포르노) 집회였다. 우리는 사진을 확대했다. 여자의 배지를 확인할 수 있었다. 약간의 해상도 필터링을 통해서 글자를 선명하게 만들었다. 이름 하나가 나왔다. 아나스타샤 마르한겔스카야.

이런 이름을 가진 사람은 온라인상에 몇 없었고 우리는 그 여성을 찾았다. 마르한겔스카야 씨는 소셜미디어에 광범위하게 참여하고 있었다. 그리고 우리의 운을 믿을 수 없었지만, 그녀의 계정에는 비공개 옵션 활성화가 없었다. 그녀의 풍부한 셀카에는 보물 같은 정보가 담겨 있었다.

그녀는 암호화폐 투자와 거래, 그 거래에서 번 돈, 비트코인으로 산 메르세데스 벤츠, 그녀가 홍보하고 싶어 하는 최신 암호화폐에 대해서 자주 글을 올렸다. 한 게시물에서는 친구와 함께 먹은 저녁 식사의 돈을 보낼 수 있는 비트코인 지갑 주소가 있었다. 그 주소로 최근 두 번의 큰 거래가 있었다. 우리는 결제 당시의 거래 금액을 법정 통화 가격과 비교했다. 결제 금액은 각각 약 10만 유로 상당이었으며, 유럽으로부터 왔다는 것을 추정할 수 있었다. 거래 추적 도구를 통해서 우리는 유럽에서 인기 있는 미국 암호화폐 거래소에서 이 거래를 추적할 수 있었다.

암호화폐 거래소는 계좌 소유주의 이름, 잔액 또는 실제 주소를 공개하지 않는다. 그것들은 데이터베이스 어딘가에 숨겨져 있었다. 하지만 영장이 나오면, 법 집행기관에 제공할 것이다.

이제 연방 수사국(FBI) 같은 기관이 나설 차례였다.

*

내가 알리스태어와 대화한 것과 코린과 상세하게 조사한 것들에 대해서 화상회의에서 이야기했을 때, 워커는 킥킥대면서 웃는 것을 멈추지 못했다. 우리가 발견한 사진도 공유했다.

"포르노 집회와 악마가 낳은 것 같은 고양이라… 이봐요, 친구. 당신은 정말 별 해괴망측한 것들을 끌어당기는군요."

"내가 한 방식은 당신들 연방 수사국(FBI)의 전형적인 수사 방법이 아니죠."

"전형적인 것은 없습니다. 하지만 해괴망측한 것은 있군요. 당신과 당신의 델피안 친구들 말입니다."

"상황이 정리되고 있네요. 이제 사건의 실마리를 잡을 수 있게 되었습니다. 그렇지 않나요?"

"제가 말할 수 있는 것은 아닙니다. 그리고 아마 상황은 잘 정리되었을 수도 있지만, 우리가 이에 대해서 무언가를 하기 위해서는 시간이 걸릴 수 있습니다. 우리는 지금 이 해킹 그룹의 사람을 추적할 수 있을 것입니다만, 나는 당신들이 러시아 정부의 도움을 기대하고 있지 않길 바랍니다." 그는 피식 웃었다.

"그건 안 될 겁니다."

"왜죠?"

"그들은 우리에게 설득력 있는 증거가 아니라고 말할 것입니다. 그리고 만약 이 사람들이 GRU, 그러니까 러시아 군사 정보국이거나 FSB[126]와 함께 하고 있다는 것이 밝혀진다면 잊어버려야 합니다. 어쨌든 러시아 헌법 제61조에 따르면 자국민의 인도를 금지하고 있습니다."

"그러면 우리가 선택할 수 있는 것은 뭐죠?"

"좋은 소식은 그 소규모 갱들은 여행을 좋아한다는 것입니다. 유럽은 성수기에 접어들었습니다. 법원은 우리에게 봉인된 영장을 발부할 것이고, 우리는 그들에게 우리가 마르한겔스카야를 추적하고 있다는 사실을 눈치채지 않게 할 겁니다 '마르한겔스카야'라는 이름이 그의 혀에서 인상적으로 굴러갔다. 나는 그녀가 태양숭배자처럼 보인다고 생각했다. 헬리오[127] 숭배자. 나는 생각했다. "그래서 아마-우리가 운이 좋다면-지중해에 있는 멋진 해변에서 선탠을 하려 할지도 모릅니다. 또 어쩌면 운이 좋다면 그들을 체포할 수 있을 것입니다. 저기 있는 해변은 모두 조약돌

126 러시아 연방 보안국. 러시아의 정보기관.

127 Helio. 빛, 태양을 뜻한다.

로 되어 있지만, 물은…" 손가락 끝에 키스하며 말했다. 그는 나의 곤혹스러운 표정을 보았다. "어쨌든," 그는 계속했다. "이론적으로 우리는 그들을 유럽 대부분의 지역에서 잡을 수 있습니다. 그러면 완벽하게 해결되죠."

"암호화폐 거래소는 어떻게 되나요?"

"분명히 흥미롭습니다. 조사해 볼 겁니다. 하지만 만약 우리가 그 계약을 해제하려 한다면 당신은 해커가 필요할 겁니다."

"그렇겠죠."

"당신들은 지상의 평범한 기술 전문가들입니다. 시간이 걸리겠지만, 우리는 그들을 잡아올 것입니다. 우리가 그렇게 할 때까지 조심하고, 안전하게 행동하세요."

한 가지가 나를 괴롭히고 있었다. 이것은 단지 직감이라서 나는 워커에게 말하지 않았다. 내가 러시아 서버에서 봤던 모든 것들은 같은 사진이었다. 20대나 30대의 무모한 성향의 젊은 남성들. 계획 없이 즉흥적으로 행동하는 친숙한 해커 종류였다. 이들은 델피안의 계약 같은 코드를 만들 수 있는 능력이 부족한 부류였다. 델피안의 코드를 만드는 것은 특별한 전문적 지식이 필요했다. 이것은 진정한 기술 발전에 대한 집중적이고 자기 억제적이며 수년간의 연구를 하는 것과 더불어 진정으로 자신이 새로운 것을 창조하는 왕 또는 선지자라는 과대망상을 포함해야 한다. 이것은 내가 경력 초기에 놓쳤던 어떤 자질이었는데, 이 해커들에게서도 그것이 부족하다고 느껴졌다.

나는 델피안들의 스크립트들 안에 있던 핸들러들 중 하나에 집중했다. 이것은 온라인에 없던 유일한 사람, 르 샤무아-프랑스어로 '산양'을 뜻한다-였다.

다음날 아침 일찍 워커가 아니라 다이앤에게서 소식을 들었다. 조명 때문인지, 아니면 그녀의 푸른색 스카프 색 때문인지, 아니면 화상 연결의 질 때문이었는지 몰랐지만 실제로 만난 그녀의 부드러운 얼굴빛에 놀랐다.

"당신은 천재예요!" 그녀가 말했다.

"내가 뭘 했나요?" 나는 자랑스러워하면서 조금 우쭐댔다.

"그 러시아 여자한테 보낸 암호화폐요." 그녀의 코는 혐오스럽다는 듯이 씰룩댔다. "누가 보냈는지 알아맞혀 봐요?"

"아마 이고르겠죠."

"아니예요." 그녀는 웃었다. "그것은… 당신 혼자 있나요?"

레이는 새로운 관리인과 인사하기 위해서 아래로 갔다. 코린은 아직 도착하지 않은 시간이었다.

"네."

"파르네세였어요. 주세페 파르네세!" 그녀는 환해졌다.

"그 예술품 밀매 딜러요?"

"당신한테 말해야 하는지 확신할 수 없지만, 말하는 게 옳다고 생각했어요. 모든 것이 맞아떨어지기 시작했어요. 그 러시아 해커들의 임무는 고대 유물 밀매 시장을 자극하는 것이죠. 내 말은 델피로부터 온 유물들 말이에요. 그들이 하는 일이 범죄라는 것은 중요하지 않아요. 효과가 있어요. 모두 뉴스에 나오고 있죠."

"그리고 파르네세가 자금을 댄다고요?"

"만약 그가 팔려고 델피에서 유물을 도굴했다면…."

"그런데 왜 그 러시아 여자에게 돈을 주죠?"

"누가 알겠어요? 이고르, 그러니까 이고르 맞죠? 이고르는 거래를 숨기거나 여자 친구한테 잘 보이려 한 것이겠죠. 아니면 아마 그녀도 해커일 수 있죠. 그들 모두는 핸들이 있나요? 아니면 그녀가 이 작전의 운영 관리자일수 있죠."

"그럴 수도 있죠."

"그건 중요하지 않아요. 우리는 수색 영장을 신청했어요. 단 몇 시간 안에 받아야만 하죠." 그녀는 하늘을 바라보았다. "마침내 이 모든 시간이 끝났군요. 당신은 이 일이 나에게 어떤 의미인지 모를 거예요."

"파리에 있는 파르네세의 갤러리에 대한 영장인가요?"

"아니요. 스위스 제네바예요. 그는 거기 살면서 포트 프랑Port Francs[128] 그러니까 자유항에 있는 고객들을 만나죠. 나는 스위스가 협조하겠다고 말은 하지만 예술품 밀수에는 그다지 신경 쓰지 않는다는 것을 배웠어요. 이전에도 영장을 발부 받으려 한 적이 있었죠. 하지만 그들은 돈과 살인에는 더 신경 썼죠. 그들은 암호화폐 거래가 비가노 교수의 죽음에 연

---

128 세계 최대 규모의 미술품 수장고로 꼽히는 제네바 자유무역항의 민간 창고 단지.

관된 것을 심각하게 받아들였어요. 스위스는 증거를 받아들이는 데 미국보다 더 효율적이고 덜 엄격하죠. 프랑스의 경우는 몇 달이나 걸릴 겁니다. 우리는 스위스 연방 법무부에서 오늘 답변을 받았어요."

"당신은 언제…."

"오늘 밤 비행기를 탈 거예요." 그녀가 말했다.

"그리고 나는 당신과 함께 가겠어요."

"나랑 같이 간다고요? 미쳤어요?"

"내 경호원은 나를 도시 밖으로 데려가려고 노력했죠. 숨기에 더 좋은 곳이 있나요?"

*

레이는 처음부터 나를 뉴욕에서 나가게 하려 했었다. 그는 루카스가 제안한 것 같은 숲속 오두막 같은 외딴곳에 홀로 숨는다는 생각을 좋아하지 않았다. 이 경우, 우리의 위치를 비밀로 해야만 나를 지킬 수 있었다. 만약 암살자들이 나를 발견한다면, 그들은 우리를 순식간에 제압하고 흔적 없이 도망칠 수 있었다. 레이는 우리가 다른 도시로 가는 것을 원했다. 비가노 교수가 시카고 외곽에서 살해당했다는 것을 고려할 때, 살인자는 국내 네트워크를 가지고 있을 가능성이 있었다. 그렇기에 레이는 해외에 가는 것이 나쁘다고 생각하지 않았다. 문제는 레이의 회사가 그 날 저녁에 레이가 유럽으로 가는 것을 허락하지 않았다는 것이다.

"단 하루면 됩니다. 만약 당신이 기다릴 수 있다면…." 그는 말했다.

"못 기다려요."

"저는 승인이 필요합니다. 우리는 고객에게 변경 사항이 있으면 이틀 전에 고지하라고 요구합니다. 제가 할 수 있는 일을 다 해보겠습니다. 회사도 우리가 빨리 움직여야 한다는 것을 알고 있습니다."

"내가 만약 오늘 밤 비행기를 탄다면, 더 빨라질 수 있겠죠."

"알았습니다. 설득할 수가 없네요. 지금이 그때라는 것을 알고 있습니다. 나는 악성 계약이 시작되기 전에 거기 가 있을 겁니다." 계약은 하루 뒤에 실행된다. "유럽은 처음입니다." 그는 싱긋이 웃으며 말했다. "스위스가 좋다고 들었습니다."

레이와 함께 움직이는 방향이 합리적인 결정이었을 테다. 문득 떠오르는 기억과 아직까지 따끔거리는 내 옆구리 상처는 죽음이 가까이 왔음을 상기시키기에 충분했다. 하지만 가만히 앉아서 기다릴 수는 없었다. 가만히 있는 것은 고문이고, 행동은 자유였다.

나는 연방 수사국(FBI) 요원 가까이 있으면 안전할 것이라고 생각했다. 적어도 그녀는 폭력적인 예술 범죄로부터 나를 보호해 줄 수 있었다. 게다가 나에게는 아직도 온전한 하루가 남아 있었다.

Part IV

헬리케가 사라지기 닷새 전 모든 쥐와 …. 마을에 있는 모든 다른 생물들이 떠났다 …. 앞서 말한 생물들이 모두 떠난 뒤, 그날 밤 지진이 일어났다. 마을은 무너지고 거대한 파도가 밀려왔다. 그리고 헬리케는 사라졌다.

- 아에리아누스*, 『동물의 본성에 관하여』 (11.19)

신은 격렬하고 광범위한 지진이 일어나기 전에 경고를 보낼 것이다. … 광풍은 때때로 땅을 덮치고 나무들을 뒤엎었다. 때때로 거대한 불꽃이 하늘을 가로지른다.

- 파우사니아스, 『그리스 이야기』 (7.24.7-8)**

* 고대 로마의 저술가.

** 2세기 그리스의 여행자, 지리학자, 작가

22장

숨을 헐떡이면서 배낭을 늘어뜨리고, 셔츠가 땀으로 젖은 채 주세페 파르네세는 산의 마지막 구간인 공터에 올라서서 마침내 등산을 끝냈다. 풀과 석회암으로 덮인 절벽 가장자리 근처에 키가 크고 나이 든 사람이 기다리고 있었다. 그는 쥐라산맥의 녹색 경사면을 바라보는 동안 주머니 칼로 사과를 한 조각 베어냈다.

"당신은 악마에게 조종당한 것입니다." 파르네세는 소리쳤다. 그는 배낭을 벗어서 짙푸른 야생화 카펫 한가운데 집어 던졌다. 심호흡을 하고서는 가방에서 병을 꺼내서 물을 좀 마시고 소매로 입을 닦았다. "저는 당신이 왜 우리를 위해서 일하는지 지금까지도 이해할 수 없지만, 맘마미아![129] 당신은 악마한테 조종당한 것입니다."

파르네세가 그냥 '교수님'이라고 부르는, 사과를 먹던 사람은 뒤를 돌아보고는 껄껄대며 웃었다. "이제 알잖소. 친애하는 파르네세."

129 이탈리아어로, "세상에, 맙소사!"라는 뜻이다.

파르네세는 표현력이 풍부한 사람이었다. 그는 계곡 아래로 곤두박질칠 염려만 없다면, 그 키 큰 남자의 어깨를 손으로 두드렸을 것이다. 그럼에도, 해보고 싶긴 했다. 하지만 대신에 파르네세는 완전히 떨어져 뒤로 물러났다. "정말 왜 그러는 겁니까? 이렇게 하는 것은 나머지 사람들을 바보로 만드는 것 아닙니까?"

"왜냐하면 내가 노벨상을 못 받아서이지."

파르네세는 조금씩 가장자리로 가서 육중한 몸을 풀밭에 내려놨다. 그는 눈을 가늘게 뜨고 교수에게 물었다. "후보에는 올랐습니까?"

"아니, 또 다른 실수지." 교수는 파르네세 옆에 앉았다. "컴퓨터 과학자는 노벨상을 받지 않고 오직 튜링상[130]만 받지. 하지만 나는 튜링상 선정 위원회에게도 무시당했어." 그는 마지막 사과 조각을 먹기 시작했다.

"저는 당신의 수수께끼를 이해할 수 없습니다."

교수는 삼켰다. "스위스에 은퇴로 알려진 것이 있소. 우리의 저명한 연방 연구소는 교수진들이 65살의 나이에 불가침의 규칙에 의해 이 매력적인 선택을 하도록 독려 하지. 지금 나는 논문을 내고, 학생들에게 조언을 해주고, 내 가르침은-톡, 톡, 톡-언제나 효율적이야. 당신도 관찰했듯이 나는 심지어 커피로 엔진에 동력을 걸 필요도 없소. 곧…" 그는 손을 움켜쥐고는 공기를 휘저어서 '슈우우'라는 소리를 냈다. "그들은 곧 생일 선물 중 하나로 나를 내쫓을 것이요. 하지만 대학은 노벨상 수상자들에게는 70살까지 머물 수 있도록 하고 있지. 더 많은 뇌세포와 더 느린 노쇠. 이해하겠소?"

"당신은 이미 강요받은 은퇴에 대해서 이야기했었습니다. 이탈리아에서도 마찬가지입니다. 이것이 당신이 돈를 거절하는 것에 대한 이유는 아

---

130 ACM(계산기 학회)에서 컴퓨터과학 분야에 업적을 남긴 사람에게 매년 시상하는 상.

닙니다."

"하지만 그것이 이유이지요. 친애하는 파르네세, 대학에서 더 이상 근무할 수 없게 되었을 때, 어느날 아마도 절벽위나 빙하계곡 아래로 은퇴할 때까지 나는 남은 모든 날들을 오늘같이 하이킹하면서 보낼 수도 있었겠지요. 하지만 지금은 당신의 프로젝트들… 나는 이전에 이렇게나 살아있다는 기분을 느껴본 적이 없었소. 전에는 미래를 본 적도 없지. 아니 전에는 미래를 이렇게 구상해 본 적이 없었소. 어쩔 수 없소. 돈은 그것을 망쳐버릴 것이오."

*

은퇴가 가까워지면서 그는 컴퓨터과학과에서 반백의 교수들이 사라지는 표준적인 방법에 대해서 생각했다. 대학에서의 컨설팅 약속, 새로운 교재 개발 아니면 중동이나 아시아의 대학에서의 파트너십이 있었다. 연구를 중단했을 때 남아 있는 찌꺼기는 권위 있는 학자의 뱃속에 타오르는 유일한 불꽃일 뿐. 도망치는 선택도 있었다. 친구 중 하나는 호주로 사라지는 대가로 학장이 되어서 은퇴를 미뤘다. 혹은 특허 소송에서 전문가 증인으로 일할 수도 있다. 특허 괴물[131]이나 경쟁을 압도하는 거대 기술 기업을 위해 엄청난 돈을 청구할 수 있는 끔찍한 시간이다. 가장 흥미로운 가능성은 스타트업을 하는 것이다. 그러나 그는 전에도 해봤었지만, 미친 듯이 몸부림치고, 자신의 아이디어 질을 떨어뜨려 제품을 출시하면서 있을 수 있는 실패가 오기 직전, 혁명적인 기술일 가능성의 짧은 순간만을 즐길 수 있었다.

파르네세가 도전을 제안했을 때, 그는 이 빈약한 선택지들의 경사를 따라서 절망적인 어두운 웅덩이로 미끄러져 들어가고 있었다. 처음에는

131 개인 또는 기업으로부터 특허 기술을 사들여 로열티 수입을 챙기는 회사.

농담인 줄 알고 무시했다. 당신이 만들고 있는 그 스마트 계약이 그렇게 강력하다면, 내 사업의 작은 문제를 해결할 수 없을까요? 교수가 생각에 잠긴 채 고개를 끄덕였을 때, 파르네세는 웃었다.

그는 문제를 풀기 위해서 이리저리 생각했다. 쉽지는 않겠지만, 가능했다. 그는 연습 삼아서 첫 번째 계약의 일부를 합성하고 코드화했다. 이것은 아이디어를 시험하기 위한 시제품이었다. 만약 이것이 작동한다면, 어둡고 매혹적인 무엇인가를 실현시킬 수 있을 것이다. 세계에 권력을 투영하는 새로운 방법이자 원초적이고 순수한 힘으로 말이다. 이 방법은 수십 년간의 뛰어나지만 실현되지 않았던 연구에 초점을 맞춘 것이었다. 그의 학술적 논문과 오픈 소스 툴은 이미 잊히고 있었다. 개발자들이 숙달하기에 너무 어려웠기 때문이었다. 하지만 지금 그가 하는 일은 어느 누구도 잊지 못하게 될 것이다.

그는 자신을 막거나 찾으려는 잠재적인 적들과 상상으로 싸우거나 대처하는 방법을 고민했다. 암살을 위한 악성 계약은 그와 파르네세가 몇 달 동안 지속한 농담거리였다. 일을 논의하기 위해서 한 달에 몇 번씩이나 만나던 탁 트인 산의 희박한 공기 중에 떠다니던 아이디어였다. 그는 시제품을 출시 가능하게 만들었다. 그의 손가락은 엔터 키 위에서 맴돌았다. 그가 만들고 창조했다고 누구도 짐작하지 못하는 힘이 1cm 아래에 있었다. 그는 작은 현상금으로 아마 국민전선당[132] 소속인 듯한 우익 정치인을 목표로 하는 계약을 출시했다. 이 계약은 진짜는 아니었다. 단지 선언과 입증이었다. 그의 코드에 대해서 적어도 전문가는 경외할 것이었다.

"제가 자금을 댈 겁니다." 파르네세가 말했다.

132 특히 인종 문제와 관련하여 과격한 견해를 지닌 극우정당.

"팀에 자금을 댈 것입니다. 저는 부자입니다. 이것은 세계 역사상 최고의 홍보 캠페인이 될 겁니다. 제 델피 유물에 대한 가격이 천정부지로 올라서 신들과 만날 겁니다." 다시 웃음이 났다. 마치 구애하는 것 같았다. 농담과 속임수 그리고 힌트, 당혹함과 철회, 이것은 실현되지 못할 것 같다고 느꼈지만 결국 실현되었다. 그가 원했던 것과 달리 좀 추악했지만, 여전히 스릴 있고 흥분을 느꼈다. 그가 오래전에 죽어 버렸다고 생각했던 감정들이 되살아났다. 그리고 그는 이전에 절대 느낄 수 없었던 신비로움이 가득했다. 한 번 실행되면 멈출 수 없는 첫 번째 계약이 실행되었을 때….

*

"돈은 아무것도 망치지 않습니다." 파르네세가 말했다. 그는 옆에 있던 푸른 꽃 중 하나를 뽑았다. "저는 당신이 아무것도 가지지 않는 것은 불길하다고 생각합니다."

"불길하다고? 당신이? 원칙이 없는 것이 아니고?" 그는 웃었다.

"우리가 하는 것은 그렇게 아름다운 일은 아닙니다."

"나는 자주 브리티시 아메리칸 타바코 회사의 스위스 본사를 지나가지. 그 회사는 로잔 호수 근처에 있소. 당신도 그것을 봤다고 확신하네."

"물론입니다."

"나는 1년에 흡연으로 죽는 사람들에 대해서 고려해 봤을 때, 그곳 직원들은 각자 평균 15명씩에 대해 책임이 있다고 계산했지. 그들이 죽게 만든 거네. 무신론, 예술, 또는 우리가 창조해낸 그 놀라운 것까지 모두가 영리 목적이오." 교수는 말을 이어갔다.

"게다가 내가 돈으로 뭘 하겠소? 난 이미 이것이 있지." 그는 풀, 숲 그리고 녹색 산을 가리키며 팔을 뻗었다. 그 너머 노란색, 녹색, 갈색의 색색이 배치된 작은 들판이 마을 주변에서는 쪼그라들어 마치 작은 조각돌

무늬처럼 보였다. 얇은 구름 띠가 가장자리에 있는 지평선에는 눈 덮인 알프스의 산봉우리들이 솟아 있었다. 상쾌한 공기가 새소리와 워낭소리를 전했다.

"당신은 오페라를 사랑하죠?" 둘은 같은 노래 선생에게서 배웠다. 거기서 그들의 인연이 시작되었다. "라 스칼라[133]에서 제일 좋은 자리를 즐기세요. 멀지 않습니다. 삶은 짧습니다. 제가 시간만 있다면 그럴 겁니다. 디바를 애인으로 만드세요."

"당신은 60대 이상인 남자들의 낭만적인 삶에 대해서 사람들이 뭐라 그러는지 아시오?"

"저는 아직 50대도 아닙니다."

"60살 넘은 남자가 한 여성에게 청혼하고 그녀가 이를 받아들이면 그는 우쭐해지지. 그녀가 거절하면 그는 안심을 느끼고."

"당신은 참 독특하고 우울한 인생관을 가지고 계시네요." 그는 킥킥댔다. "만약 당신이 원한다면, 나는 당신에게 아름다운 금제 유물을 드릴 수 있습니다. 저는 막 우리의 신비로운 작은 동굴에서 물건을 옮기기 시작했습니다. 제 아이 중 한 명을 당신에게 주는 것 같을 겁니다. 하지만 당신을 위해서라면, (교수님… 당신은 우리 수호신의 힘을 느낄 수 있을 것입니다.) 당신은 이 물건들이 얼마나 대단한지 이해하십니까? 생각해 보세요. 천년 전, 아폴론께 헌납된 유물입니다. 세상의 중심에 있던 그의 고위 사제들이 사용한 유물이라고요." 그는 일어나서 절벽 쪽으로 팔을 뻗고는 소리쳤다. "아폴론! 황금 팔의 신!"

"올림포스는 저쪽이오." 파르네세의 왼쪽을 가리키면서 교수가 말했다. "스위스 기준으로는 언덕이지. 3,000미터도 안 될 거요. 틀림없소."

---

133 이탈리아의 밀라노에 소재한 세계적 오페라 극장.

“당신은 정말 예술이나 고대 역사에는 관심이 없으시군요. 그렇죠? 하지만 당신은 적어도 은퇴자금으로 눈을 즐겁게 할 수 있습니다. 아니면 다른 것들을 생각해 보세요. 아이들이나 손주들이나 부인은 없나요?”

“친애하는 파르네세, 우리는 19세기 시칠리아에 있는 것이 아니네. 나는 내 자손들과 울어대는 아이들로 가득 찬 집에서 사는 것이 아니야. 나 없이도 우리 가문은 번창하겠지. 그리고 당신과 당신 동료들은 금과 돈을 너무 사랑하고, 나는 당신의 그 사랑 이야기에 더 보태고 싶지 않소. 아폴론에 대한 내 흥미는 다른 것이오.” 그는 주머니칼을 바지에 닦고는 접었다. “돈은 충분하오. 계획이 어떻게 진행되고 있는지에 대해서 논의하고 싶네.”

“멋지게 진행되고 있습니다” 파르네세는 말했다. “멋지게요. 당신도 아시죠. 당신은 우리가 바라는 것보다 더 많은 것을 하셨습니다.” 교수는 머리 뒤로 팔을 뻗었다. “아폴론과 델피는 지난 2,000년 이래로 이렇게 인기 있은 적이 없었…”

그는 사과 심지가 깊은 구렁으로 떨어졌을 때 움찔했다. 두 남자는 그것을 지켜보았다. 절벽 끝을 지나 아래로, 떨어지고 떨어져서 시야에서 사라질 때까지.

“제가 말했던 것처럼…” 파르네세는 계속했다. “모든 것은 아름답게 진행 중입니다. 정확히 계획대로입니다. 제가 뒷돈을 댄 작은 전시회들, 경매에서 진행한 전략적 입찰 그리고 당신이 온라인에서 해온 모든 것들, 저는 당신의 ‘예언’과 메타버스에서 물건을 사는 것 같은 것들을 이해했다고 말할 수는 없지만 말입니다. 물론 악성 계약은 이해합니다. 대단한 아이디어죠. 그것은 다 작동하고 있습니다. 그리스 유물 가격은 전반적으로 치솟고 있습니다. 부유한 수집가들은 특별히 델피 제품 모든 것을 구걸하고 있습니다. 이것은 델피안들과 우리가 만들어낸 신비 덕분입니다.”

파르네세는 자신의 말에 교수가 웃었는지 찡그렸는지 구별할 수 없었다. "하지만," 교수는 말했다. "나는 당신 쪽에서 약간 불만 있다고 느껴지는데."

파르네세는 멍하니 그를 보았다. "불만요? 당신께요? 당연히 아닙니다. 절대 아니죠. 저는 그저 우리가 좀 다른 접근법을 생각해 볼 수 있는지 궁금했을 뿐입니다. 그 악성 계약은 정말 잘 해내셨습니다. 말하자면 당신은 마에스트로…" 교수는 무표정했다. "하지만 저는 궁금합니다. 왜 좀 더 눈에 띄는 목표를 정하지 않은 것입니까? 상원 의원, 유명 배우, 작은 나라의 대통령 같은 이들 말입니다. 우리에게는 돈이 있고 '돈을 벌기 위해서는 돈을 써라', 이것이 제가 늘 하는 말입니다."

"이미 설명했잖소. 스마트 계약은 중단할 수 없소. 또는 오라클도 그렇지. 커뮤니티 전체가 중단하겠다고 결정하는 경우를 제외하고 말이오. 스마트 계약 역사의 여명 시기에 딱 한 번 있었소. DAO[134]라고 불린 계약은 이더리움 전체 통화의 15%를 가지고 있었는데 해킹 당했지. 해커가 자금을 고갈시키기 전, 커뮤니티는 피해자들에게 돈을 돌려주기 위해서 계약을 수정하기로 했소. 그러기 위해서 시스템 전체를 재설정해야 했고 그래서 큰 논란이 일어났지. 블록체인은 변조 방지여야 하오. 이것은 신성한 원칙으로 커뮤니티가 이 신성한 원칙을 더럽힌 것이었지. 어느 누구도 이것을 되풀이하는 것을 원치 않소. 하지만 우리가 너무 지나치면 그것을 고려할 수도 있게 되오."

"알았습니다. 그래서 국회의원은 안 되는군요. 솔직히 저는 비가노 교수를 치워줘서 기뻤습니다." 그는 한 팔을 불쑥 내밀었다. "그가 주변을 찌르고 다니는 방식은 위험했습니다. 저는 그의 멍청한 에틸렌 이론에 대

134 Decentralized Autonomous Organization. 탈중앙화 자율 조직.

해서 너무나 기뻤습니다. 하지만 당신이 그 테크 마법사를 선택한 이유에 대해서는 절대 말씀하시지 않네요."

"그는 스마트 계약 오라클을 만드는 가장 유명한 회사에서 일하지. 당신 목적을 위해서, 고대와 현대의 오라클을 연결하는 것은 더욱더 신비롭게 하는 일이오."

"맞습니다."

"내 목표는 개인적 존경의 표시지만, 그것이 중요한 것은 아니오."

"개인적? 우리에게 피해가 돌아올 만한 일은 아닌 것이죠?" 그는 교수의 어깨에 손을 얹었다.

"전혀 아니네."

"훌륭합니다. 훌륭해요." 파르네세는 미소 지었다. "저는 당신을 믿습니다, 교수님. 기술적인 것은 저에게 모두 미스터리입니다. 저는 당신 같은 대단한 사람에게 맡깁니다."

교수는 어깨를 으쓱하면서 칭찬을 알아차리고는 바로 일축해버렸다.

"해커들은 어떻습니까?" 파르네세가 물었다.

"좋긴 한데 뛰어나진 않아. 그들이 전직 러시아 정보부 소속이어서 기대를 더 했지. 좋은 프로그래머이고, 공격력도 강하지. 하지만 방어가 약하고 논리정연하지 않아. 내가 모든 것을 조정해야 하지. 코드 합성과 형식 검증을 위해 내가 개발한 툴을 사용하는 방법을 그들에게 가르쳐야 했지. 그것은 당신에게는 아무런 의미가 없소. 단지 이 분야가 상상할 수 없는 속도로 발전하고 있지만, 나는 여전히 앞서가고 있다고만 말해 두겠소. 심지어 내 대학 그룹에서 몇 년 전에 개발했지만, 외부에 출시한 적이 없는 몇 가지 툴들도 사용했소. 스마트 계약 코드를 출시하기 전, 우아함을 부여하고 다듬기 위해서 내 작은 발명품을 가지고 열정적으로 실험했지. 하지만 내가 당신의 금제 공예품에 대해서 흥분하지 않는 것처럼, 당신도 내 작품의 의의를 파악할 수는 없을 테지."

"당신이 내게 말한 새로운 델피군요. 하지만 나에게 델피는 그곳 사람들, 그곳 신에게 헌납한 건축물과 화려한 예술 작품 그리고 오라클의 신비입니다."

"21세기에는 그렇지 않소, 친애하는 파르네세, 오라클은 뭔가 다른 것을 의미하지만 오라클 시스템을 구축한 사람들조차도 이해하지 못하지. 그들은 '미들웨어'[135]라고만 부르지. 오라클은 오래된 이야기의 진부한 화신이야. 아니, 새로운 오라클은 새로운 금융시스템을 위한 진실의 원천이오. 그리고 당신이 나보다 더 잘 알겠지만, 돈은 힘이지."

"오라클은 진리의 통로 그 이상이야. 마치 우리의 악성 계약이 그랬던 것처럼 오라클은 진실을 창조하지. 그리고 새로운 세상, 그러니까 코드에 의해서 정의된 역학과 수학적으로 정의된 규칙과 논리를 가지는 세상에서 오라클은 미래를 예측하고 그 예측을 증명할 수도 있지. 우리가 지금 하고 있는 일은 원시적인 것으로 언젠가는…"

"당신 학생들은 강의를 즐기겠죠. 하지만 저는 컴퓨터에 대해서 아무것도 모릅니다." 파르네세는 교수의 어깨에 손을 얹었다. "이런 부분에 대해서는 고대인들이 옳다고 생각합니다. 신들은 여러 측면을 가지고 있었습니다. 아폴론은 당신에게 수학의 아폴론이자 제겐 아름다움의 아폴론입니다. 신의 많은 얼굴 중 두 개일 뿐입니다."

"그가 아침에 거울에 비친 자신의 모습을 알아볼 수 있을지 궁금하군."

"당신 스스로는 알아보십니까, 교수님?"

---

135 middleware. 애플리케이션들을 연결해 이들이 서로 데이터를 교환할 수 있게 중계 역할을 하는 소프트웨어.

"거울을 피하지. 나를 우울하게 하네. 나는 거기서 내 아버지를 본다네."

그들은 배낭에서 간식거리를 꺼냈다. 파르네세는 버터쿠키를 가져왔고 교수는 견과류 한 봉지와 초코바 하나를 가져왔다. 와인 한 병과 함께 나눠 먹었다. 그들은 이것을 다 먹은 뒤, 비제의 듀엣곡인 '신성한 사원에서'를 함께 불렀다.

파르네세는 짧은 낮잠을 잤고, 그동안 교수는 산을 가로지르는 느린 구름의 그림자 흐름을 바라보며 명상을 했다. 파르네세가 기지개를 켰고 두 남자는 일어서서 배낭을 어깨에 멨다. 크고 마른 남자가 작고 통통한 남자와 악수를 했다. 황무지에 있는 애벗와 코스텔로[136]였다.

"그런데…" 교수가 하이킹을 계속하려고 할 때, 산을 내려갈 준비를 하던 파르네세가 말했다. "우리의 이 작은 하이킹이 제게 얼마나 큰 기쁨을 주는지 말할 수 없습니다. 다음 주에는 라 덩 드 볼리옹[137]에서 뵙겠습니다. 우리가 자주 가던 장소죠. 하지만 이번에는 따로 올라 가야 할 겁니다." 그는 생각하는 듯 입술을 깨물고 나서는 미소를 지었다. "함께 목격되는 위험을 줄여야 합니다."

136 Abbott and Costello. 미국의 코미디언 콤비. 애벗은 키가 크고 말랐으며, 코스텔로는 작고 뚱뚱하다.

137 La Dent de Vaulion. 스위스 쥐라산맥의 산봉우리.

23장

비행기는 기울어져 이른 아침의 황금빛 햇살을 받으며 하강했다. 우리가 스위스에 가까워졌을 때, 나는 다이앤 너머 창밖을 응시했다.

나는 프랑스 사람들이 어떻게 이렇게 나라를 깔끔하게 유지하는지 알 수 없었다. 농지는 불규칙적이지만, 깨끗한 녹색과 갈색의 들판으로 퍼즐처럼 맞춰져 있었다. 농지 사이의 경계는 부드러운 나무로 장식되어 있었다. 심지어 숲조차도 깔끔하게 구획된 조각들로 둘러싸여 있었다. 뉴욕 트리스테이트 지역의 중구난방인 거리, 빌딩, 사람들, 숲과는 전혀 다른, 고즈넉한 경작지가 마음을 편안하게 해주었다. 나는 스위스에서는 오래된 눈을 치우기 위해서 봄철에 빗자루를 가지고 산으로 간다는 이야기도 들었다. (뭐, 유럽이 두 번의 세계대전 시신들로 대부분 비옥해졌다는 것은 신경 쓰지 말자.)

우리는 스위스 국경 근처 짙은 녹색의 나지막한 윤곽선을 보여 주는 능선을 넘어서 제네바 공항에 도착했다. 다이앤은 비행기 타이어가 지상에 닿았을 때 잠에서 깼고, 머리 받침에 자리 잡은 왜소한 베개에 머리를 부딪쳤다. 그녀는 비행하는 내내 잠을 잤고 착륙을 위해서 의자를 바로 했을 때 처음으로 고개를 들었다. 하지만 곧 다시 고개를 끄덕거렸다. 밤샘 비행 동안 나는 다이앤의 얼굴을 연구할 수 있는 첫 번째 기회를 얻었다. 대부분의 승객들은 입을 벌리고 엔진 소음과 조화를 이루면서 코를 골았지만, 다이앤은 그렇지 않았다. 다이앤의 입은 마치 꿈속 영화에 반응하는 듯 이따금 씰룩거렸다. 안경을 쓰지 않은 그녀의 얼굴은 맨얼굴이었다. 그녀의 부드러운 살결과 흰색 브리지가 있는 머리의 대비. 그녀는 아이라인을 했지만 내가 알아볼 수 있는 다른 화장은 하지 않았다. 그녀는 화장할 필요가 없었다.

내 이름이 모든 뉴스에서 떠도는 상황에서 여권 심사대에서 질문을 받을 것이라 예상했다. 그러나 그들은 흘끗 쳐다보지도 않고 내 여권에 도장을 찍었다. 다이앤은 프랑스 여권을 가지고 그대로 지나갔고, 나는 세관 반대편에서 다이앤을 만났다.

레이는 혼자 여행하는 나를 위해, 제네바에서 자신과 합류하기 전에 납치를 당하지 않을 수 있는 방법을 가르쳐 주었다. 그는 우리에게 호텔을 피해야 한다고 말했다. 호텔에서는 내가 등록해야 한다고 강요할 것이고, 그들의 데이터베이스는 나를 걸러내는 '체'가 될 것이라고 했다. 호텔들은 모두 체인점이기에, 범죄조직은 내부에 직원 한 명만 있으면 전 세계 손님들에 대한 정보를 얻을 수 있다는 것이다. 우리는 다이앤의 이름으로 임대 아파트를 예약했다. 제네바에서는 하루만에 침실이 두 개나 되는 선택지는 많지 않았고, 레이가 몇 군데는 마음에 들어 하지 않았다. 결국 우리는 도심 근처이자 약속 장소와 가까운 꽤 비싼 디자이너의 다락방으로 결정했다. 나는 내가 돈을 내야 한다고 고집했고, 다이앤과 실랑이가 벌어졌다. 결국 다이앤을 설득한 것이 멋진 옥상 데크 때문이었는지, 그렇지 않으면 연방 수사국(FBI)의 여행 규정과 레이가 호텔 선택에 관한 거부권을 써서 우리 둘 중 한 명이 쓰게 될 소파베드를 보았기 때문인지는 잘 모르겠다.

다이앤은 공유차량 앱에 주소를 등록하고 우리를 숙소로 데려갈 차를 불렀다. 공항을 막 떠나려 할 때, 그녀는 운전사에게 새로운 길을 알려 주었다. 그들은 프랑스어로 대화했기에 나는 이해하지 못했지만 운전기사는 그의 핸드폰에 새로운 주소를 입력했다. 나무들이 줄지어 있는 고속도로를 따라서 10분을 갔고, 론강을 건너서 쾌적한 주택가로 들어갔다. 그리고 갑자기 기능적이고, 깨끗하며, 흉측한, 스위스 산업 건축 양식을 보여 주는 도시 구역에 들어서고 있었다. 옆 건물보다 덜 공격적인, 세로 줄무늬의 창문이 있는 갈색 건물 앞 작은 주차장에 도착했다.

"여기가 그 아파트인가요?" 내가 물었다.

"우리는 투어를 먼저 할 거예요."

"경치가 그다지 좋지 않네요."

그녀는 내 쪽으로 몸을 돌렸다. "유럽에서 가장 훌륭한 예술 컬렉션은 어디에 있을까요?"

"예술 컬렉션? 모르겠는걸요? 파리? 루브르? 하지만 왜…."

"그러면 두 번째는요?"

"나는 박물관에 대해서 많이 알지 못해요. 바티칸? 프라도?"

"바로 여기예요."

"이 건물 안이라고요?"

"우리는 포트 프랑 드 제네브에 있습니다. 제네바 자유항이죠. 누구도 방문할 수 없는, 세계에서 가장 훌륭한 박물관이에요. 저기 뒤에 창고가 있어요. 우리가 몇 시간 후에 갈 곳이지만 당신에게 먼저 이곳을 보여 주고 싶었어요. 그래야 파르네세를 막기가 왜 그렇게 어려운지, 또 왜 그렇게 위험한지를 이해할 수 있기 때문이에요. 이 건물 주인조차도 여기에 무엇이 있는지 모르죠."

"어떻게 그럴 수 있죠?"

"이제 출발하는 게 좋겠어요. 가면서 이야기해 줄게요."

우리는 차를 타고 떠났다. 나는 아무도 방문할 수 없다는, 세상에서 가장 훌륭한 박물관을 뒤돌아보았다. 이럴 수가, 건물들이 정말 흉측했다.

슈퍼 리치들은 수입 관세와 세금을 피하거나 또는 더 불미스러운 이유 때문에 제네바 자유항에 그들의 멋진 예술 컬렉션을 보관한다고 다이앤이 설명했다. 자유항에 있는 물건들은 스위스 영토에 들어가 있지 않은 것으로 간주되기에 이곳을 일종의 국경 밖의 무인도였다.

오랜 세월에 걸쳐, 나치가 유대인들로부터 압수한 예술품뿐만 아니라 불법적으로 발굴된 유물들, 채권자들로부터 숨긴 귀중품들 그리고 다른 부패와 연관된 물건들이 발견되었다. 발각된 물건들은 이곳의 방대한 보유량 가운데 일부일 뿐이며, 자유항 주변의 스위스 법률은 불법을 막기 위해서 수년에 걸쳐 강화되었다. 원칙적으로는 그곳에 보관된 물건들은 재고 목록이 있어야 했고, 6개월 이상은 보관할 수 없었다. 특히 고대 유물은 문서가 필요했다. 하지만 언제나 그렇듯, 허점이 있고 장난이 계속되고 있었다. 스위스는 포트 프랑을 폐쇄하라는 유럽 연합과 다른 이들의 요구에 대해서 저항하고 있는 중이었다.

"스위스 사람들은 당신처럼 사생활을 중요하게 생각하죠." 다이앤은 우리 첫 만남에서 얻은 씁쓸한 여운을 가지고 말했다. "포트 프랑에는 백만 개 이상의 예술 작품이 있어요. 예전에 그랬던 것과 달리 최악은 아니죠. 예전에는 누가 공간을 빌리고 있는지조차 몰랐죠. 이제는 누군지는 알고 있어요. 단지 그들이 무엇을 숨기고 있는지를 모르죠." 다이앤는 이를 악 물고 숨을 쉬었다. "스위스 경제의 핵심은 신중한 접대업이 전부예요. 스위스는 호텔로 유명합니다만, 사람들만을 위한 것은 아니죠. 스위스 은행은 돈을 위한 고급 호텔이에요. 그리고 포트 프랑은 예술과 사치품을 위한 거대한 호텔이죠." 운전사의 전화기에서 소리가 났다. "어쨌든, 도착했네요."

*

샤워 후 공항에서 집어 온 음식으로 아침을 먹은 뒤, 스위스 당국자들과 만날 때까지 30분 정도 여유가 있었기에 우리는 빌린 아파트의 거실에 앉아 있었다. 다이앤은 짐을 풀었지만, 나는 여행 가방에서 옷을 꺼내지 않았다. 스위스에도 빈대가 있다. 왜냐하면 뉴요커의 방문을 허락하기 때문이다.

"나는 고대 세계의 잃어버린 위대한 보물들의 목록을 마음속에 간직하고 있죠. 내가 항상 찾길 꿈꾸던 것들이죠." 그녀는 내게 말했다.

그 방은 채광창뿐만 아니라 주문 제작된 벽감[138]과 수납장도 독창적으로 구성되어 있었다. 눈 높이 위치에는 창문이 없는데도 밝고 고급스럽게 느껴졌다. 내 맞은편의 벽감은 일종의 예술 작품으로, 거대한 플라스틱 사과심 모양으로 위와 아래는 루비색이었다. 기둥은 여성의 누드 몸통이었는데, 아마도 다이앤의 잃어버린 보물 중 하나는 아닐 것이다.

"내 생각으로는 옴파로스도 당신 목록에 있겠죠."

"아마, 목록 꼭대기겠죠."

"다른 것은 뭐가 있죠?"

"델피의 수많은 보물들이요." 다이앤이 이 말을 했을 때 그녀의 얼굴과 귀걸이가 동시에 반짝였다. "금으로 된 최고의 작품들은 모두 도난당했고, 거의 다 녹여 버린 것은 분명하죠. 하지만 아직까지 몇 개는 남아 있을 것이라고 상상하고 있어요. 그저 그리스 작가인 파우사니아스가 언급

138 벽면에 뚫려진 움푹하게 들어간 부분으로서 그 안쪽은 보통 조각상이 놓여진다.

한 작은 아폴론 조각상을 발견하기만 해도 만족스러울 것 같아요. 그 조각상은 델피에 처음 봉헌된 물건이라고 여겨지거든요. 그것만으로도 놀라운 발견일 거고요."

"델피 말고는요?"

"정말 많은 것이 있죠. 생각해 보면… 알렉산드로스 대왕의 무덤과 크리스털 관도 있죠. 그 무덤은 500년 전 이집트에서 마지막으로 발견된 다음에 사라졌어요. 이집트 정부에서는 이 무덤을 찾기 위해서 100번은 넘게 시도했을 거예요."

"어떻게 그것을 잃어버릴 수 있죠?"

"시간이 지나면 해안선이 바뀌고 산맥은 침하하죠. 그리고 사람들은 잊어버리고요."

"세계에서 가장 위대한 정복자조차도요?"

"알렉산드로스조차도요. 모든 사람이 다 그렇죠. 드골이 한때 말했죠. '레시메트레, 그러니까 공동묘지에는 없어서는 안 되는 사람들로 가득 차 있다.'라고요'"

"멋진 비문이군요. 그런데 드골은 누구죠?"

다이앤은 내 경박함에 눈을 부라렸다. "심지어 모든 것에 힘을 가진 탐욕조차도 망각과 싸워 이길 수는 없어요. 금이나 금속으로 된 물건은 금괴를 만들거나 재사용을 위해서 녹여졌죠. 그뿐만 아니라 석조 예술품 역시 사라졌어요. 네로 황제가 백만 세스테르티우스[139]를 주고 샀던 그 유명한 잔 같은 것들 말예요. 그 컵은 광택을 낸 형석[140]으로 준보석에 해당하죠. 이 보물은 도대체 어떻게 그냥 사라져 버린 것일까요? 단지 비슷한 작품 하나만이 살아남았는데, '타짜 파르네세Tazza Farnese'라고 불리

139 고대 로마에서 쓰인 화폐 단위 가운데 하나.

140 유리빛이 나는 광물.

는 조각된 잔으로 너무나 대단한 것이죠."

"파르네세? 우리가 아는 파르네세와 무슨 연관이 있나요?"

"이 이름은 한때 강력했던 파르네세 가문에서 나온 것이죠. 나는 그가 그 가문의 후손이라고 주장하고 있다고 생각하죠." 그녀는 눈을 내리깔았다가 다시 나를 올려다보았다. "그리고 잃어버린 많은 문학 작품이 있죠. 나는 사포[141]의 새로운 시 하나만 찾아도 좋아서 죽을 지경일 거예요."

"들어본 적이 있는 것 같은…."

"유명한 레즈비언 시인이죠. 사실은 양성애자이지만요." 그녀의 신비로운 미소는 나에게 새로운 생각을 하게 해주었다. "아니면 '마르기테스'. 호메로스가 쓴 가장 유명한 잃어버린 희극 작품이죠. 당신은 상상이 되나요?"

"호메로스의 희극은 아니지만, 잃어버린 보물에 대해 내 나름의 방식으로 이해했어요. 특정 물건을 찾고 소유하려는 강박관념에 대해서 이해하고 있어요. 어떤 사람들에게 그것은 부에 관한 것이지만, 진정한 보물 사냥꾼에게는 뭔가 다른 것이 있다고 생각하고 있어요." 나는 내 브로치 컬렉션에 대해서 생각했다.

"그게 뭔가요?"

"보물은 신비한 힘을 가진 부적이죠. 당신이 그것을 가지고 있을 때, 그것을 만지거나 응시했던 모든 사람들과 교감하게 되죠. 찾거나 소유하고 싶은 충동은 낙원으로 돌아가려는 욕망과 같죠. 마치 당신 가슴속에 향수를 남기는 음악을 들었던 장소요. 마치 당신이 되찾고 싶은, 잃어버린 청춘에 대한 그리움 같은 것 말이죠."

---

141 sappho. 기원전 6세기 그리스의 작은 섬, 레스보스에 살던 여류 시인.

"또는 잃어버린 세상의 청춘기이겠죠."

"그러면 당신은 그것을 자유항에서 찾고 싶은 것인가요?"

"나는 항상 그곳이 궁금했죠. 매료됐지만 그런 곳이 있다는게 싫기도 했어요. 만약 내가 꿈에 그리던 보물들 중 그 어떤 것이라도 재발견되었거나, 어둠 속에서 살아남았다면, 그 보물이 포트 프랑에 있다는 것은 놀랍지 않을 거예요. 이제 오늘날 우리에게 가장 신비로운 것이 그곳에 있을 수 있어요. 바로 옴파로스죠. 그렇다면 기적일 거예요."

*

제네바 자유항은 1,000억 달러 가치의 예술품으로 가득 찬 거대한 금고가 철조망, 무장 경비대 그리고 화이트 스위스 셰퍼드가 둘러싸고 있는 모습으로 상상할 수도 있다. 그러나 밖에서 볼 때 제네바 자유항은-바닥에서 천장까지 이어지는 화살 구멍처럼 생긴- 본관의 얇고 각진 창문만 제외한다면, 여느 창고와 다를 바 없었다. 이곳은 세계의 거부들을 위한 렌트 가능한 방 크기의 금고들이 모인 거대하고 보안이 철저한 무장 공간이었다. 그러나 또한 이상한 변종이기도 했다. 많은 방에는 미술 보존 연구소, 갤러리, 보물 주변에서 기생하는 파르네세 같은 딜러의 사무실 등이 있었다.

우리는 보안 검색대에서 한 무리의 사람들을 만났다. 경감을 선두에 세운 스위스 연방 경찰(FedPol) 소속 경찰관 3명, 법의학 사진사, 자유항의 부국장 그리고 법 집행기관에 협력하고 있는 고고학자였다. 파르네세 사무실에 대한 압수 수색과 더 광범위한 수사를 감독하기 위한 검사도 있었다. 다이앤은 스위스 형법에서는 검사들이 미국보다 더 광범위한 권한을 가지고 있다고 설명해 줬었다. 그들은 범죄 수사와 기소, 둘 다를 할 수 있었다.

고고학자인 제네바대학교의 엘렌 다소 교수는 단독으로 온 권위 있는 인물이었다. 어두운 정장을 차려 입은 남자들과 하늘색과 짙은 남색 제복의 두 경찰관들(한 명은 여자, 한 명은 남자)보다 더 짧은 머리를 하고, 청바지에 꽃무늬 셔츠와 검은색 카디건을 입고 있었다. 우리가 악수할 때, 나는 그녀의 따뜻하고 매력적인 미소와 두껍고 어두운 색의 눈썹과 물결치는 단발의 검은 머리에서 햇볕이 내리쬐는 지역의 기후를 보았다. 다이앤이 나중에 말해 주기를, 다소 교수는 뜨거운 태양 아래서 세계에서 가장 좋은 와인용 포도가 익어가는 보르도 출신이라고 했다.

스위스 경찰이 파르네세를 감시하고 있었다. 안 그랬으면 그는 변호사와 함께 거기 와서 항의하고 울부짖었을 것이다. (파르네세에 대해 제법 잘 알고 있는 다이앤의 추측이다.)

우리는 단조로운 본관 건물을 함께 걸어서 지나갔다. 건물 안에는 카메라, 스프링클러, 소화기가 가득했다. 4층 16번 복도에 있는 건물의 다른 곳들과 똑같은 아무런 장식이 없는 금속 문 뒤가 우리의 목적지인 25번 방이었다. 문 옆에는 초록색의 빛나는 움푹 팬 곳에 작고 검은 콘솔이 있었다. 부국장은 손가락을 넣고 비밀번호를 입력했다. 다이앤은 숨죽였다.

강화문 뒤에는 전시실이 있었다. 외벽은 겹쳐진 패널로 이루어져 있었고, 패널마다 바깥에서 보이는 화살표 슬릿을 포함하는 작은 돌출된 측면이 있었다. 다른 두 벽에는 높다란 벚나무 장식장들이 늘어서 있고 위에서 조명을 받고 있었다. 옆으로는 인간 형상을 새긴 고대의 돌 주변에 긴 소파가 몇 개 있었으며, 빨간색과 파란색의 염료 흔적이 있었다. 그러니까 분명히 커피 테이블일 것이다. 방 가운데에는 페르시아 카펫을 중심으로, 고대 기둥의 머리 부분으로 구성되어 바닥에서부터 투명한 유리를 받치고 있는 테이블이 있었다. 이 기둥은 지름이 약 3피트 정도로, 식물이 조각되어 있었다.

이 주변으로는 화려한 금박을 입힌 나무로 된 4개의 앤티크 프랑스 의자가 있었다. 내 생각으로는 파르네세가 거래를 성사시키는 곳이라고 짐작했다. 각각의 가구들은 하나하나 놓고 봐도 아름다웠다. 함께 모아서 보면, 루브르의 자선 바자회에서 파는 물건처럼 보일 정도였다.

전시실 뒤로는 사무실이 있었다. 그 안에는 책상과 2개의 금속 책장과 장식장, 커다란 금고와 금빛으로 빛나는 물건들 몇 개가 흩어져 있는 작업대가 있었다.

우리는 전시실에서 시작했다. 언뜻 보기에는 테이블 2개만이 유일한 골동품이었지만, 경찰이 장식장을 열자 갤러리 전체가 모습을 드러냈다. 선반 위에는 도자기와 다수의 꽃병들, 청동 조각상, 조각된 돌 조각상, 고대 갑옷, 유리그릇, 보석들로 가득 차 있었다. 선반을 치운 뒤 만든 벽 틈새에는 작은 프레스코화도 있었다. 매우 깔끔하게 정리되어 있었지만, 수백 점에 달하는 엄청난 물건들로 인해서 이 컬렉션의 품질과 희귀성을 파악하기 힘들 지경이었다.

당연히 다이앤과 다소 교수는 컬렉션을 보자마자 흥분해서 프랑스어로 빠르게 말했다. 그들은 어떤 합의에 도달할 때까지 손짓을 하고 손을 흔들면서 말을 했다. 둘은 니트릴 장갑을 끼고 서로 떨어졌다. 다소 교수는 화병을 시작으로 장식장 안에 있는 것들을 하나씩 꺼내기 시작했다. 그녀는 사진사가 그것들을 기록하는 동안 커다란 테이블 위에 가져다 놓고 태블릿에 메모를 입력했다. 검사는 깨어지기 쉬운 물건들을 피해 안전한 거리를 두고 우리를 유심히 지켜봤다. 경찰관들은 서류를 압수하기 위해서 사무실 역할을 하는 방으로 돌아갔다. 부국장은 바깥 문 근처를 맴돌며 꽃병이라도 들고 나르려는 사람을 막을 준비가 되어 있는 듯 보였다. 다이앤은 장식장에서 장식장으로 옮겨다니면서 여기저기를 뒤졌다. 하지만 그녀가 찾고 있는 것이 옴파로스라면 그것은 전시실에 있을 리가 없었다. 장식장은 감추기에 충분하지 않았다. 그녀는 곧 뒤쪽에 있는 사무실로 들어갔다.

나는 산뜻해 보이는–빨강과 검정이 섞인 광택이 나는–꽃병들이 늘어져 있는 곳으로 서서히 이동했다. 나는 내 신발 끈이 제대로 묶여 있는지 확인하고 뒷짐을 졌다. 자세히 살펴보니, 파르네세의 수집품 중 공예품들은 나 같은 문외한도 대단하다고 말할 수 있었다. 헬리오스 고대 미술 갤러리에 있던, 맨해튼의 상류층 사람들을 위한 물건들보다 훨씬 더 좋은 것들이었다. 훈련되지 않은 내 눈으로 델피와 무슨 연관이 있을 만한 것을 하나라도 찾으려 했지만, 옴파로스를 제외하고는 나는 무엇을 찾아야 할지 알 수 없었다.

내가 긴 손잡이 컵에 있는 턱수염을 기른 남자와 눈싸움을 하고 있었을 때, 다이앤이 전시실로 급하게 돌아왔다. 처음에는 그녀가 옴파로스를 찾았다고 생각했지만, 그녀가 금으로 된 둥근 물건을 들고 있는 것을 보았다.

그녀는 다소 교수와 나에게 손을 흔들었다.

"와서 봐요!"

다이앤는 금접시를 가운데 테이블에 놓았다.

"금고 안에 있었어요. 이것을 열어놓고 가다니 믿을 수가 없네요!"

그 접시의 지름은 8인치에서 9인치 정도였다. 안쪽에는 양각으로 두 마리 새가 커다란 날개를 펴고 서로를 마주 보고 있었다. 그들 사이에는, 중앙에 솟아오른 원뿔모양이 있었고, 이제 나도 알고 있는 옴파로스를 상징하는 특징적인 표현인, 기울어진 십자가 표시가 새겨져 있었다. 모두들 우리 주변으로 몰려들었다.

"제사용 접시예요. 신께 샘물을 바칠 때 쓰던 것이죠." 다이앤이 말했다. "여기 새 2마리는 제우스가 세상의 중심을 찾기 위해 풀어 준 독수리들이죠. 매우 독특해요. 중앙이 솟아 있고, 돌출된 손잡이는 이런 종류의 접시의 전형적인 모습이죠. 그리스에서는 배꼽을 의미하는 옴파로스로 알려져 있죠. 그리고 여기에 문자가 새겨져 있네요." 그녀는 테두리에 새겨진 투박한 그리스 글자를 가리켰다. "'레오다니스는 아폴론께 이 그릇을 바쳤다.' 델피에서 출토된 것일 수 있어요. 만약 도굴꾼들이 도굴하지 않았다면, 우리는 이 유물이 어디서 발견했는지 알 수 있을 거예요. 만약 진짜라면 놀라운 발견이죠."

다소 교수는 접시를 들고는 손가락들을 손잡이 아래로 두고 엄지로 가장자리를 더듬었다. "그렇네요." 그녀는 속삭였다.

"암시장에서 얼마에 팔릴까요?" 나는 물었다.

교수가 눈썹을 치켜 올렸다. "수백만, 아주아주 많이요." 그녀는 심한 프랑스 억양으로 말했다. "하지만 가격은 중요하지 않아요. 박물관으로 갈 테니까요."

"공식적으로, 우리는 파르네세가와 비가노 교수의 죽음에 관여했다는 증거를 찾기 위해 여기에 있습니다." 다이앤이 검사를 향해 말했다. "이 작품은…" 그녀는 양손으로 손짓을 하면서 말했다. "만약 우리가 생각하는 그것이라면… 파르네세가 사건을 일으킬 동기로 충분합니다."

우리의 흥분은 곧 좌절로 변했다. 이 방에 있던 어떤 물건도 도난 예술품에 대한 인터폴의 데이터베이스에 나타나지 않았다. 그것은 파르네세의 작품이 새로운 지역에서 도굴된 것을 의미했다. 하지만 어디일까? 문제는 라벨이 붙어 있지 않다는 것이었다. 그 접시는 정말 델피에서 온 것일까? 우리는 알아낼 방법이 없었다. 경찰은 공식적으로 언급할 만한 가치가 있는 어떤 서류나 우리가 원하는 카탈로그 또는 사진을 전혀 발견하지 못했다. 어떤 물건에도 흙이나 다른 도굴 흔적을 찾아볼 수 없었다. 파르네세가 이런 기습을 대비해 미리 대응한 것처럼 보였다. 그를 심문하게 된다면, 이 모든 것들에 대해서 증거가 필요할 때마다 나타나는, 80년대 어느 중동의 개인 컬렉션으로부터 왔다고 밝혀질 것이었다. 그는 아마도 어딘가에 아주 명확한 서류를 가지고 있을 것이다.

다이앤은 나에게 파르네세의 태블릿을 건네주었다.

“해킹할 수 있나요?”

“아니요. 워커와 그의 사이버 보안 전문가들도 이런 것들을 해킹하지 못해요.”

“그렇다면 파르네세로부터 비밀번호를 얻어야 하는군요. 아마도 영원의 시간이 필요할 거예요.”

“안타깝지만,” 나는 말했다. “나는…”

경감이 우리를 방해했다. 전문가다운 모습으로 몰래 엿듣고 있었다.

“당신들은 예술품에 대해서만 검사할 권한이 있습니다. 전자기기는 아닙니다. 단, 우리가…”

입구에서 그는 자신을 ‘로저 파르말린’이라고 소개했다. 그는 나보다 나이가 약간 많아 보였다. 그의 얼굴은 은빛의 가는 목탄으로 그린, 얼어붙은 듯한 수염으로 둘러싸여 있고, 헝클어진 머리가 빈 정수리까지 뻗어 있었다. 강철 테 안경 너머로 보이는 생기 넘치는 눈과 단정하고 밝은 회색 정장에 너무 밝지 않은 오렌지색 줄무늬 넥타이를 한 모습은 장난꾸러기 같은 모습이었다.

“저는 아마 도울 수 있을 것입니다.” 그는 영국식 악센트의 훌륭한 영어로 덧붙였다.

“어떻게요?” 나를 민족주의자라고 부른다고 해도 상관없는데, 나는 스위스가 해킹에 있어서 미국 법 집행기관을 능가하는 것은 상상할 수 없었다.

“우리는 파르네세를 감시하는 과정에서 그의 핸드폰 비밀번호를 입수했습니다. 사람들은 일반적으로 다른 기기에서도 같은 비번을 쓴다고 알고 있습니다.”

“어떻게 알아낸 것이죠? 그의 핸드폰에 멀웨어를 감염시키기라도 했나요?”

그는 ‘이 미국인들은 너무 심각하군.’이라는 표정으로 웃으며 고개를 저었다. “더 간단한 방법이 있습니다.”

“예를 들면요? 파르네세는 그의 비밀번호를 그렇게 자주 사용하지 않을 텐데요. 안면인식을 사용할 겁니다.”

“우리가 적외선 레이저로 안면인식을 하지 못하게 방해했습니다. 그래서 그는 비번을 사용해야만 했었습니다.” 황당할 정도로 간단했다. 내 얼굴이 그렇게 말하고 있었다. 파르말린은 거들먹거리는 게 느껴질 정도로 눈썹을 치켜 올리면서 말했다. “이것은 잘 알려진 기술입니다.”

그는 잠깐 전화를 한 뒤 다이앤으로부터 태블릿을 가져갔다. 우리는 그가 비번을 누르는 것을 보았고 잠금이 해제되는 소리를 들었다.

내 생각으로는 다이앤도 나처럼 자신이 바보 같다고 생각했을 것이다. 그 비번은 7777777이었다. 이럴 수가!

*

다소 교수는 파르말린이 태블릿을 검색하는 동안 조언해 줬고, 그동안 다이앤과 나는 무례가 되지 않을 정도로 떨어져 있었다. 파르네세의 최근 브라우저 기록에 따르면, 클라우드에 있는 스프레드시트에 자주 접속했다. 그 스프레드시트에는 그가 발견한 것에 대한 꼼꼼히 기록되어 있었고, 깨끗이 수리하기 전 물건의 사진을 포함하고 있었다. 어떤 화병은 조각조각 나 있었기에 새로 발굴된 물건의 특징인 먼지로 뒤덮인 3차원의 퍼즐이었다. 교수와 파르말린이 스크롤을 내리면서 그 금접시를 찾는 동안 다이앤은 자신의 올리브색 스카프를 엉망으로 만들었다. 우리는 곧 아주 작은 사진을 마주하게 되었다.

"금 피알레. 여기 표시가 있군요. 아마 이것이 발견된 장소를 나타내는 이름일 겁니다. 저는 무슨 뜻인지 모르겠네요." 다소 교수는 말하는 것을 잠시 멈췄다.

다이앤은 그녀를 다그쳤다. "뭐라고 쓰여 있나요?"

"영어네요. 델피, 그로토. 물론 그리스 델피에 있는 지역 이름인데, 동굴이라는 뜻의 '그로토'에서 왔다고 하네요."

그래 델피에서 온 것이다. 그런데 '그로토'는 어디지?

깨끗해지기 전에 타르 같은 물질로 얼룩진 접시의 모습을 보여 주는 사진도 있었다. 하지만 스프레드시트에 표기된 것 외에는 출토지에 대한 어떤 정보도 없었다. 다이앤과 다소 교수는 다시 한 번 상의했다. 2가지 문제에 대해서 상의했다고 나중에 다이앤이 말해 줬다. '그로토'가 델피 근처에 있는 코리키안 동굴이라고 불리는 잘 알려진 유적지일까? (결론: 아니다. 그 유적지의 사람들은 너무나 가난해서 금을 바칠 수가 없었다.) 그 접시 위에 있는 레오니다스라는 이름은 테르모필레에서 결사 항전했던 그 유명한 스파르타 장군의 이름인가? (결론: 아니다. 접시의 양식이 너무 후대이다.) 그러는 동안, 파르말린은 파르네세의 일정표를 뒤지다가 나에게 알려 줬다.

"당신의 보고서에 있던, 프랑스어 이름이 하나 있었던 것 같습니다만."

"르 샤무아?"

"네, 그겁니다."

"해커 중 한 명이죠. 왜요?"

"저는 일정표를 살펴보고 있는데, 파르네세는 르 샤무아와 몇 시간 후에 약속이 있습니다."

"어디서요? 우리가 그들을 가로막을 수 있을까요?" 나는 외쳤다.

"이 일정표에는 나와 있지 않습니다. 아마…" 파르말린은 파르네세의 이메일과 문자 메시지를 대충 훑어보았다. 그는 고개를 저으며 말했다. "지금은 아무것도 파악되지 않습니다. 우리는 이미 파르네세를 추적하고 있는 중이라 잡을 수 있습니다. 심지어 산속에서조차도 우리는…."

그의 핸드폰이 울렸고, 짧고 화난 대화가 이어졌다. 파르말린은 부국장을 이글거리는 시선으로 노려봤지만, 부국장은 바닥을 보고 있느라 눈치채지 못했다. 파르말린 쪽 사람들이 도청당해 누군가 파르네세에게 사무실이 급습당했다는 소식을 전했다는 것이다.

경찰은 모든 것을 만지기 전 상태에서 미리 사진을 찍었다. 그래야 출입 흔적을 최소화하면서 발견한 모든 것을 그대로 둘 수 있었기 때문이었다. 만약 파르네세가 자신의 전시실을 방문했을 때 경찰 급습의 흔적을 발견할 경우를 대비해, 그를 소환할 계획도 이미 세워 두었다.

"우리는 그가 다른 사람에게 경고하고, 증거를 없애는 것을 원치 않습니다." 파르말린은 여전히 전화하는 중에 전화기를 내리고 내게 말했다. "지금 막 자택에서 그를 체포했습니다."

24장

파르말린은 희망을 주다가 단숨에 무너뜨렸다. 파르네세를 따라가 르샤무아를 찾기 직전이었다. 그런데 그를 체포하는 바람에 흔적이 순식간에 사라지는 듯했다. 다행히도, 롤러코스터 같은 세상에서 내 희망을 되살리기 데에는 1분 정도 기다리는 것으로 충분했다.

파르말린은 전화를 끝내고 주머니에 핸드폰을 넣었다.

"우리가 체포했을 때, 파르네세는 차를 몰고 막 어딘가로 가려던 참이었습니다." 그는 말했다. "목적지를 내비게이션 앱에 입력해 놓은 상태라, 감시팀이 바로 알아냈습니다. 라 덩 드 볼리옹, 쥐라산맥에 있는 곳입니다. 지금 떠나야 합니다. 그는 로잔에서 출발하려 했고, 우리는 더 오래 걸립니다."

파르말린과 제복을 입은 경찰관, 다이앤과 나는 경찰차로 뛰어 들어갔다. 사이렌이 유럽 사람들을 향해 높고 낮게 울렸고, 제복을 입은 경찰관이 운전했다. 조수석에서 파르말린은 무전을 통해서 지시를 했다.

"눈에 띄지 않고 다가가려면, 경찰차를 타고 가면 안 됩니다." 그는 목소리를 높여 말했다. "일반 차량과 하이킹 복장과 장비들을 마련해 두었습니다. 지원 인력도 우리를 기다리고 있습니다."

내 옷차림은 언제나 신경 쓰는 차림새와는 거리가 멀고 후줄근했기에, 밤샘 코딩 작업이나 가벼운 하이킹을 하는 데 이미 준비된 것과 다름없었다. 다이앤은 청바지를 입고 있어서 괜찮았다. 심지어 신선해 보이기까지 했지만, 전체적으로는 너무 세련되게 보였다. 블레이저와 스카프를 벗고 블라우스는 가릴 수 있었지만, 뾰족한 뒷굽이 있는 반짝이는 금속성 은색 스니커즈가 문제였다. 밑창은 날카로운 바위를 밟고 지나가는 순간에 망가질 것이었다.

"등산화를 가져와야 할까요?"

"그럴 시간이 없네요. 그리고 이 신발은 정말 편해요." 그녀가 말했다.

"미술관에서 하이킹하면 그렇겠죠."

"쥐라산맥을 얼마나 많이 올라봤어요?" 그녀는 나를 노려보며 말했다.

"스위스에 올 때마다요."

"스위스가 처음 온 거라고 말했잖아요."

"맞아요. 스위스가 처음인 이번 여행에 쥐라산맥에 가는 거니까요."

"우리 가족은 프랑스 쪽에서 주로 하이킹했죠. 이곳이 어떤지 알고 있어요. 그리고 나는 파르네세를 본 적이 있죠." 그녀는 그녀의 손으로 불룩한 배를 그렸다. "그가 하이킹을 하려 했는지 의심스럽네요." 사진에는 나랑 조금 비슷한, 키 작은 남자가 있었다. 사진을 보고 나자 어린아이 수준의 하이킹 실력으로도 충분할 거라는 추측이 들었다. 그러나 어찌 되었든 내 옆구리에는 전쟁의 상처가 남아 있었다.

제네바는 작은 도시였다. 중심부의 교통은 뉴욕 기준으로는 막히는 것도 아니었다. 하지만 신호등 부근에서는 혼잡했다. 경찰 사이렌을 울리지 않았다면, 그날 상황은 완전히 달라졌을 것이다. 우리는 강을 건너고 공항 방향으로 돌아서 갔다. 파르말린은 무선으로 지시를 내리고, 보고를 받았다. 공항에서 10분 정도 떨어진 곳에서 사이렌을 껐지만, 옆 차량에 우리 차량의 번쩍이는 사이렌 불빛이 비치는 것을 볼 수 있었다.

우리는 호수를 한 바퀴 도는 A1 고속도로로 들어갔다. 미관을 고려하기보다는 효율을 위해 설계된 것으로, 스위스 어디에서나 볼 수 있었던 대단한 광경은 볼 수 없었다. 그러나 멀리 한쪽으로 알프스산맥과 쥐라산맥이 보이긴 했다. 매우 빠른 속도로 달렸지만, 고속도로의 매끄러운 표면 덕분에 척추에 모욕을 가하던 미국 도로와는 달리 기분 좋은 휴식이 되었다.

"상황을 설명하겠습니다." 파르말린이 나에게로 몸을 돌리면서 말했다. 다이앤은 그의 바로 뒷좌석에 앉아 있었다. "파르네세는 약 15분 전인 11시 30분 조금 넘어서 떠나려던 참이었습니다. 그는 라 덩 드 블리옹에 있는 작은 레스토랑인 뷔베트의 주소를 입력했습니다. 하지만 일정표에서는 그가 2시에 르 샤무아를 만나러 간다고 적혀 있었습니다. 그가 차를 몰고 레스토랑으로 가려 했기에, 아마도 미리 점심을 먹으려 한 것으로 추정됩니다. 이 경우 그는 식당이나 혹은 조금 떨어진 곳으로 하이킹해서 르 샤무아와 접선하려 했을 것입니다. 정상은 걸어서 15분 거리에 있습니다."

나는 다이앤을 보았다. 그녀가 파르네세의 체격에 대해서 말한 것이 맞았다.

"그런데 문제는 라 덩 드 블리옹이," 파르말린이 말했다. "인기 있는 곳이라는 것입니다. 정상까지 여러 갈래의 길이 있습니다. 오늘처럼 날이 좋은 날에는 아마도 사람이 붐빌 것입니다."

"그러면 르 샤무아는 어떻게 찾을 수 있나요?" 내가 물었다. "그를 알아볼 수는 있는 것입니까?"

"그럴 필요가 없습니다. 우리는 모든 사람의 사진을 찍을 겁니다. 만약 운이 좋다면, 그 길 위로 드론을 날릴 수 있을 겁니다. 나중에 다 정리할 수 있습니다. 하지만 저는 현장에 있기를 원합니다. 드론이 좋긴 하지만, 저는 드론을 전적으로 신뢰하지는 않습니다. 항공 감시는 특히 산과 숲이 있을 때 놓치기 쉽습니다."

나는 비행기에서 4시간밖에 자지 못했기에 짜증이 났다. 내 가슴속에 영구히 차지하고 있는 두려움이 손아귀를 조이고 있었다. "우리는 그를 오늘 잡아야만 합니다." 나는 딱 잘라 이야기했다.

"가능합니다만, 확신할 수는 없지만…."

"14시간, 그 계약이 내 머리 위에서 활성화될 때까지 남은 시간이죠. 당신에게는 맡고 있는 사건 가운데 하나일 뿐이지만, 내게는 생사가 달린 문제입니다."

"우리는 당신을 보호할 수 있습니다. 그것이 더 실용적일 겁니다. 당신은 우리가 오늘 내로 르 샤무아를 찾을 수 있는 어떤 방법을 제시할 수 있습니까? 털과 굽은 뿔을 가진 작은 남자를 찾을까요? 대단한 해커의 흔적을 찾는 광고를 붙일까요?"

"나도 모르겠어요. 앞으로 어떻게 일을 정리하려 하나요?"

"파르네세에게 우리가 확보한 사진들을 보여 줄 텐데요. 시선 추적 장치를 쓸 겁니다. 사람들은 아는 얼굴을 보게 되면, 눈동자가 움직이게 됩니다. 우리가 쓰는 장치로 그 미세하고 반사적인 움직임을 알아차릴 수 있습니다. 저는 파르네세의 일정표를 살펴보았습니다. 그는 르 샤무아를 알고 있습니다. 그와 접선하는 것은 처음이 아닙니다. 많이 만났습니다. 만약 우리가 파르네세에게 르 샤무아의 얼굴 사진을 보여 준다면, 알 수 있을 것이라 생각합니다."

"그러면 왜 얼굴 사진을 파르네세에게 실시간으로 보여 주지 않나요?"

"그를 데리고 우리가 원하는 것을 바로바로 할 수 없습니다. 당신네들처럼 우리도 적법한 절차라고 불리는 것을 가지고 있습니다. 그리고 설령 우리가 르 샤무아의 사진이나 동영상을 얻는다고 하더라도 그의 신분을 알아내기는 어렵습니다. 동물이나 해커의 핸들이 아닌 진짜 신분 말입니다. 어쩌면 파르네세가 협조할 수도 있습니다만, 아닐 수도 있습니다."

"우리는 파르네세가 필요 없어요. 단지 모니터링해서 얻은 이미지와 인터넷에 있는 사진들을 대조할 필요가 있을 뿐이죠."

"가능합니다만, 제 경험상 이것은 쉽지도 않고 원하는 결과를 얻을지 믿을 수도 없습니다. 우리는 시간이 필요합니다."

'당신은 시간이 있지만, 난 없어요.'라고 내뱉으려고 했지만, 나는 파르말린이 한 말이 합리적이라는 것을 깨달았다. 결국 말을 하지 않았다.

"제가 걱정하는 것은," 파르말린이 계속했다. "여기에는 변수가 너무 많다는 것입니다. 예를 들면, 파르네세가 계획을 변경해서 르 샤무아와 12시 30분에 점심을 먹으려 했지만, 그의 일정표에는 업데이트하지 않았을 가능성이 있습니다. 로잔에서 오는 지원 인력도 있으니, 그래도 우리는 그를 잡을 수 있을 것입니다. 하지만 다른 것들이 잘못될 수도 있습니다. 그래서 저는 제 영역에서 잡고 싶습니다."

다이앤은 우리 대화를 듣지 않고 있었다. 그녀는 신들이 살고 있을 듯한 눈 덮인 먼 산봉우리를 창밖으로 응시하고 있었다. 그 금접시가 그녀 안의 무엇인가를 휘저어 놓은 것 같았다.

*

30분 후 우리는 고속도로를 빠져 나와서 과수원과 포도밭을 지나는 작은 길을 따라서 오본느의 작은 마을로 향했다. 깔끔하지만 단조로운 회색, 분홍색, 황토색 테라코타 지붕이 있는 건물들이 가파르고 구불구불한 거리 사이에 늘어서 있었다. 이 건물들은 풍화되고 변색된 번영의 앞에서 견고하게 서있었다. 마을 주민들은 몇 가지 생동적인 손길을 스스로 만들어냈다. 밝은 빨강과 초록의 외부 셔터, 섬세한 금속 받침대에 매달려 있는 고풍스러운 간판과 램프 그리고 믿기지 않을 정도로 싱싱한, 빨강과 분홍 꽃으로 넘쳐나는 창문에 걸린 화분들이 있었다. 우리는 이끼 낀 돌담 옆의 좁고 편편한 길을 따라 마을을 떠났다. 우리는 곧 농지에 있는 길로 들어섰다.

농지길은 오르막이었다. 이 농지 중 어떤 곳은 나지였고, 어떤 곳은 옥수수와 해바라기로 가득 차 있었다. 짙은 녹색 산들이 왼쪽에서 점차 더 많아지고 있었고, 오른쪽에는 숲들이 빽빽해졌다. 뒤에 있는 제네바 호수를 보기 위해서 몸을 돌렸는데, 호수는 이제 거의 지평선에 걸쳐 있었다. 그 길은 마을 하나를 지나서 숲으로 연결되어 있었다. 파르말린은 무전과 핸드폰으로 몇 분 간격으로 계속 이야기했다. 그렇지 않았다면, 오직 집단적 집중만이 제시간에 도착할 수 있다는 것을 보장하는 것처럼 침묵 속에서 앉아 있었을 것이다.

위로 갈수록 경사는 더 심해졌는데, 2차선 도로 한쪽으로는 바위투성이의 경사면이었다. 반대쪽은 나무들이 경사면을 따라 있었으며, 드문드문 나무들이 안 보이는 곳에는 깊은 계곡과 멀리 숲이 우거진 산들이 시야에 들어왔다. 우리는 표면에 있는 돌멩이들이 떨어지는 것을 막기 위해서 그물을 씌워 놓은 바위, 느낌표와 사각형 모양으로 도로의 위험 상태를 알리는 표지판, 안개나 어둠으로 인한 고지대의 위험을 알리는 빨강고 흰색 줄의 반사경을 지나갔다. 우리는 계속해서 위로 올라갔다. 도로는 구불구불했고, 태양은 오락가락하면서 우리 옆에 있는 나무들을 비췄다. 나는 이런 곳에서 스마트 계약의 비밀을 탐구해야 한다는 것을 믿을 수가 없었다.

여전히 숲으로 둘러싸인, 표지판이 즐비한 교차로에 도착했다. 커다란 파란색 화살은 부이용, 오베르, 이베르돈과 같은 프랑스 마을들을 가리키고 있었고, 발레 드 주스로 오는 것을 환영한다는 유쾌한 만화체의 산이 그려진 표지판도 있었다. 우리는 차들이 반쯤 들어찬, 큰 주차장에서 도로를 가로질러 오른쪽에 있는 자갈밭으로 방향을 돌렸다.

빨간색 볼보 스테이션 왜건이 우리를 기다리고 있었고, 2명의 사복형사가 차에 기대어 서 있었다. 우리는 급히 차에서 내렸고 서로 소개를 했다. 파르말린과 제복을 입은 경관은 옷을 갈아입기 위해서 숲으로 갔다. 그 형사들은 나와 다이앤에게 커다란 프레임이 있는 배낭과 헐렁한 긴 소매 셔츠와 등산용 로프와 비디오카메라가 숨겨져 있는 모자를 준비해 줬다. 내가 장비를 갖추는 것을 도와주고 있던 형사는 내 손목을 의심스러운 듯 쳐다보았다. 전문가로서, 아직도 시커멓게 멍이 들어 있는 내 피부에서 수갑을 너무 꽉 조였던 흔적을 알아차렸을 수 있었다. 나는 설명하고 싶지 않았지만, 오해를 받는 것도 원치 않았다. 나는 '납치'라고 중얼거렸다. 그는 납득할 만한 설명이라고 생각한 듯 끄덕였다. 어쩌면 그가 영어를 알아듣지 못했을 수도 있었다.

다이앤은 장비를 착용하고 나서, 형사들과 프랑스어로 대화하기 시작했다. 파르말린과 그 제복 경관은 여전히 옷을 갈아입는 중이었다. 나는 점차 불안해지기 시작했다. 나는 정신을 차리기 위해서 길에서 서성거렸다.

나는 피곤해서 흐릿한 눈으로 반대편 주차장에 주차한 차들을 둘러보려 했을 때, 갑자기 검은색 덩어리가 내 얼굴을 스쳐 지나갔다. 날개 길이가 1m가 넘는 검은 새 한 마리가 몇 미터 떨어진 곳으로 날아갔다. 경외감을 일으키는 장면이었다. 나는 그 새가 등산로의 시작점을 가리키는 노란색 화살표가 있는 표지판 옆에 있는 바위에 앉은 것을 보기 위해서 몸을 돌렸다. 그 광택이 나는 검은색 물체가 고개를 갸웃대면서 검은 눈을 나에게 고정시켰다.

내가 그 새와 눈을 맞추고 있을 때, 키가 크고 얼굴에 깊은 주름이 있는 남자가 다가왔다. 그는 망설이지 않고, 등산로를 오르기 시작했다. 그는 베테랑 아웃도어맨처럼 장비를 갖추고 있었는데, 낡은 등신화, 바지 아랫단에 지퍼가 달린 회색 기능성 바지, 색이 바랜 티셔츠와 사막 군단에서나 쓸 것 같은 넥플랩이 달린 모자를 쓰고 있었다. 그의 등산용 배낭에 달린 허리 쪽의 굵은 벨트는 풀어져 있었지만, 가슴 쪽은 꽉 매고 있었다. 그의 마른 체격과 부드럽게 움직이는 등산 스틱이 등산 애호가의 모습을 완성했다.

우리는 순간 눈을 마주쳤고, 그때 드라마가 펼쳐졌다. 알 수 있었다. 결기는 사라지고, '움찔' 하고 움츠러들었다. 시선을 고정하지 못하고, 피하려 했다. 그러나 나만 당황한 것이 아니었다. 100% 확신할 수는 없지만, 상대방도 마찬가지라고 느꼈다.

"봉주르." 그는 가볍게 목례하며 말했다.

"본-조르." 나도 서툰 프랑스어로 대답했다.

낯선 사람, 순간적 인식, 이것은 내 상상 속에서 연습했던 죽음의 서곡 중 하나였다. 그 남자가 등산로로 사라졌을 때, 나는 얼어붙은 채 내 인생이 끝날 수도 있다는 충격 속에 서 있었다. 내가 만약 몸을 돌리면 다이앤과 스위스 경찰들이 나를 향해 총구를 겨누고 있는 몹쓸 장면이 떠오르기 시작했다. 스스로를 다잡을 수밖에 없었다. '오늘 밤까지는 계약이 활성화되지 않을 것이고. 나는 아직 사냥감이 아니다. 나는 여기 사냥꾼으로 있는 것이다. 스위스 경찰이 나를 납치하지 않을 것이다.' 아마 그 남자는 나를 알아봤을 것이다. 하지만 나도 그를 알아봤다. 상상했던 죽음의 일부는 낯선 사람이 나를 알아보는 것이었다. 거기에는 나와 스위스 경찰이 그를 알아보는 것을 포함하지 않았다. 말도 안 되는 일이었다.

몸을 돌렸고, 다행히 내 뒤에는 아무도 없었다. 나는 서둘러 차로 갔다.

등산 바지와 티셔츠로 갈아입고서 당일치기 여행자로 변신한 파르말린과 경관은 형사들과 대화 중인 다이앤과 합류했다.

"막 지나간 남자," 나는 숨을 죽이며 말했다. "확실하지 않지만… 아니 확실해요. 그를 알아봤어요. 다이앤, 그를 본 적 있나요??"

그녀는 고개를 저었다. "아니요. 그런데 당신 말은 무슨 뜻인가요? 당신이 그를 안다는 것인가요?"

"아마도요. 그가 누구인지 정확하게는 기억이 안 나네요. 이 등산로는 정상까지 이어지나요?" 내가 파르말린에게 물었다.

"그렇습니다." 그가 말했다. "돌아가는 길입니다. 아마도 이쪽 루트로는 1시간이 걸릴 겁니다. 당신 생각으로는 그가 아마…."

"우연일 리 없습니다. 지금 여기서 그럴 리 없죠. 그를 뒤쫓아야 합니다." 나는 말했다.

"저도 동의합니다. 특히 마주칠 거라 예상되는 장소를 명확하게 알 수 없으니까요. 파르말린은 수염을 쓰다듬었다. 아니, 사실은 움켜쥐는 것이었다. "그가 누구든 간에 경찰차를 봤습니다. 큰 문제없을 것입니다. 우리가 연방 경찰이라는 것을 눈치채지 못했을 수도 있습니다. 그리고 설령 그가 알아차렸다고 하더라도 그에게는 별로 중요한 문제가 아닐겁니다. 우리는 결국 등산복으로 위장했지만 그래도 작전이 노출될 위험이 있습니다. 만약 그가 르 샤무아이고, 의심을 품고 파르네세와 연락하려 한다면…" 그는 팔짱을 끼고 고개를 숙였다가 나를 올려다보았다. "우리는 그를 그냥 구금할 수는 없습니다. 아직은 아닙니다. 보세요. 차로 12분만 가면 그 뷔베트입니다. 저는 계획대로 운전해서 그곳에 갈 겁니다. 거기에는 우리 측 사람들이 더 많이 있고, 등산로를 가로질러 배치할 준비도 되어 있습니다. 하지만 만약 그가 되돌아오거나 우회한다면 그를 바로 뒤에서 추적하는 것도 좋습니다. 베르나스코니!" 그는 형사 중 한 명에게 명령을 내렸다. "자네가 함께 가게." 나와 함께 가라는 뜻이다.

"저도 같이 갈게요." 다이앤이 말했다.

"좋습니다. 조심하십시오. 그리고 베르나스코니…." 그가 말했다.

"네?"

"그를 놓치지 말게"

그와 2명의 사복형사가 뒷바퀴에서 자갈을 내뱉는 볼보를 타고 떠났다. 다이앤, 베르나스코니 그리고 나는 산을 오르기 시작했다.

25장

등산로는 울창한 숲을 지나서 오른쪽으로 굽은 바위 언덕을 돌아서 나 있었다. 우리가 출발했을 때 그 남자는 이미 시야에서 사라진 뒤였다.

베르나스코니는 셔츠 안에 숨겨진 무전기에 대고 조용히 말했다. 그는 젊은 친구로, 날씬했으며 키가 크지 않았다. 다이앤보다 겨우 몇 인치 더 컸다. 그의 젊은이다운 순박함과 이마 위로 흘러내린 짙은 머리카락은 형사라는 직업에 어울리지 않아 보였다.

그는 나에게 자신의 배낭을 넘겨주며 말했다.

"제가 먼저 앞쪽을 살펴보겠습니다. 당신들은 계속 걸어오세요."

그는 급히 뛰어갔다. 나는 최선을 다해서 두 번째 배낭을 내 어깨에 걸쳤다. 다이앤은 우리가 걸어가는 동안 재빨리 핸드폰을 꺼내서 무엇인가를 썼다. 그 등산로는 풀들의 띠로 분리된 2개의 흙길로 구성되었다. 아마도 벌목 도로였기에 이렇게 나뉜 것 같았다.

"우리는 막 '페트라 펠릭스Petra Félix'를 지났어요. 행복한 바위라는 뜻이죠." 다이앤은 말하면서 잠시 멈췄다. "정상까지는 300미터 정도가 남았네요. 파르말린이 1시간도 채 안 걸릴 거라고 말했어요."

"지금 1시네요. 만약 그가 우리가 찾는 그 사람이라면, 파르네세의 일정표와 맞는 것 같군요."

"우리는 아직까지 그들이 어디서 접선할지 몰라요." 그녀는 고개를 끄덕이며 말했다. "함께 하이킹하지 않는다고 이상한 것은 아니잖아요? 당신은 어떻게 그를 알아봤다고 확신하나요?"

"나는 지금 그의 이름을 말할 수는 없어요. 내 머리를 쥐어짜도 말이죠. 하지만 얼굴은 기억해요."

베르나스코니가 뛰어서 돌아왔다.

"그는 혼자인 것 같고 매우 빠릅니다." 그는 나에게서 배낭을 가지고 갔고, 가방 위쪽 주머니를 열고 끈을 풀었다. "저에게 무거운 물건을 넘겨주시겠습니까? 물통?" 얼굴을 찌푸리는 나를 보며 그는 덧붙였다. "제 생각으로는 당신들은 산을 잘 안 타시는 것 같습니다. 저는 여기서 매일 산악 달리기를 합니다."

"좋은 생각이네요." 다이앤이 말했다. "저는 오래도록 근육들을 사용하지 않았어요." 그녀와 나는 물을 가득 채운 물통을 양보했다. 내 배낭은 눈에 띄게 가벼워져 한결 가뿐하게 앞으로 나아갔다. 하이킹하기에는 이상적 날씨였다. 서늘한 오후였고, 숲은 약간 차가운 공기를 내뿜었다. 하지만 10분쯤 올라가자, 나는 이미 열이 올랐다.

"신발 괜찮나요?" 나는 숨을 헐떡이며 다이앤에게 물었다.

"아주 편안해요." 그녀가 말했다.

"스틱을 쓰세요!" 베르나스코니는 뒤에서 외쳤다. "이렇게요." 그는 자신의 스틱을 들어올리기 위해서 팔뚝을 구부렸다. 그의 시범은 그다지 도움이 되지는 않았다. 대신 나는 다이앤을 흉내 내려고 노력했다. 흙과 잔디 위에서 스키 타는 느낌을 얻기 위해서는 약간의 노력이 필요했지만,

리듬에 익숙해지면서 스틱이 도움이 된다는 것을 알았다.

등산로는 계속 오르막이었다. 새소리, 나무 위쪽에서 가볍게 바스락대는 소리 그리고 흙 밟는 소리밖에 없었다. 등산로 아래쪽에서는 나무들 사이로 한 조각의 하늘이 보였지만, 나무들이 점차 머리 위로 모여들었다. 내리쬐는 햇볕은 나무 꼭대기에서 빛나고 있었다. 드론이 여기서 얼굴을 포착할 수 있으리라 상상할 수 없었다. 베르나스코니는 자연스럽고 기계적으로 등반을 지속했고, 뒤에 있던 우리-대부분은 나-를 끌고 갔다. 내 배낭 안쪽은 땀으로 흥건했고, 다이앤은 격려의 미소를 지었다.

“나는 고산병에 걸린 것 같아요.” 내가 그녀에게 말했다.

그녀가 웃었다. “아니요. 당신은 괜찮아요. 우리는 겨우 1,000미터 정도 올라온 걸요.”

“1,000미터라고요? 그 높이의 고층 건물을 생각해 봐요.”

“오직 악몽에서만이죠. 하지만 정상에서 마주하게 될 경치를 그려 보세요. 가치 있는 고통일 거예요. 우리는 삼면에 펼치지는 호수를 볼 수 있을 거예요. 락 드 주, 락 드 뇌샤텔, 락 레만… 그러니까 ‘제네바 호수’라고 부르는 곳 말이죠.” 그녀는 빙그레 웃으면서 나를 쳐다보았다. 그런데 나를 다시 쳐다보고 나서는 심각해졌다. “물 좀 줄까요?” 나는 고개를 저었다.

잠시 후, 베르나스코니는 그의 배낭을 다시 내게 넘기고는 앞으로 달려나갔다. 이번에는 돌아오는 데 더 오래 걸렸다.

“우리는 뒤처지고 있습니다만, 지금 정상에서부터 내려오는 우리 팀원들이 있고 또 드론이 산 너머에 있습니다. 다행히도 이 길에 연결되는 등산로도 몇 개 되지 않습니다.” 그는 숨을 고르면서 말했다.

나는 심하게 재촉당했지만, 나 역시 르 샤무아를 찾기 위한 기회를 잃지 않기 위해서 필사적이었다. 하지만 등반한 지 20분이 지난 후, 나는 땀을 흘리고 다리가 후들거렸다. 베르나스코니의 부드러운 인내심은 걱정으로 바뀌었다. 나는 도저히 따라갈 수가 없었다.

"나 없이 먼저 가세요." 나는 손을 무릎에 대고 허리를 구부리면서 말했다.

"제가 막 그렇게 말하려고 했는데…." 베르나스코니가 말했다.

"그래요," 다이앤이 말했다. "당신은 먼저 가야 해요."

"두 분 다 잘하셨습니다." 베르나스코니는 우리에게 물통을 돌려주었다. "이 길을 따라가면 레스토랑이 나옵니다. 변경 사항이 있으면 문자 보내겠습니다." 그는 거의 단거리 선수처럼 튕겨져 나가서 사라졌다.

"만약 그 사람이 우리가 찾고 있는 르 샤무아라면," 나는 말했다. "우리는 이제 그의 이름을 알아낼 방법을 알게 됐네요."

20분 동안 쉬지 않고 걸은 끝에, 베르나스코니와 우리의 사냥감에게는 느린 속도로, 교차로에 도착했다. 다이앤은 핸드폰으로 지도를 확인했다. 우리는 바로 오른쪽으로 틀었다.

"베르나스코니가 미리 간 게 옳은 결정이었네요. 여기서 길이 두 갈래로 갈라지네요. 하나는 산 아래로 가는 것이고, 다른 하나는 산의 콜col, 그러니까 산등성이로 가는 길이에요."

우리는 마침내 숲에서 소나무로 둘러싸인 무성한 풀밭이 나올 때까지 계속해서 발걸음을 옮겼다. 등산로와 마찬가지로, 풀 사이에 흰 바위들이 흩어져 있었다. 크고 작은 산의 뼈들인 흰 바위는 부드러운 덮개가 있는 구멍에서 삐죽이 나와 있었다.

다이앤의 전화가 울렸다.

그녀는 고개를 숙이고 이마를 찡그렸다. "베르나스코니는 레스토랑에서 발길을 돌렸대요. 지금은 정상이라네요."

"그는 어디로 간 것이죠?"

"모르죠."

*

길은 바위투성이의 공터를 지나 가파르게 이어졌고 금속 철조망의 작은 틈에서 끝났다가 포장된 길로 다시 이어졌다. 차 한 대가 겨우 지나갈 정도의 넓이였다. 다이앤은 핸드폰으로 길을 찾아봤고, 우리는 다시 오른쪽으로 돌았다. 그 길은 더 많은 숲으로 터널을 이루었다. 우리 오른쪽에 자리한 어두운 나무 줄기 위에서 밝은 나뭇잎이 반짝거렸다. 우리 왼쪽에는 더 이상 접근할 수 없는 가파른 둑이 있었고, 신비로운 그곳을 높이 솟은 태양이 얼마간 비춰졌다. 우리는 5분 정도 걸어서 작은 공터로 도착했다. 나는 거기 나타난 계곡의 경관에 감탄하느라 멈췄지만, 다이앤은 서둘러 왼쪽에 있는 비포장도로로 갔다. 이 길 한편의 철조망 뒤에는 산의 하얀 뼈들이 빼곡히 박혀 있는 풀로 덮인 비탈길이 있었다. 소떼들이 우리 옆의 좁은 평지에 있었고, 바위 주변의 풀을–일찍부터 시작한–저녁 식사로 열심히 뜯고 있었다.

우리는 다시 숲으로 들어가서 몇 분간 더 올라갔고, 지그재그로 된 등산로를 올라갔다. 매우 힘든 길이었다. 그 길은 가파르고 바위투성이어서 네 발로 기어서 올라가는 것이 더 쉬웠을 수 있었다. 베르나스코니가 정상에서 기다리고 있었다. 그는 입술에 손가락을 댔다.

"바로 아래, 저기입니다." 그는 길 아래를 가리켰다. 우리는 조용히 내려갔다. 그는 손을 들었고, 우리는 멈췄다. 나는 언덕 꼭대기에서 나는 소리를 들었다. 실제로 오케스트리를 배경으로 하는 노랫소리였다.

한 남자가 불길한 예감을 담은 깊고 육중한 예언적 목소리로 노래를 불렀다. 다른 남자는 더 높은 음역에서 도전적으로 대답했다. 혹은 세 사람일 수도 있었고, 구별하기 어려웠다. 노랫소리는 라이브같이 들렸으며 아마 핸드폰인 듯한 전자기기에서 나오는 음악 소리와 함께 들렸다. 희미하지만 친숙했다.

"돈 조반니[142]네요." 나는 속삭였다.

"그렇군요! 이탈리아어라고는 생각했습니다." 베르나스코니는 말했다.

"오페라에서 저녁 식사가 끝나는 장면이에요" 다이앤은 말했다. "누가 함께 있나요?"

"아니요. 그 혼자입니다."

친숙한 멜로디에 우리는 귀 기울였다. 노래는 빨라졌다 느려졌고, 느려졌다 빨라졌다. 오페라는 클라이맥스에 도달했다. 오케스트라가 죽음의 행진곡을 연주하고, 땅이 흔들리고, 저승에서부터 화염이 흔들리는 모습이 현들의 미친 듯한 소리로 표현될 때였다. 돈 조반니는 극심한 고통과 두려움 속에서 노래를 불렀다. 공허한 목소리의 합창단이 "영원한 고통이 너를 기다리고 있다!"라고 합창했다. 돈 조반니는 절망적인 마지막 외침을 했고, 이후 그의 목소리가 사그라들었다.

"그는 지옥으로 떨어졌죠." 다이앤이 속삭였다. 다이앤은 베르나스코니에게 물었다. "무기가 있나요?"

그는 옆구리를 두들겼다. 다이앤은 가볍게 고개를 끄덕였고 우리는 숲에서 나왔다.

우리는 정상에 있는 것은 아니었지만, 그 외딴곳조차도 다이앤이 약속한 그대로 경치가 멋졌다. 우리가 정복한 곳이 우리 발밑에 펼쳐져 있었다. 산은 초원을 향해 급한 내리막을 형성했고 그러고 나서 다시 숲으로 우거진 낮은 언덕으로 올라갔다. 그 언덕 위에는 거친 모래 같은 밝은 갈색 점들이 있었다. 멀리 있는 마을들은 제네바 호수 주변에 다닥다닥 붙어 있었다. 호수는 지평선을 가로지르는 파란색 띠로 반짝이며 걸렸고,

142 모차르트가 1787년에 작곡한 오페라. '돈 조반니'는 주인공의 이름이다.

한쪽은 마을에 의해서 가려졌고 다른 쪽은 다른 산봉우리에 의해서 가려졌다. 호수 너머에는 알프스가 있었다. 작지만 맑고 고귀한 봉우리들 아래로 으스러진 녹색 벨벳이 깔려 있었고, 여전히 두꺼운 눈이 덮인 산꼭대기는 회청색 그림자가 드리워져 있었으며, 태양이 닿는 부분은 오렌지색을 띠고 있었다.

그리고 야생화로 환한 공터에 남자가 홀로 있었다. 아마 내 악몽을 만든 작가일 가능성이 있었다. 그는 미소 짓는 듯 또는 햇볕에 얼굴을 찡그리는 듯했다. 다이앤, 베르나스코니 그리고 나는 그에게 다가갔다.

"나는 바리톤이지." 우리가 가까이 가자 그가 말했다. "내 한심한 기사단장을 용서해 주게." 나는 전에 그를 어디선가 봤다는 것을 확신했다. 그와 나는 서로를 쳐다보았다. "그래 당신이군." 그가 말했다. "그럴지도 모르겠다고 생각했지."

"당신은 누구죠?" 나는 팔짱을 꼈다.

"요즘 유명세를 떨치고 있는 양반이군." 그는 나에게 손을 흔들며 말했다. "나는 알렉시스 헤빈이오. 우리는 뉴욕에서 만났었지."

여사제가 나에게 소개해 준 사람 중 하나였다. 내가 읽었어야 했던 논문들의 오만한 교수님이었다. 그동안 나는 내 중화 계약이 델피안들을 화나게 했고, 그들의 포화를 이끌어 냈다고 생각했다. 하지만 나의 적은 절대 얼굴이 없었던 것이 아니었다. 헤빈과의 새로운 만남에서 나는 처음으로 순수한 적대감을 느꼈다. 그와 나는 싸울 운명이었다. 르 샤무아라는 이름을 갖는 고독한 수컷 동물과 마찬가지로 전투에서 뿔을 휘두르는 것을 의미했다. 베르나스코니가 실제적인 물리적 부분을 처리해 주는 것이 기뻤다.

"그리고 2명의 '위장' 경찰이 당신과 함께 있군." 헤빈이 덧붙였다. 베르나스코니는 조금 떨어져서 무전으로 보고하는 중이었다.

"이 사람은 누구죠?" 다이앤이 물었다.

"뒤메닐 박사, 여기는 헤빈 교수입니다. 또는 르 샤무아 교수인가요? 그는 아마 이곳 스위스 어느 대학의 컴퓨터 과학과의 유명한 교수시죠. 그는 테크 분야에서 매우 대단한 일을 하셨습니다. 킬러 앱[143]으로 잘 알려져 있습니다."

"그는 해커인가요?" 다이앤은 믿을 수 없다는 표정을 지었다.

"전통적 의미로는 아니죠." 내가 대답했다.

"여기 있는 당신 친구가 그 말에 더 맞는 것 같소만." 헤빈은 그녀에게 말했다.

"당신 코드에 감명받았다는 것을 인정하겠습니다. 그 악성 계약과 '예언' 둘 다 말입니다." 나는 말했다.

"매우 친절하군요. 악성 계약에 대한 오버플로 공격[144]은 당신이 한 것인가?"

나는 고개를 끄덕였다.

"독창적이었소. 거의 성공했었지." 무엇인가가 그에게 반박하려는 나를 막았다. "부재중인 내 친구가 당신들을 여기로 이끌었나? 아니면 연방 경찰 부대에 있는 당신의 하이킹 친구들과 함께 스위스의 산속을 헤매고 있던 것인가?"

"우리는…." 나는 무슨 말을 해야 할지 확신할 수 없었지만, 다이앤은 내 말을 잘랐다.

"당신의 '친구'는 매우 협조적이었습니다." 그녀는 그를 쏘아붙였다.

---

143 특정 플랫폼을 반드시 이용하게 만들 정도로 강력한 역할의 애플리케이션. 페이스북, 카카오톡, 인스타그램, 유투브가 대표적인 킬러 앱이다.

144 버퍼에 데이터를 쓰는 소프트웨어가 버퍼의 용량을 초과하여 인접한 메모리 위치를 덮어쓸 때 발생하는 비정상적인 현상이다.

그리고 나에게 말했다. "이 일은 스위스 경찰이 처리하도록 하는 것이 나아요."

베르나스코니는 헤빈에게 다가갔고, 그를 바라보고 서서 프랑스어로 말했다. 나는 그 말을 이해할 필요가 없었다. 헤빈에게 심 문을 받아야 한다고 요구하고 있었다. 관용을 베푸는 듯한 헤빈의 모습은 젊은 베르나스코니를 자신의 학생쯤으로 여기고 있다는 것을 암시하고 있었다. 아니면 내 생각으로는 그의 소매 속에 속임수가 있었을지도 모른다고 생각했다. 그가 얼마나 빨리 산을 오를 수 있는가는 이미 확인했지만, 베르나스코니를 능가할 수 있을지는 의심스러웠다. 그는 사이버 무기를 더 준비해 놓은 것이 아닐까?

"내 친구는 당신들에게 협력할 시간이 거의 없었소. 나도 오늘 아침에야 그에게서 들었네." 헤빈은 다이앤에게 말했다.

"그에게 많은 시간은 필요 없습니다. 우리 둘 다 그가 얼마나 말하는 것을 좋아하는지 잘 알고 있죠."

당시에는 다이앤이 왜 헤빈에게 이런 말을 했는지 이해하지 못했었다.

나중에 나는 다이앤의 선견지명에 감사해야 했다.

26장

알고 보니 그 레스토랑은 멀지 않은 곳에 있었다. 파르말린과 두 형사는 10분도 안 돼서 우리에게 왔다. 그들은 바위가 흩어져 있는 경사면을 따라 등산 스틱으로 몸을 낮추면서 내려왔다. 나와 다이앤은 헤빈 옆을 지켰다. 우리는 언덕으로 돌아가는 길을 따라 헤빈을 데리고 갔다.

길을 따라 숲으로 들어갔을 때, 그는 주머니에 손을 넣었고 뒤에 있던 형사가 그에게 소리쳤다.

"나는 무기가 없소." 그는 열쇠고리를 들고서 외쳤다. "당신들은 이미 나를 수색했잖소." 그는 작은 검은색 플라스틱 USB를 그의 엄지와 검지 사이에 끼웠다. "나는 이 작은 장치가 어떤 가치가 있을지 궁금할 뿐이오. 이것은 암호…"

그가 바위에 걸려 넘어지면서 그것이 손가락에서 빠졌다. 그는 몸을 굽혀서 그것을 잡으려 했지만, 다이앤은 웅크리면서 그것을 낚아챘다.

"고맙네요." 그녀는 일어서면서 열쇠고리를 주머니에 넣고는 말했다. "우리가 이걸 크랙할 거예요."

혜빈은 너그럽게 고개를 저었다.

"불행하지만, 안 될 겁니다. 다이앤." 나는 말했다.

"왜 안 되죠? 우리는 하드웨어 전문가들이 있잖아요."

"혜빈 교수를 편드는 것은 아니지만, 아마도 그것은 비밀번호로 보호되고 있을 겁니다. 그리고 아주 강력한 비밀번호를 선택했을 거라는 확신이 듭니다." 나는 그에게 말했다. "이것은 그 계약을 제어할 수 있는 비밀키라고 생각이 됩니다만?"

"가까운 미래에 우리 대화의 훌륭한 주제가 되겠지."

협상은 시작되었고 내 목숨은 거기 달려 있었다. 물론 지금 나는 인질 노릇 하는 데 익숙해져 있긴 했다.

*

우리는 멀리 걸을 필요가 없었다. 우리가 올라가던 벌목 도로에 빨간 볼보와 함께 경찰차가 기다리고 있었다. 나와 다이앤이 뒤쪽의 볼보에 올라타는 동안, 혜빈은 경찰차로 모셔졌다. 우리가 차를 타고 떠날 때, 나는 손가락으로 목덜미를 만지면서 햇볕에 탄 자리를 살펴보았다. 나는 그 짧은 새 어떻게 탈 수가 있는지 알 수 없었다. 다이앤은 하이킹을 위해 벗었던 멋진 올리브 녹색 스카프를 다시 묶고는, 블라우스와 블레이저를 매만지고 안경을 닦았다. 머리를 격렬하게 흔들면서 손가락으로 머리를 빗었는데, 금세 아침처럼 산뜻한 모습이 되었다. 심지어 그녀의 신발은 하이킹을 했다는 흔적조차 없었다. 은색 반짝임은 먼지마저 숨겨 주었다.

시외 도로로 공항을 우회해서 제네바로 돌아갔는데, 이번에는 도시의 다른 부분을 보면서 갔다. 우리는 파키에 있는–한 블록 전체를 차지한–신고전주의 건물인 주 경찰서 뒤편에 차를 세웠다.

제네바 자유항에서 온 검사는 이미 경찰의 도움을 받아서 파르네세에 대한 기초 심문을 마쳤다. 경찰이 혜빈과 함께 가는 동안, 다이앤과 나는 그 심문 비디오를 봤다.

파르네세는 옆에 있는 변호사의 다급한 속삭임을 무시했다. 열정적으로 팔을 휘두르면서 최선을 다해서 비난의 뜻을 담아 검사의 질문에 대답했다. 이름이나 거주지 등과 같은 사전 질문 후에, 파르네세는 그 금접시를 어디서 구했는가에 대한 질문을 받았다. 그는 레바논의 어떤 집안으로부터 최근에 구입한 80년 된 컬렉션에 대한 이야기에 몰입해 있었다. 그는 숙련된 판매자 말투로 그 컬렉션의 세공 원석에 대해서 이야기했다. 원석 조각은 고대 세계의 주요한 예술인 미니어처 조각의 한 종류라는 것이다. ("아름답고 작은 기념물입니다!" 손가락을 오므리면서 외쳤다.) 오늘날 대부분 사람들은 크고 시각적으로 강조된 전자 장난감에만 흥미를 느끼고 있다고 했다. ("쓰레기 조각들이죠." 얼굴을 찌푸리면서 말했다.) 1970년대 내전이 발발하기 전, 레바논은 1,000년간 중동의 정치적 기반이었다고 했다. 반세기가 지나서, 파르네세의 손에 있는 웅장한 컬렉션들은 그 나라의 붕괴에도 살아남았다. 이는 작품의 깨끗한 상태만큼이나 놀라운 업적이라고도 했다. 그는 제우스가 세상의 중심을 찾기 위해 풀어 준 독수리 이야기도 했다. (그림자 새처럼 엄지손가락을 맞물리게 하고는 손가락들을 퍼덕거렸다.) 이것이 바로 금접시 위에 장대하게 표현된 신화였다. 그는 국제 고미술상 연합회에서 자신이 이룩한 업적에 대해서 자랑하기 시작했다. 유럽 의원회가 출처, 도굴 그리고 딜러의 양심에 대한 오해('거짓말')에 대해서 잘못된 생각을 바로잡는 데 도움을 줬다고 했다. 파르네세는 말리려는 변호사의 손길을 2번이나 뿌리치고는, 의도된 몸짓과 스위스 사법 시스템에 대응할 수 있는 선택적 단어로 유쾌하게 마무리했다. 비디오의 나머지 부분도 대충 이와 비슷했다.

그는 내가 수년간 만났었던 소규모 테크 스타트업의 CEO들을 떠올리게 했다. 그들 중 한 명에게 질문을 한다면, 미지근한 맥주병의 마개를 딴 것 같은 느낌을 받을 것이다. 그들 역시 필사적이다.

검사는 다이앤에게 파르네세를 심문할 기회를 주었다. 나는 거기에 초대받지 않았기에 소파와 네스프레소 머신이 있는 일종의 휴게실 같은 곳에 홀로 남아 있었다. 우리가 아파트로 돌아갈 때까지 잠을 자기 않기로 결심했기에, 에스프레소 머신 옆에 있는 바구니에서 색색깔의 에스프레소 캡슐을 뒤적거리면서 가장 센 것을 찾았다. 나는 리스트레토 샷 두 개를 들이켰다. 몸 전체 세포가 고갈되었을 때 사용하는 민간요법이었다.

*

나는 다이앤이 방으로 뛰어 들어오는 바람에 놀라서 깨어났다. 나는 소파에 널브러져 있던 내 팔다리를 모으고 앉았다.

그녀는 심호흡을 했다.

"저 돼지 새끼!"

"예상보다 더 나쁜가요?"

"아마 내가 너무 간절했던 듯해요." 그녀는 눈살을 찌푸렸다. 파르네세의 뇌에서 입으로 가는 필터의 결함을 고려해 볼 때, 그의 성차별적 발언에 나는 놀라지 않을 것이다. "우리는 그의 은닉처가 사라지기 전에 빨리 찾아야 해요. 그가 체포되었다는 것이 네트워크에서 알려지는 순간, 그의 거래선들은 마치 불이 켜지면 흩어지는 바퀴벌레처럼 사라져 버릴 거예요."

"당신이 검사보다 그에게 더 나빴을 리가 없잖아요. 스위스 경찰은 그 감시에서 뭐 얻어낸 것은 없나요? 아니며 그의 태블릿이나 핸드폰에서는요?"

"아주 많죠. 그를 감옥에 보내기에 충분해요. 다소 교수는 1년간은 바쁠 거라고 이야기했어요. 하지만 내가 알고 싶은 것은 그것이 아니죠. 파르네세가 중요한 물건을 제네바로 운반할 계획이라는 이메일을 발견했지만, 어디서 오는 것인지를 몰라요. 만약 우리가 빨리 찾지 않는다면 그것들은 수십 년 동안 사라질 수 있어요." 그녀는 소파 옆 의자에 주저앉았다. "아니면 영원일 수도 있죠."

"어쩌면 그는 단지 마음을 식힐 시간이 필요하고, 그의 변호사가 그를 정신 차리게 할 수 있을지도 모르죠." 나도 이 말을 하면서 헛소리를 지껄이고 있다고 생각했다.

다이앤은 내 쪽으로 몸을 기울였다. "당신은 후회의 감정이 일종의 고문 같은 것이라는 것을 알고 있나요? 일반적으로 후회는 과거에 대한 감정이죠. 하지만 지금, 나는 미래에 느낄 후회의 고통을 느끼고 있어요. 내가 할 수 있는 모든 것을 다 하지 않았다고, 나를 괴롭게 할 후회들이죠. 나는 델피에서 온 이 보물들이 나쁜 사람들 손에 넘어가지 않도록 해야만 해요."

파르말린이 방으로 들어왔다.

"저 남자는 멍청이입니다." 그가 다이앤에게 딱 잘라 말했다. "저는 당신의 심문을 지켜봤습니다. 파르네세는 그런 식으로 하면 감옥에 가는 것을 피할 수 있다고 생각하고 있습니다. 그는 말하지 않을 것입니다만, 아마 헤빈 교수는 말할 수 있을 듯합니다. 당신이 파르네세가 자신에 대한 증거를 제공하고 있다고 헤빈을 믿게 만든 것은 현명했습니다." 그러고 나서 그는 나에게 몸을 돌렸다. "검사가 기술적 세부 사항에 대해서 당신의 도움을 필요로 합니다."

"그래서 헤빈이 협조하는 것인가요?"

그는 목 뒤를 주물렀다. "그는 협상 중입니다."

*

파르말린은 나를 취조실로 데려갔다. 그곳은 예상보다 훨씬 더 문명적이었다. 위쪽에는 창문 틀이 있는 커다랗고 투명한 외부 창이 있었다. 벽은 흰색으로 칠해져 있었고 천장에는 작은 장치들이 달려 있었는데, 카메라와 마이크라고 생각되는 것들이었다. 이것만 없다면 아마 비좁은 회사 회의실 같은 평범한 모습이었다. 중앙에는 양쪽에 의자가 놓인 긴 테이블이 있었다.

마리 피오리나는 제네바 자유항에서 온 검사로, 문 맞은편 테이블에 앉아 있었다. 그녀는 60대 정도로 보였다. 짙은 눈에 심하게 그을린 피부는 마치 플로리다에서 활발한 경작 활동을 하는 미국 은퇴자의 모습과 비슷했다. 검은 정장과 검은 셔츠는 단정하고 냉정한 검사라는 사실을 보여 주고 있었다. 단 2개의 요소-짧게 자른 탈색한 금발과 굵은 금목걸이-가 이를 망치고 있었다.

나는 그녀가 당당하게 보이기 위해 노력할 필요가 없는 인물이라는 것을 금방 깨달았다. 그녀는 흡연자의 걸걸한 목소리로 스마트 계약의 기본과 악성 계약의 세부 사항에 대해서 질문했다. 그녀는 부정확한 설명을 용납하지 않았고 어떤 것도 잊어버리지 않았다. 그녀의 날카로운 질문을 막을 수 있는 유일한 방법은, 내가 보기에는 파르네세처럼 횡설수설하는 것뿐이었다.

20분 후에, 헤빈은 밤색 머리에 쪽을 찐 험상궂게 생긴 여성과 함께 방으로 들어왔다. 뒤따라서 파르말린과 베르나스코니가 왔다. 헤빈과 변호인인 듯한 여성은 검사 반대쪽에 앉았다. 파르말린과 베르나스코니는 검사 왼쪽에 앉았고, 나와 다이앤은 검사의 오른쪽에 앉았다. 테이블은 한쪽에 다섯 명만 앉을 수 있어서, 우리는 비집고 들어가서 앉아야 했다.

헤빈은 순종적인 수백 명의 학부생들로 가득 찬 홀에서 강의하는 습관이 있었다. 일부 교수들에게 이런 경험은 영구적으로 단상에서 주목받는 대화스타일로 남게 된다. 헤빈은 심지어 심문받는 동안에도 그랬다. 나 같으면 아마 공포로 마비되었을 테지만, 그는 그곳에서도 가르치고 있었다.

"결국 당신은 보안관 대리로 임명되었군." 그는 테이블 건너 내게 말했다. "당신 나라에서는 흔한 일이잖소. 적어도 내가 본 카우보이 영화에서는 그랬지. 그런데 이런 일이 스위스에서도 일어날 줄을 몰랐네."

"당신이 협상을 원한다고 들었습니다." 다이앤이 말했다.

"나는 기꺼이 당신에게 도움이 될 것이오." 그는 변호사를 흘끗 보았다. "몇 가지 중요한 사실부터 시작합시다. 나는 보안관 대리를 위해서 영어를 하겠소. 괜찮겠지? 우리의 잔다르크식 영어에 대해서 인내심을 가져줬으면 좋겠소." 검사는 그에게 짜증스러운 표정을 지었다. "첫째, 어쨌든 나는 파르네세로부터 돈을 받지는 않았소."

"범죄에 대한 동기도 없습니다." 그의 변호사가 덧붙였다.

"그것은 우리가 결정할 문제입니다." 웃음기 하나 없는 목소리로 검사가 대답했다.

"둘째, 내 매력적인 친구인 주세페 파르네세는 그의 그리스 보물들에 대해서 자주 이야기했소."

"당신은 고대 예술에 대한 전문가입니까?" 검사가 물었다.

"아니오. 하지만 나는 내 친구의 다채로운 이야기 가운데 일부는 당신들을 즐겁게 해줄 협력이 될 거요. 나 역시 행복을 느낄 수 있겠지. 여러분은 내가 말하는 것이 가장 유익하다는 것을 알게 될 것이오."

"우리는 금으로 된 제사용 접시를 발견했습니다." 검사가 다른 질문을 퍼붓기 전, 다이앤이 끼어들었다. "피알레죠. 오늘 아침 포트 프랑에서 발견했습니다. 당신은 이것이 어디서 왔는지 알고 있습니까?"

"나는 당신의 금접시가 어디서 왔는지 정확히는 알지 못하네. 하지만 내 친구가 했을 행동에 대한 거의 정확한 아이디어를 가지고 있소."

다이앤과 나는 서로를 보았다.

"마지막으로," 헤빈은 계속했다. "당신이 적절하게 차지한 내 작은 장치가 있소. 거기에는 당신들의 관심을 불러일으킨 비밀 키가 있지."

"그 암호화된 키는 헤빈 교수의 연구 중 일부로 생성된 스마트 계약 코드를 제어합니다." 그의 변호사가 덧붙였다. "다른 사람들이 그의 코드를 복사했을 수 있습니다."

"그 키는 그렇게 작동하는 것이 아니죠." 내가 말했다. "키는 특정 계정에 연결되어 있거나-이 경우 헤빈 교수가 맡아서 코딩에 관여했을 테지만-아닐 수 있죠."

"당신은 그 계약을 해지할 수 있습니까?" 검사가 헤빈에게 물었다.

"당신들이 가져간 그 작은 장치를 준다면, 내가 할 수 있을 거요."

"당신은 그 계약을 생성하는 데 역할을 했다는 것을 인정하는 것입니까?"

"그렇소. 그리고 당신네 보안관 대리도 그렇지."

"내가요?" 나는 화가 나서 중얼거렸다.

"무슨 뜻입니까?" 그녀는 나에게 물었다.

"내가 강철을 만들고, 그가 그 강철로 총을 만들었다는 의미입니다."

"적절한 비유군. 하지만 나는 총알을 장전하지도 않았고, 방아쇠에 손을 대지도 않았소." 헤빈이 말했다.

"당신은 스마트 계약이 사용될 것이라는 것을 알고 있었습니다."

"단지 지그 자우어[145]가 범죄자들이 권총을 사용할 것을 알고 있는 것과 같지."

"우리는 한 가지 목적을 위해 만들어진 무기에 대해서 이야기 중입니다. 그리고 당신은 당신 손가락을 그 안전판 위에 올리고 있다는 것을 인

145 SIG-Sauer. 총기 회사.

정한 것입니다. 당신…."

"나는 특별한 예방책으로 오프 스위치를 만들어 놨소. 나는 계약이 실제 위협이 될 줄은 알지도 못했지. 그 증거가 나타난 것은 고작 이번 주…."

"증거?" 내가 고래고래 소리 질렀다. "증거라고?" 입을 열어서 나를 막아야 할지 말지를 고민하는 검사에게 막지 말라고 손짓을 했다. "비가노 교수는 살해당했어. 현상금이 청구된 것이 그 강력한 증거이고. 이런 방식으로 그 계약을 실행시켜서…."

"불행히도," 헤빈이 끼어들었다. "스마트 계약 특성상 불편할 수도 있지. 만약 문제의 계약이 중단된다면, 다른 이가 간단히 다른 것을 만들 수 있소. 그 상황은 내가 초래한 것이 아니지. 커뮤니티가 이런 사건이 다시 일어나지 않도록 노력하는 것이 최선이겠지. 이 말에 동의하지 않소?" 방해하지 마. 그는 표정으로 경고했다.

검사에게 계약을 해지할 수 있다고 인정한 이상 이제 헤빈은 계약을 해지해야만 했다. 하지만 그는 감옥에 가는 것을 피하려 했고, 비밀리에 협박을 하고 있었다. 만약 내가 그의 협상을 방해한다면, 그는 새 계약을 실행시킬 방법을 찾을 것이고, 같은 기술적 실수를 두 번은 저지르지 않을 것이다. 물론 원칙적으로 나도 똑같이 또 다른 스마트 계약으로 그의 목에 돈을 걸 수 있었다. 하지만 그는 내가-대부분의 사람들처럼 체질적으로-실제로 그의 목에 돈을 걸 수 없다는 것을 알고 있었다. 그에 반해, 나는 그가 이미 한번 저지른 일을 다시 할 수 있다는 것을 알고 있었다. 광기는 힘을 가지고 있었다.

"우리는 많은 것에 대해서 의견이 일치하지 않는군요. 하지만 우리는 한 가지는 동의할 겁니다." 나는 검사에게 말했다. "제 견해로는, 헤빈 교수는 적어도 비가노 교수의 죽음을 공모했으며, 진행 과정을 조율한 것 같습니다. 나는 더 할말이 없습니다만, 다른 질문이 있다면 대답해드릴 수는 있습니다."

"당신의 도움에 감사드립니다. 만약 이런 상황이 당신에게 고통이 되었다면 유감입니다." 그러고 나서 부드럽게 검사가 말했다. "가셔도 됩니다."

헤빈은 내가 일어나서 문으로 가기 위해서 테이블을 돌아가는 것을 보았다. 그는 하품을 했다. 아마도 내게 했을 것이다. 나는 이를 갈면서 방을 나섰다.

*

이번에는 깨어 있는 데 별 어려움이 없었다. 작은 휴게실을 어슬렁거리면서 내가 헤빈에게 어떻게 대해야 했는지에 대해서 스스로에게 물었다. 냉정을 유지했다면, 그를 자극하지 않았을 것이며 퇴장해야 하는 수모도 겪지 않았을 것이다. 목표는 뭐였지? 헤빈과의 협상이 성공하는 것을 바라지 않았던가? 내 머리 위에 있는 계약이 활성화되기까지 몇 시간밖에 남지 않았다. 가능한 한 빨리 그가 그것을 해지하길 원했던 것 아니었나? 위험이 사라질 것이라고 예상되면서 복수하고 싶은 생각에 너무 많은 여지를 주었다. 헤빈의 그 거만한 얼굴이 철창 뒤에 있길 원했다. 무엇보다도 나는 그를 이기고 싶었다. 그리고 그와 다른 사람 모두가 내가 이겼다는 것을 알기를 원했다.

나는 초조하게 서성이면서 마음 한구석에서 내 마음을 요동치게 하는 또 다른 문제가 있다는 것을 깨달았다. 금접시. 헤빈이 무슨 뜻으로 말한 걸까? 그는 금접시가 어디서 왔는지 알지 못한다고 했지만, 파르네세만큼이나 정확한 아이디어가 있다고 했다. 어떻게 그게 가능하지? 델피에 있는 '그로토'는 뭘까?

*

다이앤은 그녀가 할 수 있는 가장 이상한 표정을 지으면서 휴게실로 돌아왔다. 그녀의 표정은 내가 납치범들에게서 구출되었을 때 동정을 표했던 표정과 좀 비슷했지만, 이번에는 좀 더 시무룩하고 혼란스러운 표정이었다. 그녀는 의자에 앉아서 소파에 앉으라는 손짓을 했다.

"우리는 협상을 잠시 쉬고 있어요."

"그렇군요."

그녀는 눈살을 찌푸렸다. "상황이 어떻게 흘러갈지는 분명하네요."

"무슨 뜻인가요? 그를 그냥 보내준다는 것인가요?"

"정확히는 아니죠. 아직은 말이죠. 하지만 불행히도 그에 대해서 소송을 제기하는 것은 어려울 것 같아요. 그리고 그도 이것을 알고 있죠. 게다가 우리가 결코 잡아올 수 없는 용의자들인 러시아 해커들도 있어요."

"워커가 내게 말해 준 것이군요."

"스위스에는 배심원 제도가 없어요. 하지만 스마트 계약은 너무나 난해해서 판사들조차도 이해하기 어려울 거예요. 나는 그럴 거라고 확신해요. 이것은 또 다른 문제죠. 그리고 헤빈의 개입 역시 간접적이고 모호하죠."

"그는 살인과 살인미수로 기소되어야 해요. 하지만 문제가 있다는 것도 이해했어요. 그동안 일어난 일에 대해서 판사는 어떻게 처리할 것 같나요?"

"판사는 아마도 알려지지 않은 방법으로 알려지지 않은 당사자들에게 살인을 권유하려는 계획의 일환으로 법의 범위를 벗어나있는 러시아 해커와 악성 스마트 계약-그게 무엇이든지 간에-에 사용된 소프트웨어를 만드는 데 공모했다고 판단할 것 같아요."

"상황이 나쁘네요. 흠…."

"유감스럽게도 그렇죠." 그녀는 내 팔에 손을 얹으며 말했다. "나는 비가노 교수를 위해서 정의가 구현되는 것을 보고 싶어요. 당신을 위해서

도요. 정말 그러고 싶어요. 하지만 상황이 나쁘네요. 지금처럼 상황이 흘러가는 것을 이해할 수 없어요."

"당신, 내게 무엇인가 원하는 것이 있군요."

"내가 검사에게 영향력을 행사하려고 한다면, 아직 늦지 않아요. 스위스 수사 기관에 공식적으로 의견을 제시할 수는 없지만, 몇 마디 정도는 할 수 있다고 생각해요. 이것은 국제적 사건이죠. 우리는 원칙적으로 헤빈을 미국으로 소환해 달라고 할 수 있어요. 우리는 그들에게 압력을 넣을 수도 있죠. 만약 당신이 원한다면 나는 헤빈 교수와 싸울 수도 있어요. 아니, 나도 당신처럼 헤빈이라고 부르겠어요. 헤빈은 계약을 해지할 거예요. 나는 그것은 확신해요. 만약 그가 하지 않는다면 분명 스위스 당국은 기소할 수 있는 범죄 사실을 찾아낼 거예요. 하지만 헤빈이 다른 방법으로 협력을 한다면, 완전한 관용을 얻을 수도 있어요. 우리는 그가 무엇을 알고 있는지 알지 못하죠. 하지만 그는 아마도 파르네세가 그의 예술품 나머지를 어디에 보관하고 있는지에 대한 단서를 제공해 줄 수 있을 거예요."

"아! 내가 어떻게 하길 원하는지 말해 봐요. 그대로 할게요."

그녀의 얼굴은 내 얼굴에 가까이 있었다. 나는 이제 이해했다. 그녀는 나를 압박하려는 것을 참고 있었지만 그녀의 욕망은 분명했다. 만약 우리가 헤빈을 감옥에 보내려고 애쓰느라 시간을 지체한다면, 그녀는 파르네세의 유물이 있는 곳을 찾을 기회를 잃게 될 수도 있었다.

나는 일어서서 기지개를 켰다. 등 돌리고 서서 머리를 숙이고 생각했다. 확실히 나는 바이런의 머리를 접시에 담을 수 있을 것이다. 그렇게 하는 것은 복수지만 만족스럽지는 않을 것이었다. 왜냐하면 그는 진정한 적수가 아니라 단지 악랄하고 무능력한 하수인일 뿐이었기 때문이다. 헤빈은 총알을 장전하거나 장전하지 않거나, 방아쇠를 당겼거나 당기지 않았거나에 상관없이 꼭두각시의 진짜 주인이었다. 설령 파르네세가 돈을 대고, 명령을 내리고 아폴론의 부활을 주도했다고 하더라도—물론 이것은 확실치는 않았다—헤빈은 작전의 기술적 책사였고, 내 맞수였다.

다이앤의 질문에 대한 내 대답은 이미 정해져 있었지만, 나는 묻지 않을 수 없었다.

"관용이라는 뜻이 공식적으로 사건을 기각한다는 말인가요? 아니면 모든 것을 기밀로 유지한다는 말인가요?"

그녀는 불편한 기색이 보였다. "그들은 스캔들을 피하는 것을 선호하죠. 이런 일은 유럽의 최고 중 하나인 그의 대학에도 나쁘고, 스위스 같은 작은 나라의 명성에도 나쁜 것이죠. 아마 그는 벌금 정도는 낼 거예요."

"다이앤…소소한 일이라는 것을 알고 있어요. 하지만 나는 알아야만 해요. 당신 눈에는 내가 그를 한 방 먹인 것 같나요?" 내가 물었다.

그녀는 내가 이해하지 못할 슬픈 표정을 지었다. "물론이죠."

나는 그를 한 방 먹이지 못했다. 기껏해야 전장에서 그에게 퇴각하라고 강요한 정도였고, 나도 알고 있었다. 하지만 나는 다이앤 앞에서 자존심을 구기지 않기 위해서 '꼴찌상' 정도에도 기꺼이 만족했다.

"좋아요. 이제 파르네세를 한 방 먹일 차례네요." 나는 문으로 걸어가며 조용히 말했다. "당신이 할 수 있는 것을 다 해요." 나는 그녀를 위해 문을 열어 주었다.

그녀는 일어나서 내 뺨에 키스한 뒤, 휴게실을 떠났다.

“일어나요! 우린 가야 해요!”

너무나 불편했는데도, 나는 다시 잠에 빠져들었다는 것을 믿을 수가 없었다. 다이앤은 나를 흔들고 있었다.

“어디로 가나요?”

“그리스요.”

“그리스요? 지금 당장? 농담하는 거죠?”

“가는 길에 설명해 줄게요."

“이제 당신과는 당일치기 여행은 못 하겠는데요.” 나는 구시렁거렸다.

파르말린이 건물을 통과하면서 우리를 안내했다.

“놓칠 수도 있을 것 같습니다만,” 그는 말했다. “가능할 겁니다. 문제없어요. 내가 당신들을 공항까지 바래다주도록 준비해 놨습니다. 아파트가 플레인 팔라이스에 있다고 했죠? 좋습니다. 10분이면 거기까지 갈 수 있고, 그러고 나서 20분 후에는 공항에 있을 겁니다. 10분에서 15분 정도 안에 가방을 싸야 합니다.”

"Merci pour tout, Roger." 다이앤이 말했다.

"저도 당신들과 가고 싶지만…" 그는 심란한 생각을 떨쳐 버리려는 듯 고개를 흔들었다. "저는 국제 사건을 일으키고 싶지 않습니다." 그는 웃으면서 말했다. "하지만 『틴틴의 모험』[146] 같네요."

건물 바로 밖에서 제복을 입은 운전사를 태운 경찰차가 우리를 기다리고 있었다. 저녁 6시가 조금 넘은 시간이었다. 아테네로 가는 마지막 비행기는 7시 30분경에 출발한다.

"행운을 빌어요." 우리와 악수하면서 파르말린이 웃으며 말했다. "'태양의 왕자'를 조심해요!"

"태양의 왕자가 누구죠?" 나는 우리가 사이렌을 울리면서 떠났을 때, 다이앤에게 물었다. 우리는 둘 다 차 뒤에 뒷자석에 타고 있었다. "아폴론?"

"『틴틴의 모험』 중 '태양의 신전' 편에서 나오는 이야기예요. 사실 내가 제일 좋아하는 이야기고요. 틴틴은 수 세기 전 사라졌다고 알려진 잉카 문명의 전초 기지를 발견해요. 태양의 왕자는 잉카 고대 종교의 최고위 사제예요."

"우리의 고대 종교는 이틀 전까지 존재했죠." 내가 히죽거리면서 웃었다. "하지만 지금 아폴론은 경찰서에 앉아 있고요." 나는 그날 밤 상황이 어떻게 바뀔지, 이후에 그 신을 얼마나 다르게 생각할지에 대해서는 전혀 예상하지 못했다. "저기 다이앤, 당신은 자신 있는 것처럼 보이지만 나는 사실 겁나요. 현상금이 오늘 실행되죠. 그때까지 헤빈이 오프 스위치를 사용해서 그 계약을 멈추게 하지 못한다면 그 뒤에는 어떻게 될까요? 《틴틴의 모험》에서처럼 나쁜 놈들의 비밀 조직이 나타나서 내 머리를

146 벨기에의 만화 작가 에르제가 연재한 만화로, 탐방 기자 틴틴(Tintin)과 그의 개 밀루(Milou)가 전 세계를 모험한다.

때리기 전에, 레이에게 전화해서 아테네로 오라고 해야겠어요."

다이앤은 손을 입에 갖다 댔다가 다시 내 팔을 잡고는 활짝 웃으며 말했다. "그럴 필요가 없어요. 어떻게 당신에게 바로 말하는 것을 잊어버렸을까요? 진짜 정신이 없었네요. 이제 다 끝났어요!" 그녀는 몸을 틀어 나를 안아 주었다. "헤빈에게 멈추도록 시켰어요."

나는 내 핸드폰으로 바로 확인할 수 없었기에, 코린에게 문자를 보냈다.

아마 계약이 해지되었을 거야. 확인 좀 해줄래? (스위스에 있어. 이야기가 길어.)

몇 분 후, 나는 엄지를 치켜 올렸다. 문자메시지가 30개쯤 왔고, 경찰차 사이렌 소리 때문에 볼륨을 높여야 했던 음성 메시지도 하나 있었다. "당신이 해냈군요! 왜 스위스에 있는지는 모르겠지만, 그 유명한 초콜릿을 마음껏 먹어요. 당신이 돌아오는 대로 큰소리로 환영해 줄게요. 나는 너무나… 너무나 행복해요."

"확인했나요?" 다이앤이 물었다.

"당신 말이 맞아요. 끝났어요." 나는 코린이 엄지 척한 모습을 보여 주었다. "정말 다행이에요! 적어도 다행이죠. 하지만 나는 아직 끝이 아니라고 느껴져서 뭐라 말할 수가 없네요. 어쨌든 내 직감은 아니라고 해요."

사실, 헤빈이 아무런 형벌을 받지 않고 자유롭게 풀려난다는 생각이 들자 역겨웠다. 파르네세와 바이런은 사람들이 이해하는 범죄를 저질렀기에 대가를 치룰 것이다. 나는 진리와 자유를 위한 도구를 만들었지만, 헤빈은 내 도구뿐만 아니라 내 원칙도 무기화 했다. 그는 '그리스 진리의 신'을 가장해서 막강한 힘을 휘둘렀다. 나에게 그것은 파르네세나 바이런의 익살스럽거나 폭력적인 행동보다 더 나쁜 범죄였다. 이들 둘의 범죄는 적어도 인간적이었다. 헤빈은 단순히 현재 정할 수 있는 정의에 대한 이해를 넘어서는 행동을 했기에 도망갈 수 있었다. 이것은 신을 이길 수 없다는 것을 보여 주는 것이었다. 심지어 가짜일지라도 말이다.

"당신 뱃속에서도 감각의 신호가 온단 말이죠" 다이앤이 대답했다. "우리가 아침을 먹고는 아무것도 먹지 않았다는 것을 알고 있나요? 나는 무엇인가 있는데…." 다이앤은 핸드백을 뒤지기 시작했다.

"왜 이렇게 서둘러 그리스로 가는 거죠?" 경찰차의 사이렌 소리는 우리가 그리스까지 운전해서 가고 있는 것 같았다. "우리는 정확히 어디로 가고 있는 거죠? 헤빈이 뭐라고 말했나요?"

"그로토요. 우리는 그로토를 찾고 있죠. 유물이 발견되었지만 대부분 여전히 거기 그대로 있는 동굴요. 몇 년 전 지진이 난 이후에 지역 도굴꾼들에 의해서 발견되었어요. 그들은 파르네세를 믿지 않았기에, 그에게 장소를 알려 주지 않았어요. 도굴꾼들은 그의 눈을 가린 채 동굴로 데려갔었죠."

"그러면 우리는 어떻게 거길 찾죠?"

"우리는 단서가 있어요. 상세한 단서죠. 파르네세는 그의 이야기를 헤빈에게 해줬어요. 아마 여러 번인 듯했어요. 그리고 헤빈은 우리에게 이야기했죠."

"소송에 대한 거래로요?"

"그래요. 부분적으로는 그렇죠. 하지만 나는 그가 우리에게 필요한 것 이상을 말해 줬다고 생각해요. 그는 간절해 보였어요."

"아마도 당신이 파르네세가 배신했다고 그를 설득했기 때문이겠죠."

"그 이상이에요. 처음에, 나는 그가 그저 강의하는 것을 좋아하기 때문이라고 생각했어요. 하지만 생각해 보니, 헤빈은 우리가 그를 어떻게 찾았는지 알지 못했죠. 단지 우리가 파르네세를 먼저 잡은 것만 알고 있었죠. 그래서 그는 파르네세가 부주의해서 잡힌 것에 대해서 비난하는 듯했어요."

"그래서 당신에게 뭘 말해 줬나요?"

"그 도굴꾼들은 파르네세를 캄캄한 밤에 차에 태워서 어디론가 데려갔고, 거기부터는 그의 눈을 가린 채 걸어서 갔대요. 우리는 그것이 45분 정도 걸린다는 것을 알았어요. 파르네세가 헤빈에게 도굴꾼들이 데려간 지역을 기록해 놨다고 말했다더군요. 도굴꾼들이 차에 핸드폰을 두고 가도록 했지만요. 파르말린은 파르네세의 핸드폰에 있는 지도에서 지역이 델피 근처로 표시된 것을 찾아냈어요. 우리는 그로토 근처에 샘에 있다는 것도 알아냈는데, 왜냐하면 파르네세가 그때 젖은 것에 대해서 헤빈에게 불평했기 때문이죠. 우리가 그곳을 찾아낼 수 있다고 생각해요. 특별히 도굴꾼들이 작업한 밤, 델피 주변 지역에 대한 위성 데이터를 지질학자와 검토할 수 있는 팀의 도움을 받아서 살펴볼 거예요. 파르네세는 이미 자기 스스로 그로토의 위치를 찾으려고 노력 중이었어요. 그래서 그가 헤빈에게 많은 이야기를 할 수 있었겠지요. 파르네세는 아마도 도굴꾼들을 배신하고 유물들을 훔치려 했을 거예요."

"배신의 심연 아래에 있는 심연이군요. 지질학적 데이터를 가지고 탐색하기 위해서 뭐라도 코딩할 수 있어요." 나는 말했다.

"그저 너무 늦지 않기만을 바랄 뿐이에요. 파르네세는 도굴꾼들과 직접 연락하지 못하지만, 연락할 수 있는 변호사가 있죠. 당신도 그 비디오에서 변호사를 봤었죠. 그가 더 나쁜 인간이에요."

"알겠어요. 그래서 미친 듯이 수색해야 하는군요."

그녀는 고개를 끄덕였다. "내일 아침에 만날 그리스 정부의 고고학 부서의 친구가 있어요. 그는 팀을 꾸리려고 노력 중이죠. 우리는 지질학자, 경찰 감시 어쩌면 군대의 도움까지도 필요할지도 몰라요. 문제는 그 도굴꾼들이 그로토를 오늘 밤에라도 비워 버릴 수 있다는 거예요."

"헤빈은 그 동굴에 있는 것이 뭔지 알고 있나요? 그것… 그것이 거기 있나요?" 나는 이유를 알 수 없었지만-우리가 점점 더 가까워지면서-미신이 그 단어를 내 입 밖으로 내뱉는 것을 막았다.

"금으로 된 공예품이 더 많죠. 그것은 분명해요. 만약 그것들이 그 제사용 접시 같은 어떤 것이라면,- 도저히 상상할 수도 없지만- 엄청난 발견이죠. 마치 투탕카멘의 무덤처럼 말이에요. 파르네세는 헤빈에게 신성한 돌에 대해서 말했죠. 하지만 내가 헤빈에게 옴파로스에 대해서 물었을 때는 그는 그것이 무엇인지 알지 못했어요. 파르네세가 이름을 말하지 않았거나 아니면 헤빈이 그 단어를 기억하지 못 했을 수도 있긴 하죠."

핸드폰 알람이 와서 주머니에서 핸드폰을 꺼냈다. 루카스였다. 핸드폰이 다시 울렸다. 여사제였다. 핸드폰을 넣어 두려 했지만 이번에는 애디튼이었다. 애디튼에 있는 모든 사람들이 축하 문자를 보내고 있었다. 그들 중 절반은 나에게 퇴근 후 맥주를 한 잔 사겠다고 하고 있었다. 코린이 그들에게 내가 외국에 있다고 말하지 않은 듯했다.

"당신도 알다시피 스릴러 영화는 어이없죠." 다이앤에게 축하 메시지의 홍수를 보여 주면서 말했다. "영웅은 언제나 몇 초의 여유를 두고서 죽음을 모면하죠. 현실에서는…" 나는 시계를 확인했다. "7시간이나 더 남아 있네요. 사실 암살범들이 나를 때려눕힐 때를 누가 알겠어요."

우리는 아파트 앞에 멈추고는 서둘러 올라갔다. 나는 빈대 예방책 덕분에 세면도구만 챙기면 됐다. 옷들이 날아다닌 후, 다이앤은 5분 만에

짐을 다 쌌다.

"솔직히 말하면, 짐을 그냥 여기 두고 가려고 했어요." 아직까지도 시끄러운 소리를 내고 있는 경찰차로 돌아온 뒤 다이앤이 말했다. "하지만 그리스 오지에서 옷과 칫솔을 사기 위해서 노력하느라 시간을 낭비하고 싶지 않았어요."

"당신은 그 신발만 있으면 돼요. 그 은색 물건은 마법을 부리는 먼지 요정인걸요."

그녀는 너무 부드럽지는 않게 나를 찼다.

*

다이앤은 우리가 아파트를 떠날 때부터 전화를 하고 있었다. 공항 보안 검색을 위해서만 가방에 핸드폰을 밀어 넣었고, 그 후에 우리가 걸어서 게이트에 도착할 때까지 다시 전화하고 문자를 보냈다. 그녀는 도움을 얻기 위해서 서둘렀다. 그녀는 전화하면서 영어와 프랑스어를 번갈아 사용했고, 나는 그녀가 그리스어를 하는 것을 들었다고 맹세할 수도 있었다. 그녀가 워커에게 압박을 가해서 밤에 방문한 기록이 있는 델피 주변 지역에 대한 목록을 얻는 것을 들었다. 나중에 알게 되었지만, 이것은 국가지리정보국(NGA)-어느 누구도 들어본 적이 없는 무명의 정보기관 중 하나였다-의 누군가를 설득해서 주로 위성사진과 같은 정찰 데이터를 샅샅이 조사하는 것을 의미했다. 그녀는 내가 더 듣기 전에 게이트 근처의 외딴곳으로 갔다.

나는 커피 가판대에 먹을 것을 찾으러 갔다. 이 가판대는 작은 가짜 푸드 트럭 모양으로 특이하게 운전대에는 여자 경찰 마네킹이 있었다. 비행기를 타기 전 저녁으로 먹을 바나나와 초콜릿을 살 시간은 충분했다. 우리는 먼저 빈으로 향했고, 거기 잠시 머문 후에 아테네로 가는 마지막 직항 편을 탈 것이다.

"생각해 둔 지질학자가 한 명 있어요." 다이앤은 비행기를 탈 때 알려주었다. "프랑스에 있는 친구의 친구죠. 내일 델피에서 우리와 만날 거예요. 나는 아직까지 관련 정보를 받고 있는 중이죠. 아마 우리는 파르네세의 핸드폰에 표시된 지점에 주차된 차의 번호판이 필요할 거예요. 거의 다 왔어요. 하지만 당신이 우리와 함께하지 않았다면 굉장히 오래 걸렸을 거예요. 내가 문자를 보내고 대화를 공개해서 상황을 조정한다 해도 도움이 되지 않을 거예요."

"어떻게 지질학자에게 모든 것을 내팽개치고 세상 중심으로 돌진하도록 한 것이죠?"

"'틴틴'요."

"틴틴? 정말요?"

다이앤은 웃었다. "조금은요. 모험에 대한 이끌림은 거부할 수 없는 것이죠. 하지만 이것이 누군가에게는 경력이 될 수도 있죠. 지질학자들에게 델피 주변은 놀이터 같아요. 지질학 자료가 풍부하고 화산 활동도 활발하죠."

비행기가 이륙했을 때 늦은 봄 중부 유럽의 태양이 빛나고 있었다. 아폴론은 하늘에서 우리의 끝없는 하루를 지켜보고 있었다.

"만약 우리가 아침에 델피에서 지질학자를 만난다면," 나는 우리가 비행기에 탔을 때 말했다. "겨우 4시간 정도밖에 잠을 못 자겠네요. 그렇죠?" 나는 걱정스럽게 물었다. "호텔은 예약했나요?"

"우리는 도착하자마자 바로 델피로 운전해서 갈 거예요."

"뭐라고요? 다이앤, 말도 안 돼요!" 나는 반박했다. 내가 매력을 느낀 여성에게 멍청이처럼 군다는 생각이 들긴 했다.

"아침에 아테네에서 벌어지는 교통 정체는 끔찍해요. 무슨 일이 생길지에 대비해서 나는 가능한 한 빨리 델피로 가고 싶어요. 내 친구는 지금 델피로 운전해서 가고 있죠. 말했듯이, 그로토 안에 있는 유물은 오늘 밤에도 사라질 수 있어요."

"그럼 잠을 좀 자야겠군요." 나는 말했다. '내 눈꺼풀이 감겨서'라는 이유보다 더 그럴싸한 이유를 댈 수 없었다.

"네, 그래야죠."

나는 뒤쪽 자리 창문을 닫아 등받이에 비치고 있는 낮은 태양의 금빛 불꽃을 차단했다. 그러고 나서 이코노미 클래스에서 불안정한 환각 같은 잠에 빠져들었다.

*

우리는 해가 진 후, 9시가 되기 직전 빈에 착륙했다.

다이앤은 손을 뻗어서 가림막을 들어 올렸다. 나는 그녀가 잠시라도 눈을 붙였는지는 알지 못했다. 하늘은 여전히 붉게 물들어 있었고, 해가 진 곳에는 한 줄기의 붉은빛만이 있었다. "Entre chien et loup, '황혼'을 뜻하는 프랑스어죠." 그녀는 한숨을 쉬었다. "'개와 늑대의 시간'이라고도 해요. 신비롭고 끔찍한 일들이 일어나는 때이고요." 그녀는 자신의 핸드폰을 꺼냈다. "우와, 드디어 워커…."

"우리는 비행기를 갈아탈 시간이 30분밖에 없어요."

"국가지리정보국(NGA)은 안 된대요. 하지만 아마도 공군 정보부는…." 그녀는 손가락으로 두들기기 시작했다.

머리를 숙이고, 전화기를 손에 들고, 그녀는 내가 공항 카트를 끌고 있는 동안 게이트의 짧은 거리를 나만 따라왔다.

"내 친구 아리는," 그녀는 내게 말했다. "그리스 정부의 고고학 부서에서 일하고 있죠. 그는 이미 거기 있어요. 산의 북쪽에 있는, 파르네세의 핸드폰에 표시된 곳으로 운전해 갔죠. 거기서 차량 흔적을 발견했대요. 주변에 아무도 없었고 혼자 탐험하는 것을 원하진 않아요. 그 이유를 모르겠지만요. 낯선 차가 거기에 나타나는지를 기다리면서 지켜보고 있어요. 만약 나라면…"

"도굴꾼들은 위험하지 않나요? 그들은 주변 다른 지역에 주차할 수 있을 테죠. 나라면 그럴 거예요. 여기가 우리 게이트예요."

그녀는 고개를 들고, 입술을 깨물고는 스카프를 매만졌다.

*

우리는 새벽 1시가 조금 넘어서 아테네에 도착했다. 비행기에서 내려서 우리는 곧장 렌터카 데스크로 갔다.

우리 여행을 예약한 사람이 누구든 간에-아마 연방 수사국(FBI)일 거다-무슨 장난감 같은 차를 예약해 놨다. 나는 다이앤에게 우리가 업그레이드할 수 있냐고 물었다. 나는 어둠 속에서 그리스 황야를 운전해야 한다는 것이 마음에 들지 않았다. 그리고 솔직히 말해서, 다이앤의 두꺼운 안경은 그녀의 야간 시력에 대해서 믿음을 가질 수 없게 했다. 그녀는 더 큰 차를 빌리는 것에는 동의했지만 자신이 돈을 낼 것이라 고집했다. 아마도 그녀는 제네바 숙소에 낭비된 수천 달러에 대한 죄책감을 느꼈던 듯했다.

"먼저 운전하겠어요?" 업그레이드했지만 여전히 아주 작은 차량에 여행 가방을 싣고 있을 때 그녀가 물었다.

"나는 운전하지 않아요."

"전혀 안 하나요?"

"차는 안 몰아요." 나는 말했다.

"면허증은 있나요?"

"있죠. 하지만 나는 뉴요커인걸요."

그녀는 화가 나서 버럭 댔지만, 주차장 불빛 아래서는 너그러운 미소로 보였다. "나도 지금까지 그랬어요. 당신도 알겠지만요." 그녀는 덧붙였다 "하지만 괜찮아요. 내가 운전할게요. 나는 운전하는 것을 좋아해요."

차에 시동을 걸기 전, 그녀는 자신의 핸드폰을 마지막으로 봤다. 새로운 것은 없었다.

맨해튼 사람들은 교통 정체나 정지 신호가 없다면 어떻게 운전할까? 나에게는 가상의 상황이었고, 마치 물리학자들이 빛보다 더 빠른 여행에 대한 사고실험[147]을 하는 것과 유사했다. 다이앤이 그날 밤 운전대를 잡기 전까지는 말이다. 그녀는 아테네를 가로지르는 왕복 4차선 이상의 고속도로를 질주했다. 마치 그녀는 경찰차의 사이렌을 울리며 그로토의 도굴꾼을 쫓고 있는 것 같았다.

'프라이팬에서 나와 불속으로 뛰어 들었군.' 나는 떨면서 생각했다.

---

147 실제로 실험을 수행하는 대신 머릿속에서 단순화된 실험 장치와 조건을 생각하고 이론에 따라 추론하여 수행하는 실험.

28장

자는 것은 무례한 행동이었고, 또 다이앤이 운전대를 잡고 깨어 있는지 확인하기 위해서 나는 계속 중얼거려야 했다. 내가 그녀에게 운전을 강요했기에, 다이앤이 지구 탈출 속도를 시험해 보는 것에 대해서 불평할 권리가 없었다. 나는 그녀가 길에 집중하길 바라면서 우리 주변에 반짝거리는 것들에 대해서 논평했다. 그리스 문자들이 고대 화병으로부터 도로 표지판으로 옮겨진 것은 너무나 초현실적으로 보였다. 고속도로 소음으로부터 인근 아파트 건물을 보호하기 위해서 높은 벽과 유리 장벽을 세운 것은 진짜 인간적이었다. 이런 아이디어는 우리 미국에서도 받아들여야 한다. 믿거나 말거나 간에 지도에 따르면 거기 숲도 있었다.

"만약 당신이 걱정하고 있는 것이 경찰에 대한 것이라면," 그녀는 말했다. "그리스는 제한 속도가 높고 단속도 느슨하죠."

"내가 걱정하는 것은 그런 게 아니에요."

"그러면 뭘 걱정하고 있죠?"

다이앤의 운전이 나를 두렵게 했지만, 심각한 걱정거리는 아니었다. 나는 평소 걱정거리들인 질병, 무능력, 외로움 따위가 늘 그렇듯이 관객석 맨 앞줄에 앉아서 나를 비웃는 것을 찾아보려 했다. 하지만 그것들은 거기 없었다. 계약과 관련된 시련이 끝난 지금, 나는 이상한 평온함을 느끼고 있었다. 그래서 짧은 순간의 지혜가 생겨났다.

"모르겠어요. 그저 모든 것이 잘못될까 봐 걱정스러워요."

나는 그녀의 얼굴을 볼 수 없었지만, 그녀가 애매하게 '음…' 하고 말한 것을 동의한다는 뜻으로 받아들였다.

30분 후, 가로등이 사라졌다. 우리는 고속도로에서 빠져나왔고, 다이앤은 상향등을 켰다. 빛이 비친 도로와 그 빛이 반사된 곳을 제외하고는 그 너머에 있는 세상은 칠흑같이 어두웠다.

나는 세상의 속도감에서 소외되었던 브리지에서의 외로움 밤이 떠올랐다. 그러나 지금은 우리 둘이 이 외로운 세상을 공유하고 있었다. 침묵이 감정을 격하게 했다. 누군가의 눈을 응시하는 것 같았다. 나는 우리 사이에 친밀감이 쌓이는 전기적 짜릿함을 다이앤 역시 느꼈다는 것을 알 수 있었다. 그 느낌은 점차 자라나면서 퍼져 나갔고, 자아 내면의 깊숙한 곳을 건드릴 듯한 위협이 되면서, 나는 너무나 예민해졌다. 나는 테살로니키와 티바로 향하는 화살표가 있는 교통 표지판을 봤을 때, 마음속에서 질문이 떠올랐고 그것을 움켜잡았다.

"아테네는 아테나의 도시라는 뜻이죠, 맞죠?"

"맞아요."

"델피는 무슨 뜻이 없나요?"

"아마도요. 하지만 그곳에 있는 다른 모든 것들처럼 전설로 얽혀 있죠."

"그래서 우리가 모르는 것이군요."

"확실치 않아요. 하지만 그리스 사람들은 '델피'가 돌고래에서부터 유래했다고 믿어요. 두 단어는 그리스어로는 비슷한 단어죠."

"돌고래요? 왜 돌고래죠?" 나는 동요하면서 물었다. "델피에는 바다가 없잖아요."

"그렇죠. 그리고 아폴론은 바다의 신이 아니죠. 이상한 이야기예요. 너무나 이상해서 나는 이것이 어떤 역사적 사건에 근거한 것이 아닐까 하고 생각할 정도예요. 그냥 꾸며낸 이야기가 아니라는 것이죠."

"말해 줘요."

"아폴론은 거대한 피톤을 죽인 뒤 사당을 세웠어요. 하지만 그를 섬길 사제가 필요했죠. 아폴론은 먼 바다에서 크레타로 향하는 배 한 척을 발견해요. 아폴론은 스스로 돌고래로 변신해서 갑판으로 뛰어올라서 그 배를 납치하죠. 선원들은 돌고래를 다시 바다로 돌려보내려 했지만, 돌고래는 배 전체를 흔들어서 선원들을 겁먹게 했다고 해요. 선원들이 배를 육지로 향하게 하려 했지만, 배의 키가 말을 듣지 않았죠. 배는 가려던 필로스를 거쳐서 델피가 될 지역의 근처에 있던 크리사라는 항구로 갔죠. 그곳에서 아폴론이 화려하게 나타났고 그들에게 산으로 가서 그의 첫 번째 사제들이 되라고 명령했어요. 그래서 이들은 신의 돌고래 형상에 착안해 그 사당의 이름을 지었다고 해요."

아폴론, 돌고래… 나는 재킷 안에 있는 금빛 브로치를 만지작거렸다. 거기 있는 부드러운 돌고래의 등을 느꼈다. 브로치에 찔린 후에도 나는 브로치를 여전히 가지고 있었다. 나는 브로치 덕분에 납치범들의 주의를 분산시켰고, 그래서 내 생명을 구했다고 믿었다. 만약 내가 잡힌 그날, 브로치가 거기 없었거나 또는 내 재킷 안에 다른 브로치가 있었다면 사건은 더 치명적인 방향으로 흘러갔을 수 있었다. 할아버지가 신비한 영감을 받아서 내게 주었던 유물 한 가지가 있었고, 그것은 운명적 역할을 해냈던 것이다.

"다른 동물들도 그를 모셨죠." 다이앤이 덧붙였다. "예를 들면 늑대가 있죠. 까마귀도 있고요."

"까마귀?" 나는 르 샤무아와 마주쳤을 때 등산로 초입에 있던 커다란 검은 새를 떠올렸다.

"그 동물들은 아폴론의 메신저였죠. 그리고 매미와 쥐도 있어요. 하지만 돌고래는 특별했어요. 델피의 신전 천장에는 이런 것들로 가득했어요."

도로가 2차선으로 좁아지더니 곧 덜컹거리기 시작했다. 바위투성이에 관목으로 뒤덮인 언덕들이 헤드라이트가 만들어내는 터널 가장자리에 나타났다. 얼마 후 우리는 중앙선이 없는 1차선 도로로 가고 있었다. 다이앤은 정상 속도로 감속했다.

가로수는 많이 없었고, 단지 편백나무나 향나무만이 덩그러니 뚝뚝 떨어져 있었다. 나는 들판이 있다는 것을 알았지만 거기서 뭐가 자라는지는 알 수 없었다. 우리의 헤드라이트는 작은 붉은 섬광을 포착했다. 양귀비였다. 한동안 다이앤은 반대편에서 다가오는 차를 위해 몇 분마다 상향등을 낮춰야 했다. 시간이 지나고 우리가 더 깊은 시골로 들어가면서 다른 차들은 드물어졌다.

나는 어느 순간 고개를 끄덕이며 졸았다. 순간 놀라서 고개를 들고 시계를 보고 나서야 1시간 30분 동안이나 운전했다는 것을 알았다. 가로등과 쉘Shell 주유소만이 우리가 리바디아의 작은 마을에 온 것을 환영해줬다. 길을 따라 늘어서 있는 자동차 대리점의 모습은 고대 그리스 신에게 바쳐진 것처럼 보였다. 그 마을을 지나자 가로등은 사라졌고 우리는 다시 어둠 속에서 위쪽으로 향했다. 키 큰 원뿔형 모양의 향나무가 길가에 보초를 서고 있었다. 우리는 산 아래의 좁은 터널을 지나갔다. 도로는 비탈길에서 다시 구불구불해졌고 그 다음으로는 우리 왼쪽으로 땅이 쑥

꺼지고 가드레일이 나타났다. 우리는 산 중턱에 있었다. 아라호바의 작은 마을을 지났는데, 마을의-중요한-하나뿐인 길은 회반죽과 거친 돌로 꾸며진 2~3층 건물들 사이를 뱀처럼 구불구불 이어져 있었다. 델피 직전의 마지막 거주지였다.

그 후로는 온통 먼지투성이 야생 관목과 낮은 나무들-올리브 나무와 내가 무엇인지 알아볼 수 없는 나무들-이 도로 한쪽 경사면에 자리 잡고 있었다. 반대편은 그야말로 텅 비어 있었다. 구불구불하고 아찔한 높이로 올라가는 길이었다. 삼각형 모양의 도로 표지판이 나타났는데, 어떤 것들은 내가 스위스의 산에서 봤던 것과 같은 연극적 기법이 더해져 있었다. 반쪽짜리 크로스바가 있는 이해할 수 없는 화살 표시, 누군가 펠트 펜을 시험해 보려는 듯한 구불구불한 모양, 비틀거리는 차와 차가 갈겨쓴 타이어자국이 뒤에 남아 있었다. 우리는 계속해서 긴 U자형으로 된 구불구불한 산길을 빙빙 돌았다. 이 길이 거의 다 끝나서 내 내장들이 나를 거의 다 따라잡았을 때, 또 다른 U자형 구불구불한 길이 반대 방향으로 다시 시작되었다. 길가의 모든 곳에는 마르고, 질기고, 시든, 뾰족한 관목들이 진흙에서 자라는 한 무더기의 풀들과 함께 얽혀 있었다.

*

우리가 그것들을 봤을 때 델피에서 겨우 5마일 떨어져 있었다.

몇 마일마다 도로에 작고 희끄무레한 덩어리들이 나타났다. 나는 바퀴 아래서 살짝 물컹거리는 것마저 느꼈다.

"이것들이 뭐죠?" 다이앤이 물었다.

나는 한 덩어리가 산비탈을 오르기 위해서 길을 건너는 것을 보았다. "나도 모르겠어요. 하지만 뭐든 간에 살아있는 것이네요."

"쥐떼?" 그녀는 놀라서 물었다.

"그럴 수도 있죠." 나는 흘끗 보았다. "네, 그런 것 같아요."

도로 반대쪽의 덩어리들이 갈라졌다. 다이앤은 그 직전에 차를 돌려서 간신히 브레이크를 밟았다. 우리는 차에서 내렸다. 그 생물체 중 하나가 헤드라이트 불빛 앞에서 허겁지겁 땅을 가로질러 갔다. 나는 진저리쳤다. 쥐떼는 으스스했지만, 그것들이 허둥지둥 산으로 오르게 만드는 것은 무엇이든 간에 더 소름 끼쳤다.

"쥐떼 때문에 멈춘 건가요?" 내가 물었다.

"맞아요. 확실치 않지만, 뭔가 걱정되는 것이…"

그녀는 차로 가서 헤드라이트를 껐다. 우리는 흙길을 걸어서 몇 미터 이동하다가 멈췄다.

우리는 거기 있다고 느끼지 못한 산들에 둘러싸여 있었다. 그것은 하늘을 향해서 솟아나고 있는, 깊이를 잴 수 없는 거대한 덩어리였다. 귀뚜라미들이-고대 그리스인들이 들었던 것과 같은-울림을 공기 중에 가득 채우고 있었다. 머리 위에는 내가 본 중 가장 깨끗한 밤하늘이 있었다. 별들이 너무나도 밝고 많았으며, 손에 잡힐 듯 가까웠다. 이런 별들이 매일 밤 내가 사는 곳, 내 머리 위에 보이지 않게 매달려 있었다는 것을 믿을 수가 없었다. 하늘 저 위쪽 침묵 속에 매달려 있는, 또 다른 경이는 무엇일까? 별을 계속 보면 볼수록 내 눈의 망막은 더욱더 자극받았다. 그래서 나는 다이앤이 옆에 있는 것을 알아차리는 데 시간이 좀 걸렸다.

그녀는 차가 향하고 있는 방향을 가리키면서 고개를 갸웃거리고 있었다.

나도 보았다. 멀리 떨어진 어디선가-얼마나 멀리 떨어져 있는지 말하기 힘들었다-산 위에서 불빛이 춤추고 있었다. 거대한 천상의 기둥들이 불꽃의 색깔을 하고 있었다. 그것들 중 셋은 안팎으로 흔들리고 있었다.

"저것이 뭐죠? 가스 발전소인가요? 여기에?"

"아니에요." 그녀가 말했다.

"그러면…."

"아니, 안 돼." 그녀는 소리를 높여 말했다. "차로 가요!"

그녀는 뒤로 달려가서는 차 문을 열고서는 운전석으로 뛰어 들어갔다. 나는 망설였다.

"타요!" 그녀가 외쳤다.

내가 아직 안전벨트를 잡아당기고 있는 동안, 그녀는 후진해서 차를 돌려서 도로 위로 돌진했다. 우리가 왔던 길을 되돌아서 질주했다.

"뭐죠? 뭐냐고요?"

"지진요."

"나는 아무것도 못 느꼈어요."

"아직은 아니죠. 하지만 곧이에요."

"어떻게 지진이라고 알 수 있는 건가요?"

"고대 자료들요. 거기서 말하길 지진이 일어나기 전에 동물들은 산으로 도망쳤고 하늘에는 이상한 불빛이 있었다고 했어요. 사람들은 그것을 '지진광'이라고 부르죠."

"하지만…."

"…그리고 개들이 울고, 바다가 부글부글 끓어오르고, 광풍이 불고…"

"나는 무슨 바람이 부는 것을 못 느꼈어요. 전설 이야기 아닌가요?"

"전설이 아니에요. 여기는 지진이 자주 일어나요. 나는 90년대 이곳에 왔었던 누군가를 알고 있어요. 프린스턴대학교의 학과 동료였죠. 그는 같은 경고 징조를 봤댔어요."

"만약 그것이 사실이라면, 우리는 앉아서 기다려야 하는 것 아닌가요?"

"그래요, 아니요. 나도 모르겠어요. 몇 시간이나 며칠일 수도 있어요. 나는 오직 직감만이 있어요. 그 쥐들처럼 도망쳐야 한다라는."

"나는…."

"나는 집중해야 해요."

그녀는 목을 길게 빼고는 도로를 응시했다. 우리는 그 U자형의 구불구불한 도로를 멀미나는 속도로 다시 돌았고, 아라호바로 빠르게 돌아갔다.

마을을 지나서 얼마 가지 않았을 때 타이어가 터졌다.

적어도 그런 느낌이었다. 다이앤이 브레이크를 밟으며 핸들과 씨름하는 동안 차가 심하게 흔들려서 내 이가 딱딱거릴 지경이었다. 우리는 가드레일을 긁었고, 부딪힐 것 같았지만 다이앤은 간신히 비켜서 속도를 늦췄다. 우리는 운이 좋았다. 아스팔트 조각이 도로변에서 튀어나와 있었다. 우리는 거기에서 겨우 멈췄다. 그때 나는 물결치는 것을 느꼈다. 밝은 먼지가 헤드라이트 앞에서 소용돌이쳤다.

아주 긴 시간처럼 느껴졌지만, 진동은 1분도 지속되지 않았다.

"기다려야 해요." 나는 말했다. "여진이 있을 거예요."

우리는 침묵 속에 앉아 있었다. 우리는 요동치는 것을 느꼈고, 그러고 나서 아주 오래도록 고요했다.

무엇이 내게 그렇게 할 용기를 줬는지 모르겠지만-아마도 새로 생긴 죽음의 상처에서 살아남으려는 간절함이었을 듯하다-나는 다이앤의 손에 내 손을 얹었다. 다이앤은 밀어내지 않고 내 손을 잡았다.

우리가 신의 노여움이 가라앉기를 기다리고 있을 때, 희미한 파동과 함께 위쪽 어디선가에서 생각 하나가 떠올랐다. 이 생각은 내 머리를 휘감고 소용돌이치면서 퍼져 나갔고, 내 머리 전체가 어떤 확신으로 물들었다. 아폴론은 나와 다이앤을 속여서 예언과 징조를 잘못 해석하게 만든 것이다. 나는 내 시련과 모험이 나와 그 악성 계약, 나의 불경죄와 신의 분노 때문이라고 생각했다. 하지만 나는 이 모든 것을 잘못 알고 있었다.

델피 시대에, 아폴론은 다가오는 파멸로 사람들의 눈을 멀게 했다. 이제 아폴론은 나에게는 절대 일어나지 않을 파멸에 대한 환상을 가지고 행동하도록 나를 자극했다. 아폴론은 그의 신성한 유물을 보호하고, 사기꾼들이 사이버 공간에서 델피의 맨틀을 움켜지고 그리스에서 그의 유물을 밀거래하는 것을 막기 위한 전투에, 알지 못하는 사이에 나를 그의 병사로 만들었다. 이상한 말 같지만 금빛 머리카락과 빛나는 활을 가진 빛과 음악, 진실 그리고 오라클의 신인 아폴론은 늘 내 편이었다는 것이다.

에필로그

그리스 고고학청은 델피 근처에서 동굴이나 옴파로스 또는 어떤 새로운 금제 유물을 발견하지 못했다. 뉴스 보도에 따르면 그 지진은 규모 7.1의 강력한 지진이었다. 이 지진으로 건물들이 심하게 파손되었고, 싱크홀이 만들어졌고, 산사태가 일어났다. 수십 명이 다쳤고 사망자도 2명이 확인되었다. 다이앤은 그리스 사법 당국의 보고서를 입수했는데, 이 지역 주민 중 남성 4명이 이 대재앙 동안 실종되었다고 기록되어 있었다. 발견된 것은 지진으로 폐허가 된 산 중턱에서 찾은 빈 차뿐이었다. 증거는 없지만, 다이앤은 운명적인 그날 밤 그로토의 도굴꾼들이 그들의 비밀을 가지고 지하세계에 묻혔거나 추락했다고 확신하는 것 같았다. 나는 그 동굴이 이제 몇 년 동안, 수 세기 동안, 어쩌면 영원히 사라져 버린 것일지 모른다는 생각으로 우울해하는 다이앤의 감정을 공유했다. 동시에 나는 그 사건의 배후에 있는 것 같은 신의 의지에 대한 믿음을 떨쳐 버릴 수 없었다. 신의 신성한 보물을 세상에 나오게 하는 것은 잘못이며, 감히 말하자면, 불경인 것이다. 그래서 나는 그 동굴이 절대 발견되지 않길 바란다고 고백해야겠다.

주세페 파르네세는 스위스와 그리스, 이탈리아가 관련된 장기적 범죄인 인도 전쟁의 중심에 있었다. 몸이 포승줄에 묶인 것은 마치 그가 법정에서 울부짖는 것을 연주하기 위한 한 방식으로 느껴질 정도였다. 어떤 때는 그는 3시간 동안이나 끊임없이 욕설을 퍼부으며–반면 판사에게는 끊임없이 아부하려고 했다–헤빈 교수가 거짓말을 하고 있다고 비난했다. (파르네세가 풍부한 테너 성량을 가진 것에 질투심을 표출했다는 것이다.) 자유항에 있는 모든 물건은 자신의 물건이 아니라 그에게 감정을 의뢰한 고객의 것들이라고 주장했다. (불행히도 고객들과 주고받은 이메일은 모두 잃어버렸다고 했다.) 그러고 나서 그가 가진 모든 작품들을 그리스와 이탈리아에 있는 박물관들에 기부할 계획이었다는 것을 갑자기 밝혔다. (이것은 20년이 넘는 그의 경력에서 처음 있는 일이었다.) 파르네세는 마지막으로 초콜릿의 나라인 스위스에서조차도 사탕발림으로 법정을 설득하느라 온몸이 땀으로 흠뻑 젖은 채 그의 연설을 마쳤다. 그에 대한 다양한 소송 건이 해결될 때까지는 수년이 걸릴 수도 있었다. 당국은 그의 여권을 압수했지만, 당분간 어쨌든 파르네세는 자유였다. 그가 동굴을 찾기 위해서 그리스에서 새로운 패거리를 모집하려 할 것이라는 생각에 나는 화가 났지만, 적어도 다이앤은 그가 감시받고 있다는 것을 분명히 확인해 줬다.

파르네세가 당국에 협력을 거부한 것은 다이앤 입장에서 볼 때는 눈엣가시였다. 수많은 델피의 유물들이 이미 그가 체포되기 이전에 그의 손을 거쳐서 나타났거나 지하시장으로 들어간 흔적이 있었다. 다이앤은 몇몇을 회수하는 데 도움을 줬다. 그 중 하나가 자유항에 있던 것과 같은 대단한 금접시로, 여기에는 아폴론이 7현의 리라를 가지고 있는 것이 새겨져 있었다. 다이앤에 따르면 이 접시에 새겨진 봉헌 문구는 우리에게 델피의 가장 신성한 물건들이 언제 동굴에 숨겨졌는지에 대한 궁금증을 푸는 데 한 발자국 더 가까워질 수 있게 해주는 것이었다. 아닐 수도 있지만 말이다. 다이앤은 미국 관할 영역 밖에서의 사냥을 돕기 위해 상사에게 통할 변명을 만들어대며, 여러 달 동안 분산된 다른 유물들을 추적하면서 바쁘게 지내고 있었다. 그녀의 구조 임무–다이앤은 이렇게 부르는 것을 좋아했다–는 우리가 함께하는 저녁 식사 시간의 흥미로운 단골 주제였다. 이 주제 외에도 우리는 사이버 범죄자들이 스마트 계약을 무기화하는 새로운 방법을 찾는 것을 막기 위해 내가 무엇을 해야 하는지와 자유와 보안 사이의 미묘한 균형에 대해서 논쟁하면서 시간을 보냈다.

언론은 스위스 경찰이 그 악성 계약의 생성자를 잡았지만 '국가 기밀을 보호하기 위해서' 그의 이름은 기밀로 유지될 것이라고 보도했다. 또한 그 계약을 무효화시킨 사람들이 스위스 정보기관이라고 보도했다. 법집행기관이 해킹할 수 있다는 것을 암시해서, 스위스 당국은 잠재적 모방범을 막기를 희망했다. 모방 악성 계약은 여전히 등장했다. 일반적으로 암살은 아니지만, 그러나 공공기물 파손으로부터 사이버 공격까지 다양한 범죄를 위한 것이었다. 르 샤무아의 계약은 깊은 기술적 전문 지식과 지나친 야망 그리고 이상한 마케팅을 위한 풍부한 자금 지원이 결합했기 때문에 강력했던 것이었다. 모방 계약들은 표면적으로 아마추어 수준이었으며, 관심을 끌기에는 현상금이 너무나 형편없었다.

줄리아는 내 모험 이후 여름 동안 애디튼에서 인턴으로 일을 했고, 이 기간 동안 나와 코린은 그녀의 멘토가 되었다. 줄리아에게 연습 삼아 그 모방 계약 중 하나를 보여 주었다. 우리가 예상한 대로, 줄리아는 며칠 만에 심각한 결함을 발견했다. 역시나 루카스는 줄리아가 고등학교를 졸업하자마자 바로 그녀를 고용하려고 했다. 다행히도 줄리아는 컴퓨터 과학을 공부하기 위해서 코넬대학교로 갈 계획이었고, 적어도 4년 동안은 루카스로부터 떨어져 지낼 수 있을 것이다. 줄리아 말로는, 그녀의 아버지-어디에 숨어 있든 간에-가 그녀가 원하는 일을 할 수 있게 해준 것에 대해서 내게 감사해 한다고 했다. 나는 우편물 안에 거대한 다이아몬드가 있길 바랐지만, 플라멩코에 열광하는 깡패들을 보내지 않은 것만으로도 행복해야 한다고 생각했다.

워커가 예상한 대로, 러시아 정부는 델피안 무리 중 그들 지역 지부 소속 인물들에 대한 기소를 거부했다. FBI는 체포 영장을 발부했지만, 그들은 흑해 해변에 처박혀 있거나 가명으로 해외로 도피했다. 그들은 이전에 러시아 군사 정보국에서 근무했던 것이 분명했다.

이 모든 뒷이야기 중 진정한 기술의 대가이자 몽상가인 알렉시스 헤빈 교수, 일명 르 샤무아에 대해서 가장 궁금할 것이다. 다이앤이 예상한 대로, 그는 스위스 당국과 협상을 했다. 그는 내 목숨과 파르네세를 기소하는 데 필요한 협조를 몇 천 스위스 프랑의 벌금과 공청회를 피하는 것으로 맞바꾸었다. 우리가 그와 마주했을 때, 그는 대학에서 은퇴의 순간에 내몰려 있었다. 그를 찾고 저지하는 데 관련되었던 대부분의 사람들은 지금 그가 스위스의 산에서, 바위틈과 바위틈 사이를 뛰어오르고, 잠시 멈추어서는 계곡 아래를 보며 아리아를 부르고 있다고 상상한다. 간단히 말하자면, 그는 범죄 주모자로서의 경력에서 물러나도록 강요당했다는 것이다.

오직 한 사람, 나만이 그렇게 확신하지 않는다.